L'ALBERTA AUTOPHAGE

ENERGY, ECOLOGY, AND THE ENVIRONMENT SERIES

ISSN 1919-7144 (Print) ISSN 1925-2935 (Online)

This series explores how we live and work with each other on the planet, how we use its resources, and the issues and events that shape our thinking on energy, ecology, and the environment. The Alberta experience in a global arena is showcased.

No. 1 · **Places: Linking Nature, Culture and Planning** J. Gordon Nelson and Patrick L. Lawrence

No. 2 · **A New Era for Wolves and People: Wolf Recovery, Human Attitudes, and Policy** Edited by Marco Musiani, Luigi Boitani, and Paul Paquet

No. 3 · **The World of Wolves: New Perspectives on Ecology, Behaviour and Management** Edited by Marco Musiani, Luigi Boitani, and Paul Paquet

No. 4 · **Parks, Peace, and Partnership: Global Initiatives in Transboundary Conservation** Edited by Michael S. Quinn, Len Broberg, and Wayne Freimund

No. 5 · **Wilderness and Waterpower: How Banff National Park Became a Hydroelectric Storage Reservoir** Christopher Armstrong and H. V. Nelles

No. 6 **L'Alberta Autophage: Identités, mythes et discours du pétrole dans l'Ouest canadien** Dominique Perron

Dominique Perron

L'ALBERTA AUTOPHAGE

Identités, mythes et discours du pétrole dans l'Ouest canadien

University of Calgary Press

Energy, Ecology, and the Environment Series
ISSN 1919-7144 (Print) ISSN 1925-2935 (Online)

University of Calgary Press
2500 University Drive NW
Calgary, Alberta
Canada T2N 1N4
www.uofcpress.com

Catalogage avant publication de Bibliothèque et Archives Canada

Perron, Dominique, 1957-
L'Alberta autophage : identités, mythes et discours du pétrole dans l'Ouest canadien / Dominique Perron.

(Energy, ecology and environment series, 1919-7144 ; no. 6)
Comprend des références bibliographiques et un index.
Publié en formats imprimé(s) et électronique(s).
ISBN 978-1-55238-576-0 (broché).— ISBN 978-1-55238-577-7 (pdf).—
ISBN 978-1-55238-578-4 (pdf).—ISBN 978-1-55238-579-1 (html)

1. Pétrole—Industrie et commerce—Couverture de presse—Alberta. 2. Alberta—Dans les médias. I. Titre. II. Collection: Energy, ecology, and the environment series ; no. 6

HD9574.C32P68 2013 333.8'232097123 C2013-902326-7

The University of Calgary Press souligne ici la contribution financière du Gouvernement de l'Alberta et de son organisme Alberta Multimedia Development Fund pour l'ensemble de nos publications. Nous reconnaissons également l'appui financier du Gouvernement du Canada par le biais de son organisme le Fonds du livre du Canada, de même que celui du Conseil des arts du Canada pour notre programme de publications.

La publication de ce livre a été rendue possible grâce à une subvention de la Fédération canadienne des sciences humaines obtenue par l'entremise de son programme de Prix d'auteurs pour l'édition savante (PAES), au moyen de fonds fournis par le Conseil de recherches en sciences humaines du Canada.

Government of Alberta
Canada
Canada Council for the Arts
Conseil des Arts du Canada

Photo de couverture : Pumpjack Silhouette © Andrew Penner (istockphoto.com)
Conception graphique de la couverture et mise en page : Melina Cusano

À ma mère, Thérèse Maltais, qui m'a appris à lire

TABLE DES MATIÈRES

REMERCIEMENTS

La rédaction de cet ouvrage a été grandement facilitée par une bourse de recherche émise par la Fondation Killam du Canada, administrée à l'University of Calgary sous la forme d'un *Residential Fellowship* de même que par une bourse de recherche de l'University of Calgary Institute of Humanities.

La publication de ce livre a été rendue possible par l'obtention d'une subvention de la Fédération des sciences humaines sous la forme de son Programme d'aide à l'édition savante, subvention issue des fonds du Conseil de la recherche en sciences humaines du Canada.

Je suis redevable à plusieurs personnes pour la complétion de ce travail qui a bénéficié de nombreuses collaborations sous des formes variées de la part de collègues et d'amis, de représentants de l'institution universitaire comme de professionnels de l'univers médiatique et du milieu pétrolier albertain.

Au terme de plusieurs années de recherche qui ont souvent absorbé l'essentiel de mon temps et de mes disponibilités, je tiens tout d'abord à exprimer ma tendre gratitude envers mon conjoint Kenneth Sutherland, pour son inlassable appui et pour la constance des soins attentifs dont il a su m'entourer lors de cette entreprise souvent aride et solitaire qu'est le rassemblement de matériel pour une recherche à long terme tout comme pour sa rédaction.

Je veux aussi remercier ma grande amie et collègue Lorraine Markotic pour son assistance généreuse et fréquente lors de la rédaction des demandes de subvention nécessaires à ce type d'entreprise, comme pour la qualité de son amitié qui sut semer de rires et de complicité quotidienne tout le cheminement menant à la réalisation de ce projet.

Également, je désire aussi souligner le soutien de mes collègues de l'University of Calgary qui m'ont accordé tout aussi généreusement de leur temps pour m'« expliquer » mieux l'Alberta et m'aider à saisir plus complètement les particularités socio-historiques et culturelles de ma province d'adoption. Merci donc à Aritha van Herk, David Taras, Doreen Barrie, Paul Chastko, Alastair B. Lucas et Kenneth J. Mackenzie qui m'ont éclairée sur de nombreux points concernant les politiques sociales et économiques albertaines.

Une recherche établie dans un cadre universitaire ne va pas sans appui institutionnel de la part d'acteurs divers qui ont pour tâche d'évaluer la teneur de ce type de projet et de faciliter leur mise en place et leur achèvement. Ainsi, je remercie les professeurs Daniel Chartier (Université du Québec à Montréal) et Walter Moser (Université d'Ottawa) de leur soutien personnel et institutionnel. De même, je veux mentionner ce que je dois au défunt Rowland Smith qui occupait le poste de doyen de la faculté des humanités à l'University of Calgary, pour son appui également institutionnel et financier et pour les encouragements qu'il m'a dispensés à l'égard d'une entreprise quelque peu inhabituelle par rapport à la tradition de la recherche en études littéraires. De même, je remercie Ann McWhir et Olga Mladenova de leur assistance institutionnelle à mon égard lorsqu'elles étaient vice-doyennes à la recherche de ma faculté. Mes remerciements aussi pour leur appui incessant à mes collègues, Elizabeth Montes Garcés, Luis Torres et Daniel Maher. Je tiens à mentionner également la précieuse aide technique que m'ont inlassablement accordée Lise Léger et Federica Gowen. Merci également à Tess Murphy pour la patiente révision qu'elle a effectuée sur les citations en anglais contenues dans le manuscrit.

Je veux aussi exprimer ma reconnaissance à mon collègue et ami Douglas C. Walker qui, occupant le poste de vice-recteur adjoint à la recherche, a su me guider dans les dédales administratifs de l'University of Calgary et m'a prodigué lui aussi un appui constant et un intérêt soutenu lors la mise en place de ce projet.

En dernier lieu, il me faut souligner mon énorme dette envers Haijo J. Westra qui a été en quelque sorte le superviseur de cette forme de thèse qu'est aussi un ouvrage de recherche, et dont le travail infatigable de lecteur critique et de commentateur attentif et pertinent a très largement contribué, au gré des différentes versions de la rédaction de ce travail, à lui donner une forme démonstrative et argumentaire capable de mieux servir les idées qui y sont présentées.

Qu'il reçoive ce volume comme marque de ma reconnaissance et de mon grand respect.

INTRODUCTION

Entre 2005 et 2008, la province de l'Alberta connut un boom pétrolier sans précédent dans son histoire et dans l'histoire canadienne. Cet épisode fit de l'Alberta un des points capitaux des discours canadiens (et aussi partiellement québécois) sur l'énergie, l'économie et l'environnement. De fait, cette position centrale de l'Alberta dans la configuration des discours sociaux et politique au pays n'a fait que se confirmer, même après la débâcle économique mondiale de 2008–12. Plus encore, tous les commentateurs s'accordent pour constater l'irréfutable glissement vers l'Ouest canadien des pouvoirs politiques et financiers traditionnellement rattachés au Canada central. Et cela, en raison de la simple mais formidable présence de ressources d'hydrocarbures enfouies dans le sol albertain qui la place pour l'instant au second rang des réserves de pétrole dans le monde, classement qui revient comme un leitmotif ponctuant incessamment les discours de l'énergie dans la province. La terre de l'or noir est ainsi devenue le lieu du pouvoir.

Ce sont les divers phénomènes discursifs qui ont entouré cette configuration historique de l'Alberta en société de l'énergie exerçant une influence marquante au sein du Canada que cet ouvrage veut étudier ici, sans toutefois prétendre à l'exhaustivité. Car le rapport aux ressources énergétiques, leur territorialisation, leur exploitation, et les phénomènes identitaires qui à la fois conditionnent ce rapport et surgissent de cette relation dans une société donnée ne peuvent être actualisés que par le discours social. Et les modulations de ce discours social cherchent à leur tour à rendre compte de toutes les situations nouvelles qui apparaissent au gré des évènements variés formant le cœur des narrations traditionnelles des récits liés à l'énergie.

Ces discours sociaux sur l'énergie, et autour des questions énergétiques, en Alberta comme ailleurs, jouissent actuellement d'une position centrale qui est conséquence de la conjoncture mondiale actuelle et qui correspond à la définition classique qu'en a donnée Marc Angenot :

> Le discours social : tout ce qui se dit et s'écrit dans un état de société; tout ce qui s'imprime, tout ce qui se parle publiquement ou se représente aujourd'hui dans les médias électroniques. Tout ce qui narre et argumente, si l'on pose que *narrer* et *argumenter* sont les deux grands modes de mise en discours.
>
> Ou plutôt appelons "discours social" non pas ce *tout* empirique, cacophonique à la fois et redondant, mais les systèmes génériques, les répertoires topiques, les règles d'enchaînement d'énoncés qui, dans une société donnée, organisent le *dicible*—le narrable et l'opinable—et assurent la division du travail discursif[1].

Ce que nous tenterons donc d'établir ici sera de répertorier d'abord ce qui en Alberta a pu et peut être *dit* et *argumenté*, ce qui était *dicible* et *argumentable* sur la question de ses ressources pétrolières. Et nous ajouterons aussi sur ce qui était argumentable dans les récits identitaires du pétrole, dans leur formation en mythes historiques, et dans les discours politiques et économiques qui configurent la perception de ces ressources.

Dans le cadre albertain, comme ailleurs, il est tout aussi aisé de voir comment toute considération sur l'énergie, émanant à la fois des médias, des pouvoirs divers, et du public en général tend à verser rapidement dans le débat, la contestation, la remise en question, l'injonction ou la polémique, selon les fins visées par les énonciateurs variés. À leur tour, toutes ces positions d'énonciateurs, parfois successives, parfois simultanées au sujet de l'industrie pétrolière, ont recours à une rhétorique particulière pour s'imposer à un lectorat qui ne peut que les mettre en concurrence les unes avec les autres. Les interrogations qui s'ensuivent conduisent à leur tour l'observateur un peu plus attentif à formuler des hypothèses sur l'utilisation même des affirmations souvent contradictoires au sujet du pétrole et de son exploitation. Et ce, surtout lorsque cette question de l'exploitation des ressources est saisie plus ou moins ouvertement par le tiers pouvoir du secteur privé sous couvert d'un récit identitaire collectif efficacement mis en place par certaines mythologies prégnantes de l'histoire albertaine.

C'est justement en raison de cette appropriation des discours sur l'énergie en Alberta par les divers pouvoirs concernés, socio-politiques et économiques, qu'il convient donc de s'intéresser de très près à ce qui se manifeste sous la forme de ces récits collectifs servant de fond argumentaire aux principaux acteurs qui assurent le *dicible* sur la question des ressources pétrolières en Alberta. Nous avons abordé dans d'autres recherches sur l'équation entre ressources hydroélectriques et identité québécoise les conséquences de cette projection identitaire favorisée par la jouissance de ressources énergétiques abondantes[2]. Mais l'examen de cette équation appliquée à un domaine aussi différent que l'industrie pétrolière en Alberta semble révéler une palette plus riche en variation de ces discours identitaires, lesquels ne comportent pas nécessairement l'évidence hydroquébécoise et l'impression de consensus qui a pu en découler. Plus contestables politiquement, pour les raisons que l'on verra, les tentatives de production de discours rassembleurs en ce qui a trait aux questions pétrolières albertaines ont dû faire appel à des conceptions historiques diverses et proposer une lecture plutôt sélective de ces récits collectifs liés à l'histoire du pétrole. Ce sont donc ces mêmes récits collectifs et leurs déploiements sous différentes formes au gré d'évènements historiques précis, saisis et commentés par la presse et les médias, que cet ouvrage se propose d'abord d'explorer. On se penchera donc sur les stratégies discursives centrales des représentations privilégiées par les différents acteurs ayant partie liée avec l'exploitation du pétrole albertain : le gouvernement provincial, les citoyens de la province et l'industrie pétrolière elle-même, et on examinera leur mise en circulation et leur exploitation par les organes médiatiques traitant des questions reliées au pétrole dans la presse quotidienne comme dans les magazines spécialisés.

Ainsi, pour donner un exemple anecdotique de cette association prépondérante entre identitaire et ressources énergétiques, mentionnons comment, il y a quelques années, le premier ministre du Québec, à l'époque Jean Charest, avait scellé l'équation entre l'Alberta et sa production pétrolière, dans le contexte de la politique quotidienne québécoise où toute mention de l'Alberta était jusqu'à peu restée inusitée. En juin 2006, lors d'un congrès du Parti libéral, Charest préconisait la nécessité de nouveaux développements hydroélectriques au Québec en établissant cette similarité de rapport entre les deux provinces : « Je veux que l'hydroélectricité soit aux Québécois ce que le pétrole est aux Albertains[3]. » Le destinataire québécois de ce message au fait de l'histoire de la récente évolution industrielle du Québec pourrait sans doute s'étonner à bon droit de la préséance faite ici à la caractérisation des Albertains par leurs ressources pétrolières proposée comme modèle aux Québécois. Il est vrai que l'homme politique référait ici plus particulièrement au volume des revenus pétroliers de l'Ouest, les gains financiers d'Hydro-Québec ne pouvant se comparer certes aux appréciables redevances pétrolières annuellement recueillies par le gouvernement albertain. Mais le renforcement assertif de la relation entre « ressources naturelles » et communauté présentée en modèle aux Québécois, qui ont pu croire à bon escient qu'elle était déjà incontestable dans leur cas particulier (songeons à l'expression « On est Hydroquébécois »), révèle en fait la marque claire de la *reconnaissance* fermement établie dans le discours social canadien de cette relation polymorphe entre ressources pétrolières et Alberta et la trame identitaire albertaine qui peut en découler. C'est donc de l'objet de cette *reconnaissance* ancrée dans le discours général dont se saisira également cette étude car il y a d'ores et déjà de bonnes raisons de croire que les discours autour des questions énergétiques en Alberta ont une spécificité propre en ce qui a trait à leur représentation proposée au reste du Canada.

D'autre part, il convient aussi de délimiter le terrain d'où seront extraites les données servant à cette analyse. En fait, il est vaste, car le discours social est omniprésent et le corpus en ce domaine est illimité :

éditoriaux, articles des journaux et des magazines, particulièrement d'origine calgarienne car c'est à Calgary que bat presque exclusivement le cœur singulier de l'industrie pétrolière canadienne, plutôt qu'à Edmonton. La capitale albertaine se dessine en fait comme une observatrice tâchant de réguler les opérations et de légiférer sur elles, mais ne fait pas partie prenante de l'action pétrolière comme telle. Nous avons sélectionné de nombreux articles du quotidien *The Globe and Mail*, où s'expriment des positions plus élargies, à l'usage d'un lectorat pan-canadien. Du coté de la presse, nous avons donc tenté de circonscrire ce que lit quotidiennement le Calgarien et l'Albertain moyen lorsqu'il veut savoir—ou mieux, lorsqu'on veut lui faire comprendre ce qu'il doit savoir—sur tout ce qui regarde l'exploitation de son pétrole. Nous avons donc aussi tenté de comprendre comment ces informations sont relayées par les perspectives alternées de l'industrie pétrolière, du gouvernment et de la population en général. S'ajoutent aussi à ce corpus des discours publicitaires, des ouvrages de vulgarisation scientifique ou politique, monographies historiques, particulièrement abondantes en Alberta à la fin des années soixante-dix et aux années quatre-vingt. À cet égard, on peut préciser que les Albertains se sont très tôt dotés d'une plus vaste littérature historique sur leurs ressources naturelles que les Québécois, qui y avaient pourtant greffé une dimension importante de leur identité d'après la Révolution tranquille. C'est de cette littérature particulière qu'émerge entre autres le récit représentatif de l'Alberta du premier boom pétrolier de 1973–79, récit qui a perduré jusqu'à récemment et qui propose les paramètres identitaires des Albertains, dont certaines formulations ont connu la pérennité.

C'est pourquoi le premier chapitre de cet ouvrage s'ouvre sur l'analyse de ces paradigmes, dans une optique que nous avouerons issue des courants québécois d'analyses identitaires[4]. Il nous a donc semblé naturel d'examiner d'abord comment s'énonçaient les rapports entre les ressources et le peuple qui en bénéficiait, pour donner une cohérence subséquente au reste de notre projet d'examen des discours. Pour ce faire, on concentrera ici notre attention sur une relecture d'un ouvrage classique de l'histoire du premier boom pétrolier albertain de 1973, *The Blue-Eyed Sheiks* du journaliste Peter Foster, dans lequel les premiers termes de cette formation d'une identité pétrolière albertaine sont formulés et réactivés dans le discours social subséquent qui se dégage du rapport aux ressources pétrolières dans la province. Parmi ces termes, mentionnons une certaine conception de la masculinité non-problématisée, une reconceptualisation du territoire albertain comme terre d'abondance et une reconfiguration des altérités pouvant chercher à s'immiscer dans le rapport idéalisé entre l'identitaire albertain et ses ressources énergétiques. Nous verrons que l'écrit journalistique de Foster pose les fondements d'une identité albertaine de l'énergie qui pourra être par la suite abondamment utilisée, voire détournée, afin de répondre aux objectifs divers des structures de pouvoir qui voudront plus tard justifier leurs propres conceptions de l'exploitation des ressources et des fins qui en découleront.

Le second chapitre examinera plus avant certaines thématiques propres à la question des ressources pétrolières albertaines comme discours culturel. Nous observerons ici comment est légitimée la question du hasard ontologique, par rapport à l'identité albertaine, qui a prévalu à l'arbitraire de la fortune géologique de l'Alberta. Cette réflexion sur la contingence présidant à la distribution des ressources sera aussi l'occasion de se pencher sur un des arguments culturels les plus lancinants concernant la perception de Soi par l'Autre (et inversement), qui se manifeste autour de la question de l'envie comme un des vecteurs commandant les rapports entre l'Alberta et le reste de la Confédération canadienne dans la foulée du second boom pétrolier de 2005–08. Et, une chose menant à une autre, nous avons jugé que cet événement même du boom méritait une certaine réflexion établie par une anatomie descriptive du phénomène, tel qu'il était traduit par les médias calgariens et nationaux.

Le Chapitre 3 se consacrera à l'étude de trois concepts idéologiques et de leur mise en œuvre dans l'argumentaire pétrolier : les règles du libre-marché, la question de la propriété des ressources dites « naturelles » et leur privatisation effective par l'industrie. Ces idéologèmes seront exactement considérés comme ce qu'elles sont, c'est-à-dire des cristallisations idéologiques fondées sur un système de croyances, en partant de cet axiome de base en analyse du discours, à savoir que *tout est idéologie*. Et ces données seront examinées dans leurs manifestations discursives en tant qu'elles invitent à nourrir le débat concernant le degré de possession réelle par les Albertains des ressources énergétiques en Alberta. On constatera que cette question fondamentale devient entachée d'ambiguïtés lorsqu'on la met à l'épreuve de leur contrôle effectif par l'industrie privée. Cette dernière, à son tour, détournera à son profit les paramètres imposés par idéologie de la libre entreprise qui avait été censée faire partie de l'esprit de la Frontière, récupération identitaire qui reste à notre sens l'un des grands vecteurs nourrissant toutes les contradictions inhérentes au récit pétrolier albertain dans sa confrontation aux réalités de l'exploitation du pétrole.

Le hasard, s'il a bien servi l'Alberta, se met souvent aussi parfois au service des chercheurs, en ce qu'il laisse survenir de façon impromptue des événements propres à nourrir plus avant les premières hypothèses énoncées. Les années 2005 jusqu'à 2008 verront naître des circonstances uniques dans l'histoire canadienne lesquelles permettront au discours social d'aller plus avant dans l'application et le développement des idéologies mises en cause. D'abord, la publication d'un rapport (québécois) suggérant la nationalisation des ressources pétrolières albertaines. Quoique les recommandations de ce rapport ne fassent pas figure de marqueur historique, la réception albertaine qui lui fut faite fournira une occasion précieuse de voir mis en branle un argumentaire riche d'enseignements sur la représentation de l'État albertain comme *business friendly*. Ce dernier trait découle du concept dominant de la libre entreprise et, parallèlement, implique la disqualification d'une théorique nationalisation des ressources comme complètement aliénée de l'éthos central à l'élaboration de l'identité collective albertaine. Ce sont les arguments lancés contre cet hypothétique processus de nationalisation présenté comme une utopie déraisonnée et hautement nuisible que nous avons voulu scruter plus à fond dans le Chapitre 4. Ce faisant, nous avons pourtant dû constater l'aspect le plus dérangeant de l'hégémonie du libre-marché, qui est la perte de souveraineté provinciale et nationale définissant la base fonctionnelle d'une telle économie.

Une fois encore, les événements allaient permettre un déploiement plus empirique des argumentaires où se heurtaient les assertions de possession des ressources pétrolières, de bien-fondé de leur privatisation, et de démonisation de toute velléité de contrôle gouvernemental accru. L'annonce et la mise en place en 2007 d'une commission gouvernementale consultative sur une revue des redevances pétrolières (*royalties*) versées par l'industrie au gouvernement de l'Alberta furent l'occasion de polémiques et de débats médiatisés dans les quotidiens calgariens et nationaux, où fut mis à contribution tout un éventail de stratégies discursives de la part de l'industrie s'opposant bien sûr à toute réévaluation des sommes versées à l'État. Furent donc solicités à nouveau les traits identitaires propres à ce qu'il nous faut bien nommer les Pétro-Albertains, comme fut mis en place par les représentants de l'industrie pétrolière tout un discours menaçant, voire punitif, à l'égard des Albertains qui auraient souhaité voir une hausse de ces redevances au sujet d'une ressource qui, en théorie, leur appartenait. Subséquemment, on examinera dans ce chapitre les thématiques de l'insulte qui se sont déployées contre le peuple de la province et son gouvernement pour bien donner la mesure de ce qu'il est possible de dire, donc précisément ce *dicible* dans l'avanie de la part de l'industrie pétrolière lorsque le but est d'écarter (avec une efficacité désarmante) toute revendication au sujet de la propriété des ressources naturelles et de leur bénéfice financier à leurs réels propriétaires.

Il était par ailleurs impensable de nous livrer à ce survol des discours pétroliers albertains sans considérer, ne serait-ce que cursivement, l'appareil discursif présidant à la représentation de la question environnementale dans les discours de l'exploitation des sables bitumineux de la région de l'Athabasca. La problématique environnementale représente en ce moment le véritable œil du cyclone autour duquel orbitent irréversiblement tous les débats relatifs à la production du pétrole non conventionnel sur le territoire de l'Alberta. De fait, la représentation des sables bitumineux, tant au Canada qu'à l'étranger, est étroitement associée à son impact négatif sur l'environnement, de telle sorte que le gouvernement albertain comme l'industrie en sont à lancer des campagnes de sensibilisation publique pour contrecarrer les dénonciations internationales de nombreux groupes environnementalistes. Dans cette perspective, la mise en discours de l'exploitation des sables bitumineux sera inextricablement liée à son bilan environnemental, et, au Chapitre 6, nous avons voulu, grâce encore une fois à un événement fortuit, la mort en avril 2008 de 1,600 canards noyés dans un bassin de décantation de Syncrude, analyser un échantillon du discours environnementaliste émis par l'industrie pétrolière pour en dégager quelques principes argumentaires doués à leur tour d'une certaine exemplarité dans le genre. Nous tenons cependant à préciser que la question proprement environnementale n'est pas au cœur de notre étude, mais nous avons voulu plus simplement tenter d'en analyser le traitement discursif effectué par les instances gouvernementales et industrielles lors de cet épisode singulier. Nous croyons que la rhétorique déployée pour traiter cet incident pourrait être indicatrice de la reconfiguration spécifique dont feront l'objet les désastres environnementaux, qui ne manqueront pas de surgir dans l'avenir de l'exploitation des sables bitumineux et de leur transportation par pipelines, que ce soit vers les côtes de la Colombie-Britannique, le centre ouest des États-Unis ou le Québec.

Une ultime fois encore au bénéfice du chercheur, sinon certes à celui de l'Alberta, de nouvelles circonstances survinrent, hélas fort défavorables à la communauté et à son industrie pétrolière : la crise économique de 2008, qui vit s'effondrer, entre autres, les cours du baril du brut lesquels, au plus fort de leur chute (février 2009), marquaient un écart de 110 $ entre les extrêmes de ses variations sur le marché. Après le boom de 2005–08, dont nous avons essayé précédemment de rendre l'essence discursive, s'offrait maintenant l'obligation de cerner d'un peu plus près les procédés argumentatifs qui se saisissaient de cette perte de valeur soudaine sur les marchés des ressources pétrolières et de ses conséquences : le *bust*, la crise et la dysphorie collective qui s'en suivit. Cette crise qui fait toujours sentir son impact au moment où ces lignes sont rédigées a offert à l'attention du chercheur de nombreux *événements discursifs*, si l'on peut dire, qui permettaient de scruter les modes argumentaires présidant à l'intelligibilité de cette crise. Nous avons donc consacré le dernier chapitre de notre étude aux multiples procédés discursifs et narratifs déployés pour inscrire la chute vertigineuse des prix du baril dans un cadre cognitif assimilable pour la communauté albertaine. Un de ces modes de rationalisation a présenté une importance singulière avec le caractère aigu de la chute des cours du brut : les prédictions pétrolières et leur fonction au sein du paysage discursif de l'énergie. Nous avons tâché d'établir la nature de ces prédictions et leurs rôles en leur attribuant un champ d'interaction et de positionnements réciproques de même qu'en identifiant avec plus de précision la posture particulière endossée par les énonciateurs de ceux que nous avons désigné, non sans une certaine ironie, les « prophètes pétroliers ».

Le caractère de notre conclusion, qui se pose sous les termes du diagnostic métaphorique de l'*autophagie* est déterminé par le choix partiel du corpus, car nous ne prétendons pas soumettre au lecteur une étude exhaustive de ce que d'aucuns appelleraient le « cas pétrolier » de l'Alberta. Nous avons tenté seulement d'en saisir quelques manifestations discursives, quelques systèmes argumentaires, quelques processus aussi de récupération identitaire qui pourront, nous l'espérons modestement, servir de guide aux chercheurs qui voudront pousser plus loin leur évaluation socioculturelle de l'Alberta pétrolière. Une certaine compréhension de cette dernière ne peut s'offrir à nous que d'abord par sa mise en langage et par un système de référents identitaires dont on se doit bien de démêler l'usage, les usagers et les aboutissements pour l'histoire à venir de l'énergie pétrolière dans l'Ouest canadien. Car ce qui se passe maintenant en Alberta est unique, et a déjà des conséquences majeures pour le reste du Canada et le Québec. À vrai dire, il ne nous semble pas exagéré d'avancer que la destinée énergétique et économique canadienne est étroitement liée aux évènements qui se dérouleront en Alberta dans les prochaines décennies. Alors, comme nous le rappelle Éric Laurent, si le pétrole est à la fois euphorisant et anesthésiant[5], et en étant précisément cela, il exerce évidemment une pression énorme sur la communauté qui y a lié, très exactement pour le meilleur et pour le pire, son histoire et sa fortune.

L'approche méthodologique que nous avons privilégiée s'inspire étroitement des travaux de Marc Angenot sur les argumentaires propres aux idéologies socialistes et anti-socialistes, tels qu'il les a déconstruits dans ses ouvrages, entre autres *La Propagande socialiste* et *Rhétorique de l'anti-socialisme*. Nous avons aussi eu recours à son travail de taxinomie des discours tel que proposé par son ouvrage *1889, Un État du discours social* pour précisément tenter de délimiter justement ce qu'a pu être l'état (partiel) du discours albertain sur le pétrole entre 2005 et 2008. D'autre part, nous avons extrapolé sur le travail de diagnostic rhétorique auxquel s'est livré Angenot au sujet de cette polarisation idéologique du dix-neuvième siècle entre socialisme et anti-socialisme. Notre projet incluait donc l' examen du travail discursif de disqualification de l'opposant, les manœuvres diverses de légitimation et de délégitimation des divers énonciateurs au sein des polémiques, la sloganistique euphorisante cherchant à orienter l'action, l'investissement identitaire comme instrument de consensus, les effets calculés des stratégies de certaines formes de terrorisme discursif, la fonction roborative de la répétition des mantras de réassurance collective, et le recadrage des données événementielles, tout cela lié à la question du pétrole albertain. En sus des concepts mis au point par Angenot, nous avons eu également recours à certaines réflexions de Pierre Bourdieu sur la construction spécifique des masculinités du pétrole comme trait marquant d'un identitaire albertain, récupéré par toutes les parties s'exprimant sur les questions pétrolière dans la province. Il nous a fallu aussi solliciter les analystes de l'économie tels Gilles Dostaler et Bernard Maris afin de bien remettre en perspective la nature éminemment discursive, et par là théoriquement fictive, des assertions diverses sur l'économie, en particulier leur dimension prospective et prédictive cherchant à éliminer l'aléatoire toujours inquiètant pour les activités pétrolières et leurs politiques.

Mais ce qui a guidé ce travail de saisie des discours et des mythes canadiens et albertains sur le pétrole n'est pas tant la critique comme telle de l'industrie pétrolière, pourtant inévitable à l'examen d'un nombre important d'assertions émanant des pouvoirs pétroliers, que la volonté d'en comprendre les mécanismes discursifs derrière les stratégies de conviction et d'imposition visant l'ensemble de la population albertaine et canadienne. Car, il ne nous est plus possible de nier maintenant l'hégémonie du pouvoir dont jouit le secteur pétrolier au Canada. Cependant, cette hégémonie a une histoire et une efficacité qui ne peuvent s'expliquer que par le recours aux mythes, aux historiographies singulières, à certains paradigmes identitaires, à la rhétorique et aux figures des discours utilisés. Car, comme notre étude voudra aussi ultimement le souligner, l'impact des ressources pétrolières majeures au Canada et en Alberta reste encore à évaluer au niveau sociétal, politique et même économique. C'est ainsi que les avantages sans cesse énumérés par les pouvoirs concernés, ceux de l'industrie et du gouvernement semblent aussi pour l'instant relever strictement du discours, d'un discours dont nous est donnée incessamment la tâche d'en surveiller la nature, les usages et surtout les objectifs.

CHAPITRE 1

IDENTITÉS ET RÉCITS DU PÉTROLE

Mais, c'est mon Albertaine !

—Gaston Miron

Le 13 juin 2005, l'hebdomadaire canadien *Maclean's* publiait en page couverture le gros titre suivant : « Alberta is about to get powerfully rich. What happens to Canada ? »

En surimpression, une caricature montrait un homme aux larges épaules, coiffé d'un vaste Stetson blanc, chaussé de bottes de cowboy à hauts talons et portant à sa ceinture l'ample boucle métallique caractéristique des *ranchers* de l'Ouest : on pouvait y décoder sans hésitation la représentation stéréotypée de l'Albertain classique, telle que privilégiée par le reste du pays. Un cigare à la main, il laissait tomber de l'autre quelques piécettes de monnaie dans la sébile d'un petit castor mendiant humblement à ses pieds, image d'un Canada devenu timide et recueillant modestement les miettes du festin né du plus important boom pétrolier de l'histoire de l'Ouest canadien.

Si l'article commentait une fois de plus ce que tous les Albertains étaient en mesure de vérifier quotidiennement, à savoir leur position économique privilégiée à l'intérieur du Canada et les immenses possibilités qui en dérivaient, l'illustration avait le mérite plus précis de réactiver dans l'immédiat les attributs reconnus d'une identité spécifique de l'Albertain telle que projetée par l'imaginaire canadien : mâlitude, virilité, richesse, pouvoir, arrogance, américanité, incivilité et inculture. Qui plus est, cette représentation était réutilisée dans une des illustrations de l'article, dans laquelle on pouvait voir le même cowboy, revêtu cette fois d'une large carte de l'Alberta, faisant allumer son cigare par un falot Ontarien, alors qu'un obséquieux Saskatchewanais s'empressait de lui avancer une chaise et que les Maritimes, sous les traits d'une soumise secrétaire, accouraient avec une tasse de café chaud. Diplomatiquement, l'image du Québec était absente de ce tableau de la servilité canadienne à l'égard des pouvoirs conférés par la possession des ressources énergétiques, à moins que cette éclipse n'ait marqué tout simplement une supposée non-pertinence du fait québécois dans le discours identitaire canadien. Quoi qu'il en soit, une telle vignette était fort éloquente non seulement sur la nouvelle position de pouvoir dont l'Alberta pouvait penser jouir à l'intérieur de la pan-canadianité, mais aussi sur l'élaboration des paradigmes identitaires albertains comme étant étroitement liés au potentiel de ses ressources pétrolières[1].

C'est précisément ces rapports entre identité et possession de ressources énergétiques que ce chapitre introductif voudrait examiner ici comme source première de discours sur une représentation de l'énergie pétrolière, à son tour pouvant être « argumentés » dans le discours social. Non pas évidemment que les divers phénomènes corrélatifs à l'énergie s'expriment uniquement en termes identitaires, ni que l'élaboration identitaire albertaine ne se soit exclusivement cristallisée autour de la possession des ressources pétrolières. Cependant, on peut concevoir que l'imaginaire général a pu d'abord se saisir des questions énergétiques comme d'un accessoire important dans l'élaboration d'une représentation d'une collectivité spécifique. Ainsi s'est créée une individualisation au sein du bloc canadien qui fait maintenant concurrence avec succès à la reconnaissance de la *distinction* québécoise des vingt dernières années. De plus, le discours identitaire élaboré autour des questions pétrolières albertaines dégage aussi plusieurs récits qui sont autant de discours directs sur le pétrole lui-même, sur son intelligibilité comme phénomène et sur son appréhension comme mode de sociabilité.

Il importe donc d'aborder d'emblée l'examen de ces discours identitaires comme forme majeure tangible d'un imaginaire de l'énergie au Canada qui circule abondamment sous forme d'articles, d'éditoriaux, de monographies sur l'histoire de l'Alberta et de livres destinés à un public plus général. Dans ce corpus un peu hétéroclite, nous avons choisi d'isoler l'ouvrage du journaliste canadien Peter Foster, paru en 1979 sous un titre qui allait marquer une ère : *The Blue-Eyed Sheiks*[2]. Ouvrage journalistique présentant entre autres les principaux acteurs qui avaient participé de près ou de loin au déploiement de ce qu'il est convenu de désigner comme le premier boom pétrolier albertain (1973–79), cette monographie illustre la constante relevable dans nombre d'ouvrages canadiens sur le même sujet, qui est d'offrir une historiographie mythifiante singulière sous le couvert d'un décompte historique « objectif » des événements. En tant qu'historiographie spécifique, un tel texte est une source privilégiée de thématiques, de topoï, d'argumentaires, de figures, de présupposés, de stratégies rhétoriques et discursives, renseignant de première main sur les discours rattachés aux questions pétrolières en Alberta dans cette décennie soixante-dix. C'est cette époque qui vit s'inscrire plus fermement les paramètres d'une identité pétrolière albertaine telle qu'elle peut être actuellement perçue et, comme nous le verrons, toujours réactivée par différents acteurs du secteur pétrolier de la province.

BLUE-EYED SHEIKS : UNE MÉTAPHORE, SES CONSÉQUENCES

Cette expression demeurée célèbre dans la chronique albertaine n'est pas le fait de Foster lui-même, quoiqu'il fût certainement responsable de sa pérennité. C'est l'un des biographes de Peter Lougheed[3], premier ministre de l'Alberta de 1971 à 1985 et donc tout particulièrement lors de la crise pétrolière de 1973 à l'origine de la première fortune de la province, qui signala la circulation vers 1974 de ce surnom donné au premier ministre : « the blue-eyed Arab of Saudi Alberta ». Un journaliste ontarien s'empara de la formule pour l'élucider en une chansonnette satirique proposant une illustration plus précise des implications politiques du terme.

I'm the Sheik of Calgary
These sands belong to me
Trudeau says they're for all
Into my tent, he'll crawl
Like Algeria did it to De Gaulle
The gas we've got today
We just don't fart away
Gas pain don't worry me
Cuz I'm the Sheik of Calgary[4]

En respectant le ton scatologique de ces vers de mirliton, on pourrait risquer cette traduction :

Je suis le Sheik de Calgary
Ces sables m'appartiennent
Trudeau prétend qu'ils sont à tous
Je le ferai ramper sous ma tente
Comme l'Algérie l'a fait à De Gaulle
Le gaz que nous avons aujourd'hui
Nous ne le pèterons pas au vent
Je me fous des coliques
Car je suis le Sheik de Calgary.

On examinera donc les thématiques impliquées par l'emploi du terme, lequel est une métaphore se révélant elle-même riche à son tour d'actes idéologiques conséquents pour les perceptions subséquentes des ressources énergétiques en Alberta. On le voit, la dissection d'une telle chansonnette permet déjà de dégager plusieurs expressions premières, dont s'était emparées par la suite Peter Foster, expressions qui renvoyaient naturellement aux réalités du marché du pétrole des années 1970. Nous citerons fréquemment Foster dans ce chapitre :

> Canada had to pay world prices for its imports, so did it look rational to charge lower prices for its sales to the United States and then subject the Canadian consumer in the East to the cold douche of higher oil prices while effectively subsidizing American consumers?
>
> Simon quickly got the message and publicly came out in support of the Canadian policy, openly contradicting the hard line being taken by the U.S. State Department. [...]
>
> McDonald told Simon that Canada would, among other things, be phasing itself out of the oil export business completely within 10–15 years; that the United States should not expect a massive development of the Athabasca tar sands and that any such development would be geared to Canadian needs only; that gas exports too were destined to become much more expensive; and that the United States could expect to continue to pay world prices for Canadian oil.
>
> The message said that the Canadian energy ship was in sound condition, but it just wasn't big enough to take the floundering American economy on board. [...]
>
> In American eyes, Canada seemed to have lined up with OPEC. Canadians had become the "blue-eyed Arabs"[5].

On pardonnera la longueur de cette citation en ce qu'elle détaille à peu près le contexte particulier qui permit la création de l'expression métaphorique. Le renvoi à l'Arabe est d'abord référence à une similarité de protectionnisme signalant d'emblée l'affirmation stricte d'un propriétaire des ressources. La chansonnette le dit bien : *Ces sables m'appartiennent.* Comme nous l'avons auparavant signalé, nous aurons l'occasion de revenir sur cette question de la propriété des champs pétrolifères. Mais plus encore, la métaphore inclut d'autres traits paradigmatiques à examiner d'autant plus que, si l'expression semble dater d'une autre époque pour le reste du Canada, les Albertains eux-mêmes n'ont guère eu crainte de la réactiver dans le discours contemporain. À preuve, on pouvait lire dans le

National Post de septembre 2004 : « The blue-eyed sheiks have risen again in debt free Alberta, presiding over the Prairie powerhouse as it prepares to net a windfall that will surpass the entire 2004 budget of neighbouring Saskatchewan. » Plus récemment encore, dans un numéro commémoratif somptueux d'un magazine publié pour souligner le centenaire de l'Alberta, dont le titre était *Black Gold: The discovery of oil changed the economy and province—forever*, on lisait le gros-titre suivant : « With reserves in the oil sands that are second only to Saudi Arabia, it is no wonder Albertans are known as the *blue-eyed sheiks*[6]. »

Quoi qu'il en soit, examinons les possibilités herméneutiques du terme.

Renvoi à l'Altérité : L'arabité, si on nous permet ce néologisme, pose d'emblée une différence radicale et sépare irréductiblement le Soi de l'Autre. On n'est littéralement plus de la même race, d'où en fait une légitimation subséquente des difficultés de communication, comme ces rencontres fédérales-provinciales des années soixante-dix d'où, selon la chronique, Peter Lougheed et son ministre de l'énergie d'alors, Don Getty, sortaient en claquant la porte de façon théâtrale, interrompant ainsi la conférence. Le biographe de Lougheed avance même que ces scènes de fureur indignée étaient mises au point d'avance entre les deux comparses. Le néo-Arabe implique ainsi une distance qui annihile un terrain commun, un dialogue possible : on ne peut plus se comprendre dans les mêmes termes. Le contact doit alors se faire dans la précaution, de crainte de susciter trop d'imprévisibilité et d'inattendu, perception de l'Alberta qui perdure aujourd'hui et qui n'est pas sans avantages en situation de négociation[7]. Dans cette même logique, l'emploi du terme bénéficie aussi secondairement des stéréotypes et préjugés négatifs accolés à l'Oriental : opacité, duplicité et méfiance, traits qui deviennent alors valorisés puisqu'ils signalent toute négociation au sujet du pétrole comme terrain particulièrement délicat d'où doit être exclue toute transparence. L'arabité, c'est l'inconnu qui bouleverse toutes les règles préétablies de la tractation.

Perception géographique : L'arabité pose aussi une reconfiguration du territoire selon deux termes distincts mais complémentaires. En premier lieu, la métaphore pose une équation quasi-morphologique, sinon géologique, entre l'Alberta et l'Arabie saoudite, métaphore confirmant son assise dans l'assertion : *ces sables nous appartiennent.* On semble insister alors sur la perception d'une désertification physique de l'Alberta qui devient ainsi plus conforme à son modèle, image qui trouve un appui dans le souvenir toujours vivace du « Dust Bowl » des années trente et des sécheresses plus récentes des années 2002–04. Nous ne sommes plus dans la référence des Prairies comme « grenier du monde », mais dans une représentation d'un territoire ontologiquement déshérité, par volonté de modélisation avec l'Arabie saoudite. Il faut cependant garder à l'esprit que les sables bitumineux de l'Athabasca sont en fait situés sous le Bouclier canadien au cœur de la forêt nordique. Ainsi disparaissent également les Rocheuses canadiennes, pourtant riches en ressources aquifères : le paysage doit s'aplatir pour ne pas distraire de ce qui se trouverait en dessous.

Le syndrome de la Terre de Caïn : Cette accentuation des points communs géographiques avec l'Arabie saoudite articule le deuxième terme de la reconfiguration, cette fois-ci sous forme d'un spectaculaire renversement de *fatum*, que les Québécois, tout particulièrement, pourraient apprécier sous l'appellation que, faute de mieux, nous désignerons comme le « syndrome de la Terre de Caïn ». On se souviendra que c'est là l'appellation que Jacques Cartier avait réservé à la Basse-Côte-Nord et à la Moyenne-Côte-Nord lors de ses premières explorations, devant le spectacle pour lui désolant et inhospitalier de la maigre végétation précairement plantée sur les berges rocheuses du Saint-Laurent[8]. L'expression était synonyme de terre inculte et stérile d'où toute possibilité de prospérité était exclue : seuls ne pouvaient y survivre que les dépossédés ou les malchanceux que le hasard y avait déjà abandonnés. Or, dans les discours propres aux récits du développement hydroélectrique du Québec[9], sous l'impact plus particulier du développement du bassin Manicouagan-Outarde, la « Terre de Caïn » fut transposée dans l'imaginaire en lieu de richesse et de vastes possibilités, ré-possédé et ré-habité sous le signe de l'euphorie créée par des promesses d'avenir, non seulement prospère, mais dont la prospérité serait entendue comme supérieure à celle des populations s'étant sagement installées en des lieux plus cléments et apparemment plus rentables. Comme les brûlants déserts arabes, où la survie humaine même restait fragile, l'Alberta a pu être traditionnellement perçue comme une terre de déréliction. Lisons sous la plume de la romancière Nancy Huston, commentant les années trente :

> L'été arriva et ce fut le pire été du siècle. L'Alberta était prostrée. [...] Dieu, comme à son habitude les avait fait marcher un moment, leur donnant des récoltes de blé spectaculaires en 1914 et en 1915, puis leur tirant le tapis sous les pieds et se fendant la gueule de la voir courir et se contorsionner pour survivre au milieu des tornades de poussière qu'il leur lançait à la figure : la terre n'ayant plus de racines pour l'amarrer, était pure trahison fuyante. Les lacs et les rivières s'évaporaient sans laisser de trace. Le sol se désintégrait en sable dont s'emparait ensuite le vent fou, le faisant tourbillonner jusqu'à ce que les fermiers jettent l'éponge[10].

Or, la métaphore de l'Alberta saoudite, pour reprendre les termes de Foster, invite à l'idée d'une revanche sur le destin, d'un renversement triomphal aux accents quasi bibliques, puisque les infortunés d'hier sont les maîtres d'aujourd'hui, comme les Arabes saoudiens, en 1973, détenaient le pouvoir de plonger le monde dans une crise énergétique sans précédent. S'inscrit donc l'impression d'avoir été l'objet d'une faveur extraordinaire de la destinée, présentée parfois comme justification suprême de la situation privilégiée de la province, messianisme qui ne sera pas sans poser problème quelques années plus tard lorsqu'il s'agira de légitimer la jouissance par les Albertains de leurs richesses pétrolières. Mais en attendant, le syndrome de la « Terre de Caïn », où le désert apparent est reconfiguré en fortune potentielle désigne aussi son habitant en visionnaire qui a su aller au-delà de l'aspect ingrat de son territoire, qui a eu le discernement nécessaire pour attendre la fortune bien dissimulée sous les sables et les rocs stériles. Malgré les apparences, il est celui qui a fait, en définitive, le « bon choix ».

Blue-eyed : Il s'agit ici d'un transfert d'ethnicisation du terme ayant d'abord pour but de conférer une acceptabilité à la métaphore. Si Foster s'est cru tenu de faire remarquer que « A lot of Alberta's oilmen object strongly to being called blue-eyed Arabs[11] », c'est qu'il y a fort à parier que le terme « Arabe » a pu être également perçu comme ayant une connotation problématique dans une Alberta qui, tout autant que le reste du monde occidental, percevait certainement le monde arabe selon les délimitations caractéristiques de l'orientalisme telles que définies par Edouard Saïd[12]. Dès lors, il importait d'instaurer la métaphore identitaire dans l'ordre du recevable en neutralisant du même coup cette massive altérité convoquée initialement par le terme. Mais ici également, il est clair que l'on s'installe sur un terrain aussi glissant que celui du racisme auquel il est en fait adjacent. La précision des yeux bleus renvoie sans ambiguïté à la race non seulement caucasienne, mais éminemment nordique et anglo-protestante, certainement perçue dans le discours de Foster, à tort évidemment, comme formant la population homogène canadienne et albertaine. Rappelons ses termes : « Canadians had become the "blue-eyed Arabs" ». Il s'agit donc d'une généralisation certes naïve, mais qui n'en est pas moins éloquente sur sa conception de la définition de l'*establishment* financier et pétrolier canadien, définition excluante à plus d'un titre. D'autre part, Foster insiste de façon presque obsessionnelle sur la canadianité « naturelle » des *blue-eyed sheiks* qui surgiront au gré de son récit historique. Ainsi, on apprend que « Ken Jamieson is Canadian, born in Medicine Hat, son of a Mountie », ce dernier détail pour faire sans doute meilleure mesure. Un autre important acteur pétrolier de cette période, Arnie Nielsen, est né sur une ferme à Standard, Alberta; le juge Berger, lui aussi fils d'un agent de la Gendarmerie royale, est né à Victoria; Maurice Strong est né au Manitoba; Jack Gallagher, à Winnipeg, et la liste de ces fils du pays s'allonge au gré de l'ouvrage de Foster, signe de l'argument nationaliste[13] orientant le discours identitaire et conférant aux actants de la scène pétrolière une précieuse légitimité que le commentateur saura exploiter plus tard à bon escient.

Inclusion-exclusion : Un autre phénomène lié à ce travail de réethnicisation s'inscrit dans la conséquence paradoxale d'inclusion-exclusion qui s'ensuit. Au-delà de la précision raciale, les yeux bleus deviennent aussi précision générique : ils posent les termes de l'admission à ce groupe privilégié des membres de l'établissement pétrolier par la négation d'autres traits indiquant une origine ethnique différente en les sublimant par l'attribution de ceux du groupe présenté comme dominant. Ainsi sont symboliquement effacées les différences en produisant l'illusion d'unité et de consensus d'où aucun Albertain ne serait exclu[14]. La différence ethnique réelle est en quelque sorte absoute par cette négation des traits raciaux conséquents avec l'appellation d'origine. La création d'un consensus, ou du moins ses apparences, est d'ailleurs, comme on le verra, centrale à tout discours sur l'énergie, et pour des raisons de représentation, et pour des raisons conjoncturelles. Comme Canadiens, nous pourrons tous ainsi prétendre au titre de *blue-eyed Arabs.*

Virilisation : Les *blue-eyed Arabs* indiquent aussi un impensé marquant de l'ensemble des discours albertains de l'énergie, clairement relayé dans l'ouvrage de Foster comme indicateur d'une condition contingente néanmoins essentielle dans la représentation des Albertains comme propriétaires de ressources énergétiques : la masculinité absolue. Une étude approfondie et exhaustive des représentations masculines de l'Alberta (et de ce qu'elles supposent comme représentations féminines) ne saurait prendre place dans cet ouvrage; cependant, la question de la virilisation des images identitaires albertaines reste indissociable d'un examen des représentations de l'énergie dans cette même province, et indéniablement l'expression *blue-eyed Arabs* n'est pas sans conséquences premières sur l'appartenance sexuelle de ses représentations. Il est clair que l'expression n'a pas pu ne pas évoquer, surtout dans l'impensé qui accompagne toute conceptualisation de *l'ordre naturel* des choses, une exclusion radicale de la composante féminine de la population albertaine en ce qui a trait à l'exploitation du pétrole et aux transactions financières et politiques qui y sont reliées. La logique métaphorique fonctionnant à l'intérieur du champ sémantique de « l'arabité », tout particulièrement autour de 1973, a certainement fait jouer la mise à l'écart totale d'une référence à l'élément féminin exerçant une influence quelconque dans les milieux des affaires pétrolières, les stéréotypes courants sur le monde musulman ayant exercé leur logique particulière. Foster s'y soumet sans complexes à la fin de son ouvrage où, après avoir décrit par le menu les mœurs sociales des *oilmen* et des clubs select qu'ils fréquentent, il precise : « Women are not allowed into the club until after 3:30, the reason being given is the great noon-hour rush, although the problems [*sic*] of the increasing number of women geologists and executives in the industry has yet to be squarely faced[15]. » On constate que la présence féminine pourtant réelle dans le monde du pétrole est d'emblée perçue sous l'angle d'une difficulté avec laquelle on n'est pas encore en mesure de composer. Une telle perception trouve sa solution par un refoulement du féminin dans les discours du pétrole de l'époque, et plus particulièrement dans la mise en récit qu'en offrira Foster, laissant place à une série de pathologies narratives d'une sur-virilisation de l'albertanité comme autant de symptômes éloquents d'une certaine forme de malaise identitaire général.

Absence-présence : L'équation proposée entre l'Alberta et l'Arabie saoudite par le biais de la métaphore des *blue-eyed Arabs* signale bien sûr une position inédite de pouvoir dans les négociations sur le marché pétrolier, pouvoir d'une nature particulière puisqu'il place ceux sur lesquels il s'exercerait potentiellement dans une situation de suppliants, soumis au bon vouloir du dominant. Ainsi est souligné un des caractères essentiels de tout pouvoir conféré par la possession de ressources énergétiques qui, dans le contexte spécifiquement albertain, faut-il le préciser, le fait sortir de l'orbite convenue de l'affrontement militaire ou même économique dans son entendement conventionnel, trait singulier dont il faudra vérifier l'évolution au fil du vingt et unième siècle. La dialectique entre les propriétaires des ressources et ceux qui doivent en faire usage, du moins dans ce contexte, se manifeste sur un terrain autre que celui du bras de fer brutal suggéré par un envahissement militaire en le déplaçant sur le terrain plus facilement manipulable de l'ordre du *désir* et de l'illusion.

Ainsi, si l'*Alberta saoudite* est ainsi devenue exotique rendant plus opaques les termes possibles d'une négociation à son sujet, elle se trouve aussi soudainement radicalement éloignée dans la géographie symbolique de l'Amérique du Nord et présentée ainsi comme un lieu inatteignable sur les richesses duquel on s'est stratégiquement replié. Dès lors l'Alberta est-elle suggérée dans une absence-présence, distante comme l'Arabie fantasmatique des *Mille et une nuits*, proche et tentatrice comme la source des richesses palpables, à la fois offerte et refusée. Cette reconfiguration du territoire en objet de désir n'est évidemment possible que précisément dans un contexte où, comme on vient de le mentionner, l'éventualité d'une agression et d'une occupation militaire serait exclue, quelle que soit sa probabilité historique réelle, comme tant d'exemples de « guerres du pétrole » récentes ont pu le démontrer.

Se pose à ce point la question inévitable du véritable destinataire de la métaphore : les clients américains ou l'ensemble des Canadiens ? Si on revient à la chansonnette du début, on doit bien convenir qu'à l'époque, il s'agissait clairement de l'ensemble des Canadiens, même si, dès l'introduction de son ouvrage, Foster présente précisément les Canadiens comme étant, dans une perspective américaine, les « blue-eyed Arabs ». La métaphore pouvant bien sûr permettre d'appliquer son extension sémantique : on verra dans la chansonnette qu'un des grands plaisirs découlant de la représentation de l'Albertain en *sheik*, c'est de faire ramper sous sa tente le premier ministre canadien de l'époque Pierre Trudeau.

Trudeau says they're for all
Into my tent he'll crawl.

L'autre *désirant* tel qu'imaginé selon les termes d'une Alberta saoudite doit ainsi se soumettre à l'irrationalité délibérée de la propriétaire des ressources, irrationalité capricieuse montrée comme preuve de pouvoir et jouissant du spectacle de l'autre partie s'y prêtant jusqu'à l'abject. On se rappellera la caricature du *Maclean's* où les autres provinces étaient représentées en serviteurs de l'Albertain. L'Alberta ainsi suggérée en Arabie fantasmatique, scintillant et fugace objet cependant essentiel, impose alors toute tractation sur le pétrole dans l'ordre du caprice immotivé perçu comme l'authentique et réelle manifestation du pouvoir, qui aurait ainsi la supériorité incontestable de déstabiliser la logique de l'Autre comme négociateur. L'Alberta peut dès lors imposer sa propre raison perçue comme justement déraisonnable (d'où les accusations canadiennes à son égard), mais dont la non-motivation même est d'autant plus choquante que l'on doit s'y soumettre. L'Autre est devenu contraint par son propre désir, source de ressentiment non négligeable qui, comme nous le verrons, conditionnera de façon croissante les perceptions extérieures de l'Alberta.

Cette exploration des conséquences herméneutiques d'une métaphore a pu permettre de relever quelques orientations marquantes dans les discours identitaires autorisés par le pétrole albertain dans le contexte particulier des années soixante-dix. Altérisation de Soi comme mode de distinction au sein de la canadianité, hégémonie d'un groupe ethnique offrant l'aspect d'un consensus général, revanche providentielle et quasi-messianique sur un destin initial de déshérité géographique, affirmation d'un pouvoir irréfragable dont le mode d'exercice échappe à la logique convenue des usuelles négociations politiques ou économiques : autant de fantasmatiques modes d'être et d'agir. C'est ce que permettait l'usage de l'expression *blue-eyed Arabs*, dont on a vu que l'efficacité sémantique pouvait être réactivée des décennies plus tard, lors du deuxième boom pétrolier de l'Alberta—preuve supplémentaire de l'acceptabilité et de la pérennité de ces énoncés identitaires. En un sens, en devenant *Arabes*, les Albertains pouvaient redéfinir leur existence et leur rôle au sein de la pan-canadianité et redessiner une Alberta sortie du trauma du *Dust Bowl* des années trente et dégagée du folklore du « grenier canadien ». Les *Arabes aux yeux bleus* imposaient enfin la reconnaissance d'une modernité précipitée par cette prospérité victorieuse qui allait enfin leur permettre de pouvoir « compter », sinon au sein des pourparlers internationaux sur l'énergie, certainement dans le chœur de ce qu'il faut bien convenir à l'heure qu'il est d'appeler les « nations » canadiennes.

LE WESTERN COMME LECTURE DU PÉTROLE : DÉCANADIANISATION

On peut toutefois concevoir que l'expression « blue-eyed Arabs » a pu aussi faire naître des réticences, précisément à cause de l'altérité problématique qu'elle évoquait, différence trop radicale pour d'aucuns afin que s'installe le confort d'une identification globale. Si l'auteur de *The Blue-Eyed Sheiks* était visiblement heureux de la formule, insistant plus particulièrement sur le champ sémantique du pouvoir qu'elle suggérait, il n'en a pas moins ressenti le besoin d'un recours à une autre métaphore identitaire pour rendre compte du *récit du pétrole* et lui conférer une lisibilité accrue pour le public nord-américain.

C'est ainsi que, se superposant à l'image fugace d'une Arabie distante mais impérieuse, survient dans le texte de Foster l'imaginaire du western et ses conséquences actancielles et genrées pour articuler l'histoire des divers intervenants qui contribuèrent à l'édification de l'industrie pétrolière en Alberta. Ainsi, on peut lire au gré du livre des passages tels que ceux-ci :

> The war of words was reaching its peak. Don Getty, the tall, handsome ex-football star Minister of Intergovernmental Relations—the Clint Eastwood of Western politics in both looks and ideology—spoke of outright battle. (p. 144)
>
> As he left the meeting, the infinitely sad look of Glenn Nielsen might have been mistaken for helplessness. I felt, he told the author, that I had a gun at my head and a gun at my back. (p. 127)
>
> Enter the Fastest Gun in the West. (p. 131)
>
> The Shoot Out Becomes a Massacre. (p. 135)

Tout lecteur canadien d'une histoire albertaine a comme horizon d'attente dans l'ordre de la représentation identitaire cette image unique du cowboy comme la métonymie inévitable de l'Albertain, sans toujours bien saisir la complexité des divers niveaux de ses représentations, qu'elles soient historiques, fictionnelles ou mythiques[16]. Qui plus est, comme nous le rappellent les chercheurs Robert et Tamara Seiler : « Canadian analysts face another complication: namely, that, at all three levels, the cowboy is primarily an American invention in terms of the historical American frontier experience as well as the special role of the frontier in the American imagination[17]. »

Assurer la lisibilité du récit du pétrole albertain par le recours métaphorique au western convoque différentes composantes qui ont leur conséquence sur la conception même de ce qui pourrait constituer, pour un public général canadien, un récit de l'énergie intelligible. Considérons ici quelques-uns des conditionnements exercés sur ce récit par le recours à l'imagerie western et à ses conséquences thématiques dans le texte de Foster.

Le premier effet du recours à la métaphore du cowboy ou à son extension sémantique, dans le contexte de la mise en récit d'un épisode particulier (en l'occurrence ici l'inattendue prise de contrôle en 1978 de la pétrolière américaine Husky par le canadien Bob Blair), est effectivement de décanadianiser le contexte historique pourtant canadien pour y instaurer les préceptes de l'*American Frontier*. Nombre de chercheurs albertains et canadiens ont tenté de mesurer l'écart conceptuel entre la Frontière canadienne et celle américaine, et les remarques suivantes de Lorry Felske et Beverley Rasporich peuvent servir de balise à cette différenciation :

> Compared to the American situation, where individuals confronted the Frontier in an isolated fashion (at least in older views) pursuing individual interests and combining them only when it best served those individual interests, doggedly learning to survive on their own, gaining knowledge of the value and productivity of individual freedom, the Canadian scene was a different event. Interests outside the area set the rhythm, planned the steps and chose the dancers. There was little room for improvisation in the metropolitan view of the West[18].

Il faut prendre en compte la traditionnelle et inflexible hostilité des milieux pétroliers et gouvernementaux albertains envers le gouvernement central, à elle seule élaborée en récit national du dépouillement régulièrement proposé comme historiographie hégémonique en Alberta. Cette hostilité se manifeste par le souvenir du National Energy Program (NEP), lui-même érigé en trauma identitaire[19], ou par la présentation de toute forme de nationalisation des ressources énergétiques comme un anathème, ou encore par la fureur collective des Albertains de 2005–08 à l'idée de devoir partager les revenus du pétrole avec le reste du Canada sous la forme d'une révision des paiements de péréquations entre les provinces. C'est sur ce fond vindicatif que peuvent être pleinement appréciés les avantages discursifs d'un recours à l'allégorie western dans la mise en récit d'une prise de contrôle par des actionnaires canadiens d'une compagnie américaine.

Les sous-titres du chapitre neuf de l'ouvrage de Foster sont éloquents à cet égard. Ainsi, le chapitre lui-même s'intitule « Shoot Out at the Cody Corral », pour lequel nous proposons la traduction de « fusillade au *corral* Cody »; les sous-titres en sont « Cowboy Country », « Enter the Fastest Gun in the West » et « The Shoot Out Becomes a Massacre ». Il convient aussi de faire remarquer que la prise de contrôle de Husky par l'entrepreneur calgarien Bob Blair se faisait aux dépens de Petro-Canada, qui voulait s'emparer de la même entreprise. Ainsi, cette victoire d'un homme d'affaires audacieux, présenté à maintes reprises dans le livre de Foster comme un *lone wolf*, un loup solitaire prenait le relief supplémentaire d'un pied de nez fait à ce qui était considéré, à l'époque, comme une ingérence impérialiste du gouvernement fédéral canadien, soit la création d'une entreprise pétrolière nationalisée telle que Pétro-Canada. On saisit mieux l'efficacité de l'allégorie dans ce cas précis où la représentation du cowboy ramène à elle des référents identitaires liés à un contexte où il est précisément possible de réfuter ou d'ignorer ce que Felske et Rasporich qualifient d'« outside influence », c'est-à-dire les métropoles torontoise, montréalaise et outaouaise, depuis toujours désireuses d'intervenir dans les affaires albertaines et de les réguler. Si on reviendra plus loin sur la représentation des métropoles canadiennes comme opposées à l'entrepreneuriat albertain dans les discours de l'énergie pétrolière, on voit comment le recours à l'imagerie western vient à point pour neutraliser, ne serait-ce qu'au niveau symbolique, la réalité contraignante de leur influence. Ainsi, d'autres chercheurs canadiens n'ont de cesse de revenir à la théorie première de Frederick J. Turner sur l'*American Frontier* pour expliciter cet esprit particulier dont s'inspirerait une identité liée à la représentation du cowboy. De la sorte, « each new frontier offered an exhilarating moment of what we might call un-development, when complex European civilization reverted to a more archaic life. From that moment came a sense of freedom from a distant centre of power, a freedom that spawned democracy, egalitarianism and individualism[20]. »

Cette articulation supplémentaire, insistant sur la liberté, la démocratie, l'égalitarisme et l'individualisme, ne peut donc que contribuer davantage à légitimer l'image du cowboy comme s'opposant aux ingérences d'un gouvernement central trop régulateur de l'industrie. L'auteure albertaine Aritha van Herk décrira cette ingérence en ces termes : « The sticky fingers of government are all perversely in Albertan issues, and Albertans are ahead of other Canadians in considering them[21]. » Elle présente aussi l'Albertain comme étant dans son droit naturel d'homme libre, ce qui permet de recadrer l'opposant comme ennemi de la liberté— une semblable stratégie représentationnelle n'étant pas, par ailleurs, dépourvue d'avantages éthiques. Ainsi, Don Getty, ministre albertain des ressources naturelles en 1978, peut-il être dépeint comme le solitaire Clint Eastwood toujours en fin de compte victorieux à la fin de toutes ses péripéties hollywoodiennes. Cette référence au sentiment de supposée liberté associée au concept américain de la Frontière qui échappe aux diktats de la métropole explique, du moins en partie, la pérennité d'une telle facette identitaire pour les Albertains.

Cependant, plutôt que de parler de pérennité, mieux vaudrait préciser en fait que la stratégie de décanadianisation par la métaphore du cowboy se pose comme un choix représentationnel encore plus rentable dans le contexte du boom pétrolier de 2005–08, si on en juge par la fréquence dans les journaux albertains des caricatures représentant l'Alberta ou le premier ministre Ralph Klein (en poste de 1992 à 2006) sous les traits d'un cowboy s'opposant précisément à l'intérêt du Canada central devant la richesse albertaine.

La décanadianisation référentielle s'impose d'autant plus dans le contexte des aspirations pancanadiennes au partage des profits tirés des ressources naturelles de l'Alberta. Il suffit de jeter un regard sur les gros titres des journaux : « Alberta Can Save Us All »; « Alberta Surplus : We All Share the Pain »; « The Great Alberta Challenge », accompagnés des commentaires suivants pour saisir les avantages conceptuels de la décanadianisation par la métaphore du cowboy :

> We realize now that Alberta's good fortune is no threat to Canada: Peter Lougheed was right when he argued that province-building equals nation-building, as long as the province is proudly Canadian[22].

> Mr. Klein urges Mr. McGuinty and Paul Martin to be good Canadians and leave Alberta's riches alone. He should listen to his own advice. All Canadians are sharing the problems that resource riches have created. Shouldn't we share the benefits[23] ?

> Energy resources will continue to create wealth for Albertans. Other Western provinces will develop their own resources. New sources of energy will be developed. Central Canada will gain access to greatly increased energy capacity. Confederation will be strengthened. And it will start with Alberta[24].

À ces représentations s'opposent les refus catégoriques des Klein et Lougheed comme des politologues albertains, énoncés sous un mode populiste inspiré lui aussi d'une rhétorique de la justice frontalière[25] :

> We will defend what is rightfully ours and make the point that we are willing to share, that we are part of this great Canadian family, but we are not going to be dinged too much[26].

> If they are the great Canadians that they profess to be, then they leave us alone and Alberta riches are off limits to crass opportunism. Alberta had never said "no" to help the rest of

> Canada through improvements to revenue sharing programs. But it does say "no" to other governments that, seeing a likely brief spurt of extra revenue in Alberta, target their problems[27].
>
> [. . .] We should not let our guard down and we should be aware that there will be elements within the federal government that will be considering some sort of, well, they would use the phrase "balancing measures" [...] Lougheed said[28].
>
> [...] The remedy is to trust the citizens of this province to dispose of a lot more of their money. It is one thing for Ottawa to denude the coffers of the Alberta government, and quite another to take money directly from the wallets of citizens. Should Ottawa bureaucrats try, every Albertan will be prepared to heed Lougheed's warning and the province will redeem the errors and the defeats of a century ago[29].
>
> The fact is that the Liberal leader [Stephane Dion] has so little understanding of (a) the western psyche or (b) our visceral distrust of any attempt by Ottawa to grab more of our resource revenues than the feds are already entitled to [...][30].

La liste de ces récriminations albertaines plus ou moins teintées de concessions à la canadianité pourrait s'allonger indéfiniment. Outre la construction sémantique du Canada central présenté comme convoiteur malvenu des richesses de l'Alberta, on peut percevoir aisément les bénéfices de la distance identitaire malgré les protestations d'appartenances à la famille canadienne. Dans la même optique, Robert et Tamara Seiler réfèrent plutôt au discours du régionalisme de l'Ouest comme discours de résistance, ce qui n'en est pas moins conséquent par rapport au terme de décanadianisation.

> Regionalist discourse can be seen as a strategy of resistance vis-à-vis the nation: but it is also a product of the nation and

> it resists other meanings such as nationalism, feminism, class, ethnicity or race. As well, regional-local discourses relate in a complex even paradoxical way with colonialism and with the global economy[31].

Ainsi se divisent les représentations caricaturales du cowboy, utilisées de part et d'autre dans les journaux des deux camps. Ces représentations oscillent d'un côté entre la revendication de la différence radicale d'une société éminemment distincte et fonctionnant selon son propre ethos et, du côté de l'opposant, la représentation condescendante mais fascinée du cowboy comme un béotien à l'altérité irréductible doté d'un individualisme matérialiste ne serait pas éloignée de faire de lui un « ennemi de la Confédération[32]. »

Cette dernière perception cependant pourrait être logée à l'enseigne de la contre-productivité non pas tant de la décanadianisation en tant que telle liée à l'allégorie western comme lecture partielle du récit du pétrole, mais par une perception du cowboy comme effectivement relevant encore de la non-civilisation, comme échappant aux règles de la *polis* dans la mesure où il ne pourrait pas, plutôt qu'il ne voudrait, les comprendre. On relève le rattachement aux paradigmes de la Frontière de l'Ouest[33]—promesse de recommencement, liberté et indépendance (ou leur illusion) insoumission, audace, autosuffisance, esprit d'entreprise, capacité de réalisation et d'innovation—qui fonctionne ainsi selon le mode du chiasme. On a déjà noté à plusieurs niveaux sur le plan des représentations identitaires pan-canadiennes, que l'on a historiquement opposé à cette caractérisation frontalière américaine une conception de la Frontière canadienne régulée par la loi de l'Empire britannique et l'ordre incarné par la Gendarmerie royale du Nord-Ouest. Or, comme on l'observe, s'il est bien une férule devant laquelle l'univers propre à l'exploitation pétrolière se cabre c'est celle des régulations gouvernementales, comme l'a démontré l'instauration du National Energy Program, érigé en cataclysme dans la psyché collective albertaine. Il n'en reste pas moins que l'identité du cowboy peut se poser comme supériorité éthique pour les uns (et il est clair que c'est le cas dans le récit de Foster) et lacune cognitive pour les autres, dans une certaine saisie de l'Alberta par le reste du Canada où continueraient de s'opposer les préceptes d'un idéal social-démocrate policé et l'ordre indompté de l'individualisme assumant ses risques après avoir coupé les ponts.

Il est clair que de tels développements analytiques et leurs conséquences idéologiques sur la mise en récit (d'un seul court épisode, il est vrai) de l'histoire du pétrole sous les termes de l'allégorie western ont échappé à l'auteur Peter Foster. On peut avancer qu'il s'est emparé de cette représentation du contexte pétrolier albertain en raison de la grande disponibilité de cette thématique véhiculée d'abondance par la culture populaire et, bien sûr, par l'attachement traditionnel des Albertains eux-mêmes à cette image dont la plus spectaculaire valorisation reste évidemment le célèbre Stampede de Calgary, présenté sans réserve aucune par les Calgariens comme « The Greatest Outdoor Show on Earth », le plus grand spectacle en plein air sur terre. Foster par ailleurs remarquait qu'au tournant des années soixante-dix, beaucoup des riches *oilmen* de Calgary se doublaient de propriétaires de ranchs prospères s'étalant dans la vallée de la rivière Bow, ce qui leur permettait d'afficher les deux identités professionnelles comme inévitablement complémentaires. Il était en quelque sorte naturel que l'auteur s'empare des métaphores autorisées par une telle transposition culturelle dans le cadre d'un ouvrage qui avait comme but, ne l'oublions pas, de rendre compte du boom pétrolier dans cet endroit où s'inscrivait toujours pour le reste du Canada une altérité à la séduction indéniable. Mais l'utilisation de l'allégorie western ne se limite pas à cette seule stratégie de résistance aux édits métropolitains que l'on tâchait de renvoyer tant bien que mal à la non-pertinence du non-lieu[34]. Et il convient d'en examiner d'autres corollaires identitaires imprimant leur logique propre aux représentations collectives issues de la possession des ressources pétrolières.

CONSTRUCTION DE SOI ET DES AUTRES

À l'avantage d'une décanadianisation (ou d'une résistance à la canadianité, si l'on craint le radicalisme du terme) impliquée par le recours identitaire au cowboy dans les questions de l'énergie, se joint non seulement le gain secondaire d'une représentation de Soi comme échappant (du moins partiellement) aux termes de cette canadianité exigeant le partage des richesses au sein de la Confédération ou affichant son droit à l'ingérence des affaires albertaines mais aussi d'une représentation de l'Autre comme adhérant à la singularité des règles de conduite répréhensibles.

Rappelons les paramètres identitaires associés au concept de la Frontière : recommencement, innovation, liberté, audace, autosuffisance, esprit d'entreprise[35]. Ainsi, en 2002, un numéro spécial d'un magazine d'affaires albertain, *Alberta Venture*, promouvant les activités pétrolières du Nord, puisait sans complexe dans ce mythe :

> Whatever Alberta is called, it has through time and experience become a sophisticated outlaw, a place where pedigree is unimportant and where migrants are encouraged to reinvent themselves, attracting a melange of characters, from religious groups to mad scientists to crazy stock promoters to mall builders[36].

Ainsi est interprété dans son intégrité l'esprit du mythe, tout particulièrement dans la valorisation de l'insoumission aux règles où la sanction de la loi est déplacée dans l'ordre du facultatif, autre accroc, soit dit en passant, à une conception historique de la frontière canadianisée comme justement un lieu d'ordre s'opposant à l'anarchie de la frontière américaine. Cette thèse de l'opposition entre les deux concepts est bien synthétisée par la chercheuse Gail McGregor :

> It also accounts for the evident fact that in Canada the culture hero is not the gun-slinger, triumphing over opposition by a

> demonstration of natural powers and anarchistic individual will, but rather the Law itself: impersonal, all-embracing, pre-eminently social. This is the ultimate difference between Canada and the United States: not life, liberty and the pursuit of happiness, but peace, order and good government are what the national government of Canada guarantees[37].

Dès lors, la représentation de Soi (*character*) d'abord dé-canadianisée se construit par valorisation d'une éthique où on ne se reconnaîtrait pas de maître et où aucune voix extérieure n'aurait d'influence sur la conduite à suivre. On voit clairement les bénéfices d'une telle construction identitaire lorsqu'elle est appliquée aux conflits fédéraux-provinciaux concernant l'usage des revenus du pétrole albertain. Plus encore, l'Albertain (de vieille souche ou d'arrivée récente) est défini comme n'ayant pas de passé, comme dépourvu d'un récit social (*pedigree*) hors de l'univers de la Frontière : ainsi sont neutralisées, voire annihilées, des compétences établies et reconnues à l'extérieur du territoire frontalier—façon assez directe d'affirmer que ce qui a pu fonctionner là-bas ne marchera pas nécessairement ici, et qu'il n'y a plus de référence possible avec l'univers d'avant. Dès lors, l'Autre qui n'accepterait pas de s'intégrer à ce qu'il faut bien appeler l'albertanité est indirectement repoussé dans l'inaptitude, puisque rien de ce qu'il aurait accompli auparavant ne pourrait être reconnu dans l'*ici*.

Notons cependant que l'Albertain insoumis, s'installant dans les franges de l'anarchie où l'absence de règles trop rigides lui permet d'en mieux jouer pour tirer partie de toutes les occasions d'affaires audacieuses qui s'offriraient, n'en refuse pas moins d'assumer totalement l'image d'un non-civilisé que le reste du Canada lui a régulièrement accolée avec un plaisir malin. Il faut retourner au texte du politologue Roger Gibbins pour mesurer à quel point l'accusation d'inculture soulevée par le Canada central au sujet de l'Alberta touche un point sensible de sa construction identitaire :

> For example, western resistance to the constitutional recognition of Quebec as a "distinct society" taps the belief

> that Central Canadians fail to acknowledge the cultural life and vitality of the West. In short, Western Canadians are prone to say "if you are not going to recognize the cultural richness of our region, then I'll be damned if I will acknowledge that Quebec is distinct, different or special." More generally Western Canadians suspect that Quebec's insistence on protecting its culture is a backhand slap at the West, where it is assumed there are no cultural values to protect[38].

Il faut donc présenter l'Albertain, d'une part, comme échappant aux contrôles institutionnels et, d'autre part, comme étant non seulement rattaché aux règles de la civilité sociale mais comme les ayant même davantage raffinées, d'où l'insistance sur la « sophistication » du quasi-aventurier, du moins dans la logique du texte d'*Alberta Venture* précédemment cité. On conviendra que ce désir d'afficher un certain raffinement, quelle que puisse être sa définition possible, n'est pas suffisant pour établir une claire distinction culturelle albertaine; aussi faut-il la lire comme la nécessité de préciser que, si l'homme de la Frontière refuse les règles, ce ne serait pas faute de les connaître et de les reconnaître dans leur extension vers la socialité. Cependant, on saisit aisément en quoi cette précision à saveur antithétique (hors-la-loi/raffinement) est surtout affichée en réponse à un contre-discours du Canada central qui nierait à l'Ouest toute prétention à la civilité. Sous cet aspect de la revendication proprement culturelle, le Soi de la Frontière est tout à coup devenu l'Autre de l'Autre. Pour s'en convaincre, on n'a qu'à lire le commentaire qui suit, issu du même numéro spécial d'*Alberta Venture* : « These are the images attached to Alberta: fists and bottles and blue-jeans, horses and hailstones and half-ton trucks. No wonder visitors from Toronto express surprise at the number of sidewalk cafés, theatres and black-tie galas[39]. » Il y aurait matière à débattre sur le fait que la présence de cafés-terrasses, de théâtres et de galas à smoking soit la garantie d'une véritable vie culturelle, mais une telle énumération est le signe indéniable du désir de la reconnaissance, au sens bourdieusien du terme, de ses manifestations. Notons aussi que ces signes de la « culture » restent de l'ordre de la consommation ostentatoire plutôt qu'elles ne reflètent une sensible distance intérieure, signe d'une fracture productrice d'un véritable discours culturel, ce qui ne veut nullement dire que cette fracture est inexistante dans la psyché albertaine[40]. L'insistance sur la « culturalité » albertaine, en laquelle les familiers des théories de Pierre Bourdieu reconnaîtront les formes lancinantes de l'allodoxia, n'en reste cependant pas moins le signe d'une faille sensible dans la construction du Soi qui, tout à coup, serait obligé de tenir compte du regard de l'Autre dont il cherche pourtant à nier la pertinence éthique.

Revenons cependant au texte définitoire initial : « where migrants are encouraged to reinvent themselves ». L'invitation à la réinvention de soi vient non seulement conforter la non-pertinence des expériences antécédentes selon les paradigmes du recommencement propre à la Frontière, mais elle indique également sans ambages la nécessité de se défaire jusqu'au souvenir de cette identité antérieure. L'homme de la Frontière se veut dans une certaine mesure amnésique, encore qu'il est clair que cette amnésie reste éminemment sélective. L'amnésie, dans le cas de la réinvention identitaire, s'adresse surtout aux contraintes de la tradition, aux habitus précédents qui sont posés maintenant comme nuisance à l'intégrité des recommencements et à l'éventail des possibles. Le nouvel arrivant est sommé d'afficher illico l'éthos frontalier où tout ne serait que conjoncture prometteuse et chance offerte n'attendant que son preneur[41]. De ce fait, le Soi albertain est dépeint comme dynamisme et action, sujet au sein des transformations dont le résultat ne saurait être qu'un succès. Le contrecoup d'une telle représentation est de suggérer indirectement que le lieu central, la métropole, quelle que puisse être sa réelle position géographique, a été plutôt perçu comme point d'inertie, qu'il a épuisé ses promesses et qu'il fait figure d'entropie peu favorable à la créativité et, précisément, à l'invention. De fait, il est possible de lier à cette représentation de Soi comme mouvement perpétuel la nette perception du Canada central comme point d'une passivité privée d'avenir, mais néanmoins exigeante en ce qu'elle aurait encore le droit de tirer profit des bénéfices énergétiques de l'Alberta. À celui qui peut se réinventer dans l'immédiateté de l'action s'oppose la goule à la fois avide et inerte du ROC,

« Rest of Canada », prétendant à sa part des bénéfices au nom d'une identité collective dont l'homme de la Frontière cherche précisément à se détacher. Ainsi est projeté sur l'autre le manquement à une éthique de l'effort : le Canada central ne peut faire l'effort d'une réinvention, il est arrêté dans le déterminisme de son histoire entropique, et son immobilisme ne lui saurait *mériter* le partage des bénéfices de l'exploitation pétrolière. Ne s'aidant plus lui-même à sa transformation, le ROC ne saurait plus être aidé, et il devient logique de l'abandonner (*migrants*) ou de délaisser ses traits culturels ou identitaires qui ne trouvent plus d'adéquation au réel (*reinvent*).

Le reste du paragraphe mérite tout autant d'être retenu dans cette tentative de cerner l'identité albertaine élaborée au fil des péripéties de son exploitation pétrolière : « attracting a melange of characters, from religious groups to mad scientists to crazy stock promoters to mall builders. » La référence aux groupes religieux reste importante ici pour la compréhension de ce qu'il est convenu d'appeler « Western alienation », l'aliénation de l'Ouest, mais obligerait à une digression trop importante par rapport aux objectifs de cette étude. Indiquons seulement pour l'instant qu'une composante sociétale appréciable de l'identité albertaine est issue du fait que de nombreux groupes religieux minoritaires sont venus s'y installer depuis le début du vingtième siècle pour y ouvrir des communautés rurales échappant aux hégémonies anglicanes ou mêmes catholiques, dans un esprit lui aussi de recommencement qui n'est pas sans évoquer à son tour le syndrome de la « terre promise ».

Mais plus remarquables encore sont les précisions « mad scientists to crazy stock promoters » : la folie ou la déraison, soit dans le domaine de la recherche ou dans celui des affaires, devient l'objet d'une axiologie positive. Le fait est que l'ouvrage même de Foster fait la part belle à des descriptions admiratives d'acteurs plus ou moins excentriques ayant joué un rôle majeur sur la scène historique du pétrole albertain, tels Bob Blair, Jack Gallagher ou Maurice Strong. Ce qui paraît le plus admirable dans l'esprit de Foster, reflétant par ailleurs l'appréciation collective albertaine, est la capacité de prendre des risques qu'on ne saurait qualifier de « calculés ».

> Even the most skilled searchers for petroleum spent most of their time being wrong. When it comes to wildcat exploration drilling in Western Canada, there has traditionally been less than a one in ten chance of hitting commercial oil or gas[42].

Il y aura à établir plus tard une poétique de la chance dans le discours du pétrole albertain, mais le fait est que la Frontière est le lieu privilégié où s'exerce le hasard, puisque les règles habituelles comme point de repère ne jouent plus. La « folie » présumée des chercheurs ou des investisseurs exprime ainsi une *tabula rasa* des règles antécédentes de la prudence mesurée ou de la légitimation rationnelle d'un développement technologique. Le résultat de toute démarche, de tout investissement est imprévisible et ne relève pas, dans l'instant, d'une téléologie établie. Comme l'indique Foster, nombre d'activités dans le domaine pétrolier sont en fait de l'ordre du pari : tout le secteur économique qui s'y rattache est logiquement lui-même conditionné par le même esprit de jeu fébrile qui ne peut être rationalisé. L'extravagance (*extra vagans*, de *vagari*, s'écarter de la voie, errer) ne peut être que de mise dans un univers fourmillant de potentiel et de risques proportionnels aux résultats. La sanction finale du succès ou de l'échec prend parfois une importance relative dans la mentalité albertaine, historiquement conditionnée par un cycle d'alternance entre périodes de prospérité et dépressions profondes. Quelque chose de la Ruée vers l'or du Klondike subsiste dans l'éthos albertain : si la richesse subséquente à un risque pris est appréciée à sa juste mesure, le grandiose du risque lui-même participe d'une esthétique du dépassement, de l'exigence de la conquête, du refus de l'inertie. Dans cette optique, la « déraison » comme refus de l'inertie est exaltée au rang de vertu, d'autant que son éventuelle récompense—à savoir des dividendes alléchants, aussi fortuits puissent-ils être—sera vue comme une confirmation rétrospective du bien-fondé du risque déraisonnable. La contingence est ici réactivée en légitimation après-coup de la déraison initiale, procédé que l'on a pu également détecter dans les récits de l'énergie propres au Québec : la folie devient alors nécessité justifiée par le résultat. L'esprit de la Frontière n'aime pas la timidité, et tout invite le nouvel arrivant à se dépasser dans l'imaginaire et à accueillir l'aléatoire pour en tirer parti. Ici aussi, la valorisation de la déraison (voire du délire) dans l'entrepreneuriat construit par ressac une image de l'Autre : le Canada central est dès lors timoré en affaires, fonctionnant selon des jalons et des balises ordonnés dont le résultat ne peut être que mitigé—étant donné ce qui est perçu par l'Ouest comme le déclin économique de l'Est[43]. Ajoutons à cela que la « folie » a aussi le mérite d'être insensible aux raisons de la raison, ce qui est un paradigme constant dans les discours de l'énergie, autre renversement axiologique appréciable par lequel l'entêtement envers et contre tous porte ses fruits indéniables. L'amnésie frontalière se double donc d'une surdité fructueuse, malgré les fréquents démentis de la contingence historique dont le plus retentissant fut sans conteste la récession des années quatre-vingt en Alberta. Amnésie, surdité, déraison. D'une certaine façon, le frontalier albertain ne conteste pas le discours de l'Autre : il l'efface de sa mémoire en lui transposant d'autres pertinences. Du même ordre de l'efficacité maximale dans le refus des propos raisonnables de l'Autre, la surdité de la déraison fait l'économie radicale d'un argumentaire rationalisant.

L'inventeur met au point les nouvelles technologies spectaculaires des sables bitumineux par réchauffement[44], le géologue s'occupe à explorer le désert nordique et à déchiffrer les caprices des rocs, l'excavateur perce obstinément des puits secs dans l'espoir de trouver la prébende, le promoteur immobilier achète à grands frais prairies et pans de montagnes pour les revendre avec plus de profit encore, l'investisseur à la Bourse parie sur telle compagnie affaiblie pour en prendre le contrôle. L'ouragan Katrina en septembre 2005, événement aléatoire s'il en fut, remplira directement les coffres de l'Alberta en entraînant une hausse subite des prix du pétrole, comme toute spéculation entourant la politique au Moyen-Orient ou comme tout soupçon intermittent de la réalité du pic pétrolier (*Hubbert's Peak*). Dans la même optique, toute secousse internationale, tout remous du marché global a une influence plus sûre et plus directe sur les revenus de l'Alberta que n'importe quelle directive d'Ottawa. La *folie* pétrolière, imprévisible, prometteuse de réussites grandioses comme d'échecs retentissants, ne saurait davantage être à l'écoute des raisons du marché, dont on préfère oublier qu'elles peuvent la rattraper en temps venu.

L'industrie pétrolière est à elle-même sa seule référence et l'identitaire albertain se décalque sur cet état de choses : il ne peut suivre que sa propre voix et que s'engager selon son propre instinct dans l'imprévisible. Les paroles de l'Autre, sa prudence, son désir de prévoir n'ont plus d'à-propos au sein des possibles haletants de la Frontière. Mieux vaut alors ne plus les répéter, ni même s'en souvenir.

MÂLITUDES

> Face it. The west is male. Masculine. Manly. Virile. Not that it had much choice [...]
>
> —Aritha van Herk

L'allégorie western appliquée à une historiographie du pétrole et actualisant l'identité albertaine sous les traits du cowboy aborde bien sûr la question non pas d'une mutation identitaire proprement dite, mais de l'incontestable domination d'un trait particulier de cette identité, la masculinité. Cette masculinité propose un modèle de représentation qui, comme le reste, est générateur d'avantages dans le rapport avec l'Autre comme il est aussi, dans une moindre mesure, indicateur de certaines anxiétés impondérables dans une conception du Soi collectif aussi dépourvue d'équivoques. À cet effet, rappelons d'abord que l'homme de la Frontière, et nous disons bien l'*homme*, fonctionne en termes représentationnels selon la dichotomie authentique/artificiel. Robert et Tamara Seiler précisent : « The West as a paradise fit for "natural man," forever lost to barbed wire and machinery, the land of an idealized past. It also embodies a related opposition, that is authentic/artificial[45]. » Et l'écrivaine calgarienne Aritha van Herk de renchérir par la tautologie : « In the real West, men are men, and life a stern test of man's real attributes[46]. » À la liste des stéréotypes par lesquels le Canada central semble percevoir les citoyens de l'Ouest, Roger Gibbins ajoutait cette spécification éloquente : « Western Canadians see themselves as closer to the natural environment; they are more likely than "effete Easterners" to enjoy the rugged outdoors[47]. »

Oppositions conceptuelles, tautologies malicieuses et renvois à l'artificialité de la culture métropolitaine dressent, on le voit, les grandes lignes d'une sur-virilité de la Frontière dont les signes nécessaires et suffisants ont envahi, entre autres, le livre de Foster. Cela, cependant, sans cette distance salvatrice par où pourrait s'immiscer une interrogation sur les implications précises d'une telle valorisation de la masculinité dans les représentations identitaires albertaines, représentations par ailleurs pleinement « reconnues », à défaut d'être minutieusement analysées par le Canada central. Outre les comparaisons des hommes politiques albertains avec les Clint Eastwood ou John Wayne, l'ouvrage de Foster est parsemé de descriptions des aventuriers du pétrole, ayant joué un rôle majeur dans les développements pétroliers des années cinquante à soixante-dix, suivant les traits valorisés de la virilité western.

> The hard working men who run the company were trained as engineers, lawyers, geologists and accountants. Their struggle up the corporate hierarchy was undertaken in order to run a big company, not fight an ideological war of words [...] (p. 57)

> Armstrong reportedly used to be the model of a two-fisted, hard-drinking exploration man [...] (p. 60)

> Brent Scott, a Gulf man destined to take over the presidency of Syncrude, grabbed Getty by the arm. Both are big men. There was a moment of tension. But then, Scott let go and Getty left. (p. 83)

> Blair, who is by nature a shy man, looks like the improbable combination of a gladiator and an absent-minded professor. Grim, stocky—almost threatening. (p. 107)

> Of all the shapes and sizes in which Calgary's gas finders come, J. C. Anderson perhaps most looks the part. Tall and beefy, he appears like the model of the rough and tough drilling man. (p. 221)

> Masters and Jim Gray, Hunter's executive vice-president and co-founder of the company, could easily be brothers. Squat and muscular, both with short-cropped sandy hair, they look like the sort of men it would be wiser not to get involved with in a bar-room brawl. (p. 201)

> Frank McMahon was a giant among oilmen.[...] Handsome and profane, this hard-drinking, two-fisted entrepreneur [...] (p. 189)

La fréquence de telles précisions descriptives est en concordance avec une particularité symptomatique de la Frontière à la fois comme concept historique et mythe littéraire : il s'agirait ici de l'écart notable entre le ratio homme-femme dans une communauté donnée qui serait un indicateur du degré de « frontalité » de cette société[48], comme ce fut le cas par exemple en Nouvelle-France. Non pas que cette disproportion démographique soit une réalité albertaine contemporaine, mais elle s'exprime avec constance au niveau des traits identitaires relatifs au pétrole le premier exemple de la métaphore des *blue-eyed Arabs* étant clairement opératoire sur ce point. L'usage de cette expression avait pour premier effet de gommer la composante féminine de l'identité albertaine, et par conséquent de masculiniser l'Alberta tout en féminisant par ressac le Canada central, le renvoyant à une impuissance symbolique ouverte à tous les potentiels de contrainte économique ou de soumission politique.

Les descriptions des hommes du pétrole selon les stéréotypes habituels de la virilité ajoutent à la lisibilité idéologique de l'allégorie western appliquée aux récits du pétrole. Elle établit avec assiduité les traits d'une masculinité qui ont leurs conséquences sur les représentations identitaires de l'Alberta en tant que déterminées par les Albertains eux-mêmes et abondamment fantasmées par le reste du Canada. On n'a à cet effet qu'à se rappeler la page frontispice de ce numéro de *Maclean's* où l'Albertain proposé en caricature l'est sous les traits d'un homme aux épaules puissantes et à la silhouette virile accentuée précisément par le port d'une boucle de ceinture western d'un diamètre imposant.

Le premier trait de cette masculinité omniprésente et exaltée, telle qu'illustrée dans le cadre des descriptions de Foster, reste le potentiel de violence physique qui doit être immédiatement décodé dans l'inscription corporelle de ces hommes qui dirigeaient les destinées de l'industrie en ces années de l'âge d'or pétrolier. Les hommes doivent être « two-fisted », munis de deux larges poings, et doivent savoir boire sec, afficher un aspect menaçant doublé d'une capacité d'agression physique à la constante recherche de son objet, si ce n'est de son prétexte, comme le montre l'épisode Getty. Il faut d'ailleurs remarquer que le prétexte de l'agression, si la virtualité de l'agression est toujours présente, voire tangible, est généralement refoulé dans la non-représentation, et de ce fait doté d'une disponibilité protéiforme. Les potentiels de violence masculine pétrolière métaphorisés par la bagarre de bar soulignent le caractère incontrôlable de cette violence, lui conférant ainsi une volatilité qui, elle aussi, se pose comme expressément organisée selon ses propres règles, auxquelles l'Autre ne peut que se soumettre. Il est évident que cette violence métaphorique ne saurait trouver de correspondance concrète au niveau des transactions pétrolières, mais il est clair qu'elle s'inscrit dans l'ordre du désir de vouloir réduire ces transactions à confrontation physique, éliminant ainsi les risques inhérents à la casuistique de tout dialogue. Foster rend bien compte de ce fantasme viril de l'élimination du discours : « not to fight an ideological war of words », où l'échange et ses subtilités seraient idéalement remplacés par la médiatisation plus efficace de l'intimidation physique, en meilleure congruence avec l'univers frontalier.

Car, si on s'en tient à cette dichotomie initiale authentique/artificiel qui rend compte du mythe fondateur de la Frontière, il va sans dire que le potentiel de violence physique liée à l'image du cowboy et la valorisation de ce potentiel se placent du côté de l'authenticité et du réel. Est refoulé alors dans la région de l'inauthentique le discours, et plus précisément le discours de l'Autre. La surdité du *vrai* homme de la Frontière serait en fait plutôt une conséquence de sa grande méfiance envers la parole, laquelle risque d'imposer une dialectique affaiblissant le caractère nécessairement manichéen de l'échange. L'image du cowboy dont les poings remplaceraient la rhétorique vient donc à point nommé pour instaurer de façon insistante une forte polarité, qui ne peut être entendue que dans la métaphore d'une lutte dont les termes sont contrôlés par l'idéal d'une virilité indéniable et triomphante. C'est ainsi que, au nom de cette masculinité hégémonique caractérisant l'identité fantasmée de l'Alberta, la femme politique canadienne Belinda Stronach—traitée de « putain, salope, blonde stupide et *dipstick* (idiote)[49] » à la suite de sa défection du Parti conservateur au profit du Parti libéral fédéral en juin 2005—fut invitée, devant ces insultes d'un sexisme troublant, à les « encaisser comme un homme », ce qui sous-entendait se taire et faire taire également les bruyantes voix féministes qui protestaient d'un tel traitement. Nous tenons à préciser que l'auteur de cette recommandation était une femme. Cet épisode anecdotique pourrait donc se lire comme un symptôme patent de la ténacité (et de l'efficacité) d'une telle construction identitaire dans le discours populaire albertain. Il est d'ailleurs à remarquer que cet hallali échappait curieusement à la conception secondaire d'une masculinité de la Frontière qui imposerait la protection « de la veuve et de l'orphelin » ou la défense d'une vulnérabilité attaquée, ce qui illustre aussi qu'en dépit de sa prégnance, ce discours particulier reste éminemment de l'ordre de l'idéologie comme gommage des contradictions. On ne saurait trop s'en étonner.

THÉÂTRALITÉS ET MALAISES

Puisque surgit ici la question des contradictions inhérentes à toute logique identitaire, on ne saurait passer sous silence l'aspect potentiellement délicat de la performabilité de l'identité du cowboy proposée comme métaphore des discours énergétiques. Tout lecteur tant soit peu attentif du livre de Foster ne saurait ignorer la dimension de ses représentations masculines comme performance et comme élément intégral d'une action théâtralisée, comme c'est le cas particulier du petit épisode entre Gordon et Getty que nous avons cité. Par la théâtralisation des identités masculines ainsi représentées, où est toujours suggéré le potentiel de la violence salvatrice permettant d'échapper au discours, nous entendons cette distance par laquelle s'immisce la sur-signification de la masculinité de la Frontière. Cette sur-signification de l'actant masculin (le *oilman*, le *roughneck*, le *driller*) va bien sûr de pair avec la performabilité inhérente à toute représentation de l'énergie qui ne peut être précisément suggérée qu'en tant que performance, et en tant qu'action.

Mais pour citer Patrice Pavis, le cowboy comme actant d'un récit de l'énergie, et tel que particulièrement saisi par Foster dans quelques scènes, se situe dans cet espace barthésien où

> [...] c'est le théâtre moins le texte, c'est une épaisseur de signes et de sensations qui s'édifie sur la scène à partir de l'argument écrit, c'est cette sorte de perception œcuménique des artifices sensuels, gestes, tons, distances, substances, lumières, qui submerge le texte sous la plénitude de son langage intérieur[50].

Cette absence de texte pourrait correspondre au parti pris de silence de l'homme de la Frontière qui favorise alors l'épaisseur des signes pour rendre compte de son récit. Il faut à cet égard garder à l'esprit que l'univers du western, de la Frontière, a d'abord été diffusé, voire reconstruit justement dans la théâtralité obligée du discours cinématographique : rappelons que Foster évoque Clint Eastwood et John Wayne. On ne saurait nier d'autre part que le Stampede de Calgary, comme symptôme d'une nostalgie inapaisable, fonctionne précisément dans l'épaisseur de ses signes où on l'en aurait perdu fortuitement le texte d'origine, à savoir l'entreprise de dépossession des peuples des Premières Nations qui est la genèse de l'Alberta, comme elle fut celle du Canada. Mais pour revenir à la représentation du cowboy lui-même comme rendant compte de la masculinité albertaine, sous les traits duquel sont abondamment dépeints les politiciens albertains dans les caricatures de journaux, on peut suggérer que sa sur-signification, sa théâtralisation même, instaurent cet espace signifiant entre acteur et personnage qui laisse soupçonner un malaise dans la polarisation originelle de la Frontière entre authentique et artificiel. Si l'homme de la Frontière est si authentiquement masculin, pourquoi alors ce besoin de confirmer compulsivement les signes de cette masculinité par la théâtralisation de ses représentations, outre le bénéfice appréciable de neutraliser la parole de l'Autre par le silence ?

L'artificialité est clairement du côté de la théâtralisation et remet en question la nature « authentique » de l'homme de la Frontière. Serait-ce à dire que sa masculinité basée sur cette représentation privilégiée est aussi à risque de basculer dans l'inauthentique ? Les travaux de Roderick McGillis sur les représentations particulières de la masculinité des cowboys dans la culture populaire permettent de projeter un éclairage singulier sur ces images en tant précisément que distanciation paradoxale par où s'immisce la remise en question de la représentation. Cette remarque du chercheur ne contredit certes pas les descriptions pourtant admiratives de Foster sur la virilité menaçante de ses *oilmen* : « The cowboys are short-sighted, insular, anti-social (for all their protection of social values), anarchic, immature[51]. » L'expression « lone wolf » vient ainsi régulièrement sous la plume de Foster lorsqu'il s'attache à décrire maints acteurs de la scène de l'énergie albertaine dans les années soixante-dix. Ajoutons que, précisément, les traits de courte vue, d'insularité, d'anti-socialité et d'immaturité politique restent des reproches que l'on adresse régulièrement à l'Alberta contemporaine dans sa façon de traiter les questions énergétiques et ses conséquences économiques : refus de l'accord de Kyoto, développement urbain incontrôlable, gérance anarchique des profits du pétrole, refus rageur des paiements de péréquation fédéraux, remise en question désinvolte de la place de l'Alberta dans la Confédération, négation même devant l'évidence des dommages environnementaux et sociaux causés par l'exploitation des sables bitumineux. Les traits négatifs du cowboy servent ainsi à représenter toute la persona de l'Alberta et à légitimer son discours d'appropriation sans conteste de ses ressources. Mais, au-delà ou en sus de la métaphore comme stratégie représentative, on sent que la théâtralisation de la masculinité western détourne du réel cette masculinité hégémonique, puisqu'il faudrait ironiquement *toujours en montrer plus.*

On touche ici à un point particulièrement sensible de l'identitaire albertain, si on garde à l'esprit que l'Alberta reste la seule province canadienne à avoir voulu protester contre l'inclusion des homosexuels et lesbiennes dans la Charte des droits de la personne, jusqu'à menacer d'évoquer la clause nonobstant. Il est malaisé de nier l'existence d'un certain climat d'homophobie régnant en Alberta, dont les manifestations surgissent régulièrement dans le discours social ambiant, plus particulièrement devant la question du mariage homosexuel, par exemple; mais cette homophobie va de pair avec, on le sait, une conception patriarcale de la société dont la masculinité hégémonique est l'assise de base.

> Patriarchy is founded in part on misogyny: homophobia is inextricably linked to patriarchal fear of any expression of effeminacy in men. This hatred of effeminacy is intimately bound with patriarchal devaluation of anything feminine. It becomes nearly impossible to divorce the extent to which the representation of gay male sexuality—at least as a source of titillation to heterosexual men—is about hatred of effeminacy[52].

Plusieurs éléments permettent ici de reconsidérer le recours à la sur-signification des représentations de la masculinité pourtant hégémonique de l'Alberta, et particulière au livre de Foster. La théâtralisation (et le recours de l'imagerie de la Frontière et du cowboy en est une manifestation) fonctionnerait moins comme espace de distanciation ludique que comme écran servant à parer une indubitable angoisse homophobique face à l'indéniable séduction de ces représentations. L'impression de sur-virilité qui se dégage des descriptions des Bob Blair, Don Getty, Peter Lougheed, Jack Gallagher, tous ces hommes qui présidaient aux destinées de l'Alberta pétrolière, place en fait le destinateur, plutôt que la destinatrice, dans une position ambiguë de voyeur, puisque précisément le lectorat d'un tel ouvrage n'est pas conçu comme étant féminin. Donnons-en un exemple supplémentaire : « Only the crushing handshake—which has obviously rearranged a few metacarpals in its time[53]. » La théâtralisation fonctionnerait sur le récepteur à deux niveaux : d'abord insister sur les traits mêmes de la masculinité par le biais du mythe de la Frontière afin, comme dirait Barthes, d'éliminer les errances du signe. Il faut lire la plupart des scènes du livre de Foster comme un western, avec les lois inhérentes au genre. D'autre part, la théâtralisation ayant créé ainsi la séduction homosociale (il convient de remarquer que l'ouvrage de Foster ne fait mention d'aucune femme), il s'agit maintenant de la contrer par l'interdiction même de proposer des signes de féminisation, interdiction dont la radicalité laisse soupçonner la virtualité d'un regard désirant mâle, le destinateur, sur la virilité mâle elle-même. S'il est permis d'évoquer ici Marcel Proust, on ne peut que songer au personnage du baron de Charlus dont l'écrivain précisait que son malheur était bien de ne pouvoir éprouver d'amour pour un autre inverti, mais bien plutôt pour des hommes qui ne l'étaient pas. Ce regard désirant est à la fois celui qu'il faut susciter et celui dont il faut neutraliser tous les potentiels.

Plus encore, on se souviendra que le Sheik aux yeux bleus (*blue-eyed sheik*) consolide l'Albertain dans son incarnation de mâle séducteur et autoritaire, dont il a les prérogatives : par ressac, l'Autre est ainsi devenu féminisé, passif, soumis, et potentiellement ouvert à tous les abus. Ici encore, il vaut la peine de remarquer les occurrences de la métaphore du viol sous la plume de Foster.

> Toronto-based TransCanada had, since it stormy birth in 1956, been seen as a conspicuous symbol of the rape of the West by eastern Canada. (p. 177)
>
> Needless to say, the takeover once again attracted cries of indignation from the industry, although Phillips' willing sell-out made it somewhat more difficult to cry "rape". (p. 161)
>
> However, for many of Arcan's management and employees, PetroCan's takeover amounted to rape. (p. 153)

> The rather quaint phraseology was reminiscent of turn-of-the-century courtship procedure, but as far as Husky was concerned, what was about to happen was attempted rape. (pp. 123–24)

La métaphore du viol pour exprimer la dépossession en termes de prise de contrôle de compagnies pétrolières ne peut que constituer un symptôme supplémentaire d'une vision particulière des récits du pétrole comme domination d'abord sexualisée selon les termes de la masculinité hégémonique. On a vu, dans les occurrences précédentes, que l'Ouest canadien en particulier est présenté comme la potentielle victime de la domination de l'Est. Dès lors, l'usage même de la métaphore sexuelle pour exprimer un des paradigmes traumatiques de l'Alberta—à savoir être utilisée au profit du Canada central—illustre la prégnance de cette imagerie sexualisée, typiquement issue de la domination masculine, mais aussi de l'ambivalence devant la virtualité d'être à son tour l'objet de cette violence. L'homophobie particulière aux milieux à masculinité dominante, comme peut l'être celui de l'industrie pétrolière par exemple[54], prend alors la figure plus claire de l'anxiété difficilement contrôlable, mais ayant aussi sa part obscure de séduction, d'être potentiellement l'objet d'une agression symbolique ou réelle. Tout se passe comme si était renversé cet axiome de Pierre Bourdieu selon lequel « l'acte sexuel est décrit comme rapport de domination[55] » et que l'on pouvait établir que, dans une certaine dimension des récits du pétrole, les rapports de domination auraient tendance à plutôt être perçus comme des actes sexuels. Le reste du commentaire de Bourdieu s'oriente alors dans un entendement clair, tout particulièrement par rapport à l'univers anglophone de l'industrie pétrolière.

> Posséder sexuellement, comme en français « baiser » ou en anglais « to fuck », c'est dominer au sens de soumettre à son pouvoir, mais aussi tromper, abuser ou, comme nous disons, « avoir » (tandis que résister à la séduction, c'est ne pas se laisser tromper, ne pas se faire « avoir »). Les manifestations

> (légitimes ou illégitimes) de la virilité se situent dans la prouesse de l'exploit qui fait honneur. Et, bien que la gravité extrême de la moindre transgression sexuelle interdise de l'exprimer ouvertement, le défi indirect pour l'intégrité masculine des autres hommes qu'enferme toute affirmation virile contient le principe de la vision agonistique de la sexualité masculine[56].

On ne saurait donner ici une extension trop générale aux singularités des choix représentatifs privilégiés par Foster dans ses récits du pétrole, mais on ne saurait nier non plus les traits de la masculinité exclusive et hégémonique dans lesquels s'encadrent ces récits. Que ce soit par l'imagerie du cowboy ou celle de la sur-virilité théâtralisée, tout indique que l'action liée à l'histoire de l'industrie pétrolière albertaine de ces années peut être comprise dans une historiographie qui les perçoit précisément comme affirmation virile sous-tendant pourtant un certain défi à l'intégrité masculine. Ces facteurs expliquent partiellement l'indéniable séduction exercée sur Foster par les sujets de son récit, séduction amplement relayée par toute une littérature journalistique et promotionnelle sur l'industrie pétrolière en Alberta. D'un côté, la sur-virilisation des représentations masculines amplifiée par la sémiotique du « cowboy » pourrait fonctionner comme le désir de la réassurance qu'on maintiendra cette intégrité masculine qui, à un autre niveau, pourra garantir contre le « viol » métaphorique par l'Autre, quelle que soit la forme que cela puisse prendre. D'autre part, cette même séduction qui ne semble pas être destinée à l'élément féminin assure que les transactions ou les contacts vont s'effectuer à partir des règles du Même, dans une relation en miroir qui fait que le principe de l'intégrité masculine ne peut qu'être mesuré à lui-même, dans cette dialectique anxieuse mais érotique d'un désir qui n'a pas, justement, à prendre ni le risque de la différence ni le risque de sa réalisation. Dans ce contexte, voilà qui donne un relief particulier à cette remarque de Judith Butler : « In other words, disavowed male homosexuality culminated in a heightened or consolidated masculinity, one which maintains the feminine as the unthinkable and unnamable[57]. »

Il serait plausible alors de lire l'homophobie des milieux de l'industrie pétrolière comme le refoulement exacerbé du risque de voir un désir réalisé dans un univers qui n'a que faire de l'élément féminin. Si ce désir relève certes de l'interdit, il n'en existe pas moins comme un mécanisme de protection contre la différence, à l'intérieur duquel les « objets » éventuels d'agression pourraient plus ou moins consciemment chercher refuge auprès de l'ultime détenteur de l'intégrité masculine inattaquée; faudrait-il ainsi comprendre les représentations de Peter Lougheed et de Don Getty ? Les récits du pétrole se passent entre hommes et tout l'enjeu est en définitive de ne pas se « faire baiser », soit par Ottawa, soit lors d'une prise de contrôle, soit par un concurrent, soit par les caprices du marché. L'hyper-virilité affichée servirait d'assurance interne et extérieure rendant la possibilité du viol inconcevable, alors que paradoxalement, l'appareil déployé pour le contrer exprime bien sa haute potentialité, fonctionnant à la fois comme dénégation, réassurance et défense. Est l'objet d'admiration justement celui qui semble pouvoir éliminer le risque du « viol » pour lui-même et pour les « siens ». Sans doute est-ce cela que l'on demande symboliquement aux dirigeants albertains : et peut-être faut-il trouver là une explication néanmoins partielle de la faible critique opposée au gouvernement conservateur albertain qui règne sans interruption sur la province depuis près de quarante ans, et à qui finalement l'électorat demande de s'assurer que l'Alberta ne soit pas « baisée », l'agresseur en puissance étant traditionnellement et univoquement désigné comme Ottawa. Cependant, l'élection à la tête du pays de Stephen Harper, Calgarien d'origine, qui affirme haut et fort ses affinités avec l'Ouest canadien lorsque cela l'arrange, inscrit ces rapports idéalement oppositionels dans une nouvelle donne. De plus, avec l'élection le 23 avril 2012 d'Alison Redford comme première ministre de la province, on peut aussi avancer que cette image du dirigeant comme devant incarner cette sur-virilité spectaculaire n'est plus favorisée par un électorat plus jeune et plus urbanisé qui, au vingt et unième siècle, n'a que faire de cette icône du cowboy à la masculinité paroxystique qui voit sa pertinence peu à peu effacée par les nouveaux contextes où se déroulent les activités pétrolières contemporaines en Alberta.

Cependant, à un autre niveau, nous émettrons l'hypothèse que la représentation historique de la persona hyper-masculinisée du cowboy va moduler le discours même du pétrole : dans cette visée, on pourra poser que l'argumentaire pétrolier, et de la part de l'industrie et de la part des Albertains, serait d'abord obligatoirement manichéen, polarisateur, évitant les concessions, simplifiant les débats, dessinant un ennemi toujours extériorisé. Comme l'homme hyper-virilisé, ce discours ne doit pas montrer de failles et ne doit pas offrir de possibilités de retour sur Soi. Il est en fait méfiance même du discours, fidèle en cela au mutisme de la Frontière, préférant l'empirisme éprouvé des situations pragmatiques, ce qu'un politologue albertain nous faisait un jour remarquer par cette formule lapidaire : « Il y a du pétrole dans le puits ou il n'y en a pas. » Le discours, comme l'homme de la Frontière, doit être non problématique.

Toutes ces suggestions restent ainsi à vérifier par une analyse plus approfondie. Mais plus encore, il faudra mesurer à quel point cette construction identitaire, censée produire à elle-même sa propre assurance, peut en fait s'offrir à la réappropriation par une instance discursive provenant de l'intériorité même de ce monde pétrolier que l'homme de la Frontière veut percevoir en concordance avec son univers : authentique, aventureux, respectueux de ses valeurs de liberté, d'honnêteté et de dur travail dûment récompensé. Mais, contrairement au contexte des années soixante-dix décrit par Foster, où l'industrie pétrolière était encore illustrée par des individus généralement propriétaires de leur propre exploitation, se dresse maintenant devant ce cowboy albertain *Big Oil*[58], aux intérêts multiples et complexes, aux ramifications multinationales et supranationales dépassant de beaucoup le simple fait albertain. Comment saura-t-il lui parler ? Ou plutôt, l'inverse se pose : comment *Big Oil* choisira-t-elle de s'adresser à ce cowboy mythique sûr de son fait et de son droit, qui se croit prévenu de tout ?

CHAPITRE 2

TROIS THÉMATIQUES PÉTROLIÈRES : HASARD, ENVIE ET BOOM

L'identitaire de la Frontière va donc présider à une certaine mise en forme de l'argumentaire autour des questions pétrolières de l'Alberta, du moins en ce qui a trait au boom pétrolier de 2005–08. Mais d'autres discours autour de la question du pétrole comportent par ailleurs certaines spécificités qui marquent tout un volet de l'élaboration du Soi collectif propre aux Albertains.

D'emblée, à l'instar de ce que Marc Angenot a identifié pour les états du pamphlet, nous posons que les discours relatifs au pétrole, tels qu'ils sont énoncés dans la presse canadienne, albertaine et plus particulièrement celle de Calgary, qui reste le cœur administratif de l'industrie, présentent une « thématique » au sens où elle s'illustre « comme une séquence de traits sémiotiques nucléaires apparaissant comme des invariants dans le corpus[1]. » La liste de ces thématiques, elles-mêmes traitées et représentées selon divers procédés rhétoriques et argumentaires, exige cependant d'être identifiée dans la délimitation même du corpus formé par les discours sociaux relatifs au pétrole.

Quoi qu'il en soit, nous entendrons ici le terme « thématique » dans un sens plus flexible que celui proposé par Angenot, en tenant compte d'une alternance manifeste de ces traits sémiotiques d'un texte à l'autre, précisément pour les nécessités de l'argumentation présentée par chaque texte. Telle ou telle thématique liée aux ressources pétrolières, sous-jacente à presque tout l'ensemble, est relevable dans un texte à des degrés variables. Souvent, elle s'y détecte comme présupposée au discours, qu'elle contamine tout en lui permettant de dériver vers d'autres représentations complémentaires. C'est ainsi, par exemple, que nous verrons que la thématique du hasard dans le commentaire pétrolier est reprise par d'autres thématiques, comme celle de l'envie ou celle des contraintes du marché, dans des objectifs argumentaires souvent contradictoires.

Néanmoins, la notion de thématique, si on l'étire un peu, présente l'avantage appréciable de pouvoir construire autour d'elle l'esquisse d'une énumération des représentations discursives du pétrole, entreprise parfois rendue problématique par l'abondance et la variété même de ces représentations. C'est donc à partir de cette première notion que nous avancerons les caractéristiques suivantes comme traits représentationnels propres au traitement des ressources pétrolières principalement calgarien dans le discours médiatique couvrant les années 2004 à 2008 : le hasard, l'envie et le boom.

LE PÉTROLE COMME HASARD ET CHANCE

Une des premières données qui marque les discours du pétrole dans l'Ouest du Canada est la prise de conscience plus ou moins aiguë du caractère contingent de la présence de ces ressources naturelles. Le sentiment de cette condition accidentelle présidant à l'existence des ressources, en raison du surgissement vertigineux des possibles immotivés qu'elle invite, va dans la plupart des cas demeurer au niveau de l'impensé du discours, ou encore être intégré dans un système idéologique propre à lui insuffler une motivation qui conférera à ce hasard fondamental une acceptabilité du moins psychologique. Cette thématique du hasard envahissant d'autres aspects du discours pétrolier, il convient de proposer, sinon une hiérarchie comme telle des énonciations du hasard pétrolier, certainement une énumération des diverses conceptions de cette extraordinaire conjoncture à la fois géologique et économique qui fait que le territoire albertain recèle en son sous-sol la deuxième plus grande réserve prouvée de pétrole au monde. Nous identifierons donc cinq mises en forme discursives de la *chance* albertaine, présentées sous l'aspect de l'accident ontologique, de l'aubaine, de l'obligation éthique et du pari.

L'accident ontologique comme genèse de la richesse albertaine est la question la plus difficile à traiter, et pour l'analyste et pour le bénéficiaire de ces richesses. Car l'accident, fondamentalement, suppose une opacité métaphysique qui enlève toute justification à ses conséquences. Privé de téléologie, de direction et d'intelligibilité, l'accident implique une totale perte de contrôle qui anéantit toute prétention à l'action du bénéficiaire[2]. Plus encore, la représentation de la chance comme accident a pour contrecoup la transformation du bénéficiaire-sujet en objet impuissant face aux bienfaits (dans le cas albertain) qui, littéralement, lui tombent dessus. Le sentiment de cette impuissance initiale ne saurait certes être perçu comme un ajout identitaire positif à la perception qu'a de lui-même l'homme du pétrole. On conçoit aussi que le caractère immotivé de ces richesses risque de fragiliser jusqu'à l'irréalité le sentiment de jouissance des privilèges conférés par la possession de pétrole surabondant. La contingence pure est un scandale insurmontable dans toute construction et perception de soi comme maîtrise de son destin, dernier élément qui reste un des traits paradoxaux de l'identité frontalière. Le hasard est en fait une antivaleur par son effet privant de corrélation les actants mis en cause, en l'occurrence l'homme de la Frontière et la géologie de son territoire[3]. L'admission clairement énoncée de cette absence de justification immédiate se pose comme la faille initiale qui viendrait torpiller la validité d'un discours subséquent sur la jouissance des bienfaits de toute nature tirés des ressources pétrolières. La prémisse d'une contingence aveugle serait comme un sable mouvant dans lequel viendrait s'enfoncer tout sentiment de légitimité de la position privilégiée de l'Alberta, et les conséquences qui découlent indéniablement de ces privilèges (expansion économique, pouvoir politique, consumérisme effréné) risqueraient elles aussi de sombrer du côté de l'illégitimité. C'est donc dans une certaine mesure en réaction contre la prescience de l'absurde que le hasard ontologique de la géologie, présenté comme la genèse d'une Alberta fabuleusement riche, sera encadré par des discursivités spécifiques permettant, sinon de faire face à l'absurde premier, du moins de le reconceptualiser pour le rendre plus assimilable à l'esprit de la société albertaine.

On comprendra ainsi que le traitement de la contingence fondamentale comme donnée brute fait long feu dans la représentation du pétrole comme hasard en Alberta, car il installerait par trop les débats subséquents sur les richesses dans un inconfort moral insoutenable, ce que ne se feront pas faute d'ailleurs de souligner les agents discriminés par la jouissance de ces richesses, comme nous le verrons plus loin. C'est ainsi qu'il faut voir l'avatar suivant du hasard présenté en tant qu'*aubaine* comme un désir impensé de déplacer l'inadmissibilité du scandale initial de la richesse immotivée.

Le traitement du hasard premier présidant à la présence de ressources naturelles énergétiques sous le thème de l'*aubaine* n'est pas exclusif au pétrole albertain. On le retrouve également dans certaines formulations promotionnelles d'Hydro-Québec, pour commenter et apprécier la présence en territoire québécois de ressources hydrauliques présentées comme inépuisables[4]. Mais plus particulièrement, le terme global *aubaine* (*boon*) comme signifié est traduit par *bénédiction* (*blessing*), appellation qui convoque un couple notionnel fondamental.

L'*aubaine* première (*boon*), éloignée artificiellement de la contingence, est axiologisée par son opposition à un facteur funeste *(bane)*. Cette opposition vient reconditionner à son tour l'aubaine comme profit inespéré qui aurait très bien pu ne pas être, mais dont l'impossibilité ne s'est pas, après tout, produite. Également, l'aubaine, différente en cela de la chance pure, suggère une action du sujet qui se serait mis en position d'en tirer parti. Contrairement à l'accident, dont la concrétisation reste insensible à une appréciation subjective, l'aubaine valorise le sujet qui lui donne ainsi un sens, tout artificiel soit-il, de l'absolument bon, voire du merveilleux. C'est la raison pour laquelle d'ailleurs l'aubaine, à la connotation fortement positive dans les discours pétroliers albertains, est présentée plus spécifiquement sous le terme de *bénédiction* qui, plus encore qu'un renforcement de valorisation, implique que le sujet a été en quelque sorte « choisi » pour bénéficier de l'aubaine. Ainsi, on retrouvera de fréquentes occurrences du terme *blessed* dans les discours politiques et les éditoriaux pour rendre compte de ce qu'il convient d'appeler « l'état optimal des choses » en Alberta, et ce, certainement dès les débuts du second boom pétrolier, vers 2005. Mais cette assertion va rarement au-delà du constat factuel et les hommes politiques, plus particulièrement, ont bien garde de creuser les conclusions éthiques qui s'imposent. Ainsi le premier minister albertain Ralph Klein :

> Alberta is truly blessed[5].
>
> In a society as blessed as ours[6] [...]
>
> Alberta is one of the most God-blessed places in the world[7].
>
> Blessed with abundant natural resources[8] [...]

Le bienfait originel d'où découlera une position économique ou sociale privilégiée n'est plus à ce stade interrogé dans son caractère fortuit : l'aubaine comme bénédiction littérale transforme la neutre indifférence de l'accident en choix quasi spirituel proche de s'insérer dans une téléologie. Mais plus subtilement, l'expression même *blessed*, et plus particulièrement l'expression *God-blessed*, penchent vers un certain messianisme servant de base à ce qui conforte l'idée de destinée spécifique d'un peuple choisi, et la tentation est trop forte ici de citer Max Weber :

> Enfin, elle [la puissance de l'ascétisme religieux] lui donnait [à l'entrepreneur bourgeois] l'assurance réconfortante que la répartition inégale des biens de ce monde répond à un décret

> spécial de la Providence, qui, avec ses différences et comme avec la grâce particulière, poursuit des fins pour nous secrètes[9].

Toutefois, ce messianisme comme principe explicateur n'est pas réellement exploité comme tel dans le discours pétrolier albertain, mais demeure à l'état de latence. Peu d'hommes politiques sont en position, intellectuelle ou fonctionnelle, d'élargir les dimensions factuelles de la richesse pétrolière. Particulièrement pour le premier ministre de l'époque, Ralph Klein, la bénédiction originelle de l'Alberta s'insère dans un discours plus global d'autocongratulation qui caractérise la représentation de la province comme une société qui a non seulement réussi, mais qui aurait réussi plus que les autres. De la sorte, le substrat messianique implique logiquement l'idée nette d'une distinction dont le facteur discriminant reste indicible pour le bénéficiaire, mais inéluctable pour l'observateur. D'autre part, l'emploi du terme *blessed* redevable également de l'idiosyncrasie de tel ou tel énonciateur politique peut être mis en équation avec l'expression *good fortune*, qui ne soulève pas de remous de conscience existentiel tant que son usage reste limité au discours strictement politique ou encore à l'éditorial de récapitulation des « avantages albertains », autre thématique spécieuse. Nous en voulons encore comme exemple Peter Lougheed : « Because the good fortune of having natural resources[10] [...] » ou Stephen Harper : « We have used our wealth and our good fortune not simply to enrich ourselves[11] [...] » encore que cette dernière assertion établisse un pont avec une dimension éthique qui risque plus tard de certes compliquer la représentation de la chance originelle, possibilité sur laquelle la simplification discursive du discours politique n'a pas intérêt à s'attarder.

Un autre variable notable dans l'énonciation de l'aubaine reste la qualification plus brutale de *chance* dans son sens spécifiquement français et désigné en anglais par le terme *luck*, qui s'oppose à la sourde insensibilité du hasard, ironiquement illustré à son tour par le terme anglais *chance*. La chance, dans ce contexte, ne peut qualifier le hasard que rétrospectivement dans la mesure de ses résultats pour son attributaire jubilant. Ainsi :

> Albertans are among the luckiest people in the world [...] We have won the geographic lottery[12].

> Will we be remembered as a people who discovered a treasure called petroleum[13] [...]

> Alberta Oil Sands give up their unimaginably vast treasure grudgingly[14] [...]

Plus que le terme *blessed*, rémanence d'une religiosité qui ferait par trop surgir, du moins dans le domaine du politique, une malencontreuse et inévitable allusion à un certain type de prédestination, la notion plus pure de chance, liée à la métaphore de la découverte du trésor et du gagnant de la loterie, semble effectuer le renvoi de la situation exceptionnelle de l'Alberta du boom pétrolier de 2005–08 dans la région de l'espace toujours vertigineux, donc insoutenable, de l'aléatoire, ce qui invite à deux perspectives paradoxales sur la façon de conscientiser ces richesses. D'une part, l'accident se perçoit comme une fatalité tombant aveuglément sur un sujet qui n'y peut rien et qui courait tout autant le risque de se voir frappé d'un désastre qui aurait pu l'anéantir sans aucune justification. Le sujet est plutôt transformé en objet par l'exposition égale à la calamité comme à la fortune, et on n'est pas éloigné, dans une telle optique, d'avoir à l'admirer de s'être offert à toutes les possibilités du sort avec une équanimité qui ne peut être cependant qu'une construction rétrospective. De la sorte, l'accident « heureux » de la chance peut être assimilé à une juste récompense à la capacité du sujet-objet de s'être exposé aux aléas du sort. Le discours albertain sur l'oscillation « boom-bust cycle » s'inscrit dans cette optique d'une régulation par l'adversité même à qui, en fin de compte, est supposée une morale. D'autre part, l'accident s'inscrit aussi comme perte de contrôle, comme imperméable à toute volition extérieure : l'objectification du sujet est dès lors plus radicale, privée en fait de sens, d'où l'inconfort à l'accepter. La chance heureuse ne se révèle comme telle que par l'affirmation d'un sujet qui lui confère une valeur. Dans une société qui continue de relever du paramètre du pionnier de la Frontière, la pure contingence, on l'a vu, propose un espace mental qui ne peut s'actualiser que dans le malaise du vertige. La contingence doit ainsi s'intégrer dans une méritocratie quelconque, laquelle, elle non plus, ne peut s'énoncer faute d'une rationalisation aux bases solides. Lorsque le politologue Roger Gibbins constate sans ambages que les Albertains forment le peuple le plus chanceux de l'univers et qu'ils ont gagné à la loterie géographique, il ne saurait tirer toutes les conclusions liées à cette assertion : le constat triomphal d'être le gagnant masque l'opacité de l'absence d'une causalité. On ne peut s'empêcher d'évoquer *Les Belles-sœurs* de Michel Tremblay lors de la célèbre scène du bingo : « J'ai gagné ! J'ai gagné ! Je le savais, j'avais bien que trop de chances ! J'ai gagné[15] ! »

La société albertaine, empreinte de la méritocratie frontalière, ne peut donc soutenir un discours qui renverrait la genèse de ce qui est perçu comme un succès collectif à une simple conjecture du chaos rendant indifférent le rôle même de la communauté dans ce succès, ce qui se poserait comme une source d'angoisse indicible.

Ce sera donc pour contourner cette angoisse ou pour l'atténuer qu'une autre variation, plus réactive, de la thématique du hasard, fera irruption : le *discours éthique* plus ou moins chargé de conjurer le malaise causé par le fortuit. À cet égard, un tel discours doit brutalement affronter le constat initial d'un hasard aux conséquences bénéfiques. Le renvoi à l'accident injustifié et insaisissable pour la raison s'impose cependant à nouveau pour en rationaliser les conséquences. Prenons pour exemple deux extraits d'éditoriaux journalistiques rédigés l'un par un pasteur de l'Église chrétienne réformée, l'autre, par un homme d'affaires et philanthrope de Calgary. Les deux textes sont un appel à la charité collective au profit des démunis et même, dans le cas de l'homme religieux, en faveur des provinces canadiennes moins privilégiées. Les deux argumentations basent d'emblée leur prémisse sur l'assertion inaugurale de la fortune collective comme pur accident, en fait désigné directement comme tel. Ainsi le philanthrope :

> Many in this room have profited, some handsomely from the accident of living in this city and in this province, at this,

> the right time. Some believe our success is mainly attributed to brilliant strategic planning and thinking—to brilliant execution. Let's face it, all of us should be eternally grateful for our good fortune. Eric Harvie, perhaps Alberta's greatest philanthropist [...] recognized his wealth was amassed principally by good fortune. As such, he felt the wealth did not really belong to him and thus, reinvested it in the community. In this sense, those who have unexpectedly found themselves wealthy beyond their dreams today should consider themselves to be custodians rather than the owners of that wealth[16].

Et le pasteur :

> So much has already been given to us. Why should there be a sunrise over wheat fields tomorrow? Why should a prairie rose bloom every spring? [...] It's all grace and gift, including the oil resources we happen to be parked on. We didn't do anything to acquire them: they're part of the riches we inherited. And the market forces are jacking up oil prices—something way beyond our control.
>
> In giving back from our wealth we are just going with the grain of the universe, giving our nod to the reality that life itself is a gift[17].

Le hasard et ses retombées bénéfiques affrontent ici sans préambule leur condition ontologique de non-justification comme la condition similaire de non-légitimation du sujet qui en jouit. Cette non-légitimation impose, au lieu du sentiment d'autocongratulation qui caractérise le discours politique albertain, une humilité du sujet face à une fortune qui serait privée de sens dans son aveuglement. Le recours ici à l'expression précise de *good fortune* est précisément hanté par son concept opposé de *mauvaise fortune*, qui est fortement réactivé et pensé comme indissociable du premier. Si le bénéficiaire réjoui de la loterie ou de la chance heureuse ne conçoit que le bonheur de gagner et d'utiliser le prix à bon escient, la chance telle que perçue par le philanthrope est dépouillée de toute justification, bonne ou mauvaise, et dès lors est présentée comme un phénomène inquiétant. Pour sa part, le pasteur la ramène au rang des mystères théistes de la nature (lever du soleil, changement des saisons) ce qui est un renvoi pur au texte de l'Ecclésiaste suggérant un ordre aveugle des choses. Les deux textes insistent par ailleurs sur le caractère passif du sujet jouissant des retombées d'un hasard illustré par ressac comme éminemment opaque dans son irrationalité. On notera les expressions communes aux deux textes, telles que « happen to be parked on », « found themselves wealthy ». La passivité est d'ailleurs renforcée par l'inaction : « *we didn't do anything* », « *we inherited* ». Cette inertie assertée couplée à la perte de contrôle, lequel contrôle est exercé en fait par une instance divine, fait surgir la possibilité anxiogène qu'il aurait pu en être autrement et que le bénéficiaire privilégié des richesses aurait tout aussi bien pu se trouver du côté des démunis dont la chance se serait détournée. Ainsi est déresponsabilisé le sujet de son sort appréciable, ce qui pourrait constituer un véritable anathème face au discours méritocratique de l'identité frontalière privilégiant le dur travail du pionnier. Dans le contexte albertain, un tel constat de l'indéniable absurde ne peut trouver une autre forme d'acceptabilité qu'en étant inséré dans la logique d'un discours éthique empruntant d'abord, mais partiellement, à l'idéologie protestante qui présenterait le sujet comme gardien des richesses, *custodian,* plutôt que le propriétaire, *owner*[18].

Il faut cependant distinguer ce type d'injonction au partage (mesuré) des richesses de la charité disons catholique, laquelle comporte une dimension magique et conjuratoire avec l'espoir manifeste de mériter des indulgences pour l'au-delà. Il n'en est rien pour la démarche philanthropique inspirée du protestantisme qui, pour un observateur québécois, paraît marquer toute la conception de l'aide sociale albertaine et n'implique pas d'espoir en une compensation future : elle est une façon sociétale d'affronter les abîmes existentiels de la contingence. Il est à noter cependant que ce recours à l'éthique protestante pour appréhender la condition aléatoire des hasards de la fortune et l'attribuer plutôt à la volonté divine, reste le fait d'individus plutôt que du collectif et se traduit peu dans le conservatisme albertain par une action démocratique concertée, où les instances gouvernementales se chargeraient de l'application concrète de mesures sociales favorisant réellement les individus.

C'est cet aspect de la privatisation des interventions sociales, dont la philanthropie et le volontariat restent des piliers privilégiés, qu'effleurait Deborah Yedlin—commentatrice conservatrice de l'économie pétrolière et chroniqueuse régulière d'abord du *Globe and Mail* et ensuite du *Calgary Herald*—sans en creuser les causes et conséquences profondes :

> Volunteer Calgary recently completed a survey showing 71 per cent of Calgarians are engaged in their community on a volunteer basis, helping out at the 4,000 non-profit organizations in the city. […] As a result of the funding gaps created by the provincial government in the past 13 years, the amount of personal time and energy devoted to raising funds for health care, education and social services has increased.
>
> There is an underlying expectation to give back to the community[19].

Ce serait sans doute ne pas rendre justice aux efforts philanthropiques de la communauté albertaine que de les réduire à un désir bourgeois de déculpabilisation devant les faveurs du hasard. Il n'empêche que ce volontariat et ce bénévolat attendus de tout citoyen albertain expriment à leur façon une réaction singulière devant le malaise du hasard incontrôlable, sur laquelle insistent tant les deux discours précédents. Une telle réaction doit être absolument intégrée à un système de recirculation du don vu comme la reprise de contrôle de l'accident initial et son orientation vers un objectif éthique et légitime, soit la redistribution—toute congrue soit-elle—des avantages matériels conférés par la fortune. Ainsi l'absurde paraît ainsi être illusoirement cantonné dans le compréhensible. Toutefois, si le discours éthique servant à ainsi circonscrire les effets du hasard apparaît assez dominant pour rendre compte de la tendance générale à la privatisation des mesures d'aide sociale, nous ne lui supposerons pas une hégémonie dans la façon albertaine de « penser » la chance. On doit donc ainsi passer à une autre conception du hasard, laquelle marquera plutôt le milieu proprement dit des affaires pétrolières, qui jouit lui aussi d'un espace majeur dans la circulation des discours sociaux albertains jusqu'à faire une sérieuse concurrence au discours éthique.

Donc, à l'expression de la contingence malaisée, de la prédestination distinguant le bénéficiaire et de l'inconfort éthique vient s'ajouter la conception du hasard comme *pari*, *gambling*, dernier terme qui vient impliquer cependant une action directe du bénéficiaire des richesses pétrolières, alors que les autres perspectives suggéreraient les Albertains comme sujets passifs, position dont on a dit qu'elle allait à l'encontre du mythe de l'homme de la Frontière. Par comparaison, la conception du hasard comme résultat d'un pari renvoie à une des constructions identitaires chères aux Albertains. Pour en exposer un premier exemple illustrant bien l'esprit de la chose, nous citerons à cet effet une annonce de la Banque Royale du Canada, publiée dans la revue *Oilweek*, en 2004, qui énonce comme remarque préalable à son argumentaire la ligne suivante :

> Finding oil and gas is always a gamble. Finding a banker you can rely on, shouldn't be.

En surimpression à ce texte, on nous montrait la silhouette d'un sexagénaire vêtu de jeans, parallèlement en arrière-fond avec une tour de forage caractéristique des champs d'exploration gazifière. Le visage buriné de l'homme joint à l'aura d'autorité naturelle qui se dégage de celui sur qui il a beaucoup plu expriment plus ou moins directement les effets des risques encourus dans l'industrie. Si la terre albertaine est bénie par la présence de ses ressources naturelles exceptionnelles, ces dernières, plus particulièrement les bassins gazeux, ne se trouvent pas toujours là où on le supposerait au premier abord. Il faut se mettre à leur—coûteuse—recherche. On assiste, dans le cadre du pari, à un renversement de la perspective qui pose maintenant les richesses souterraines comme passives, sans mouvement, dans l'attente et non plus comme principe de dispersion factuel de leur possible. Le bénéficiaire privilégié se doit plutôt d'agir, d'aller à la rencontre des richesses dissimulées, de s'exposer de la sorte activement aux refus ou aux récompenses du sort et, de ce fait, se signale comme une intervention diligente qui doit montrer des résultats. Le pari, c'est la confrontation audacieuse avec le hasard, qui n'est plus alors subi, mais mis en action. C'est le sujet qui l'affronte et peut le revendiquer. Sans le parieur, le hasard n'est rien : c'est lui qui lui donne sens et signification. Ajoutons à cela que le pari, dans les discours pétroliers, est bien sûr et essentiellement une prise de risques qui est assimilée à une autre manifestation de masculinité comme exposition stoïque à l'imprévisible. Le pari est l'indication d'une confiance en soi perçue comme essentiellement mâle : *The Blue-Eyed Sheiks* de Foster fourmille de ces récits admiratifs de rudes aventuriers pétroliers qui misèrent sur leur instinct dans leur quête de la fortune et en furent, bien sûr, récompensés. De même, il est inutile de préciser que l'homme représenté dans l'annonce que nous avons décrite plus haut donne la certitude qu'il a gagné ses mises et qu'il a su vaincre le risque. C'est que le pari est perçu et apprécié rétrospectivement à la mesure de son résultat alors que le hasard s'instaure plutôt comme position première. La gloire du pari naît du rétrospectif : le pari, c'est aussi la seule possibilité de mettre le hasard en récit. Le pari ne peut être perçu positivement que s'il est gagnant, seule morale acceptable en ce qu'elle est cohérente avec la virilité dominant l'univers de la Frontière.

C'est ainsi que la glorification du pari et du parieur participe de cette construction de l'identité frontalière et peut toucher à l'épique dans ce qui dépasse de loin la nécessaire mise en forme des réalités économiques. Citons à cet effet l'historien Frank Dabbs dont les commentaires furent publiés dans un ouvrage historique soulignant le centième anniversaire de la création de l'Alberta, ouvrage intitulé *Alberta, A State of Mind* :

> For the oil sands men have gambled their capital to the last penny; they have staked and squandered their reputation; they have sojourned into mosquito infested summers in the hinterland and hibernated for oily-smelling winters in laboratories from Edmonton, Alberta, to Kingston, Ontario, to Chicago, Illinois.
>
> For the oil sands, men have contrived a legion of odd-looking machines, built makeshift production lines in

> wilderness shanties, patented a myriad of processes and launched a fleet of wishful or simply larcenous promotions. (The noun “men” is deliberately chosen: women on the whole have had more sense.)
>
> All this has been done in response to the siren song that the oil sands sing beneath the hypnotic sway of the northland’s aurora borealis, a song of wealth and power and—the most alluring of all—of public accolade and a place in history.
>
> […] the oil sands have delineated and elevated fundamental human qualities that make Alberta the extraordinary place it is[20].

Soulignons d’emblée la perception du pari, ou plutôt du parieur, comme un être déraisonnable, à la limite de la folie, mais aussi comme éminemment sexué : ce délire est le propre du masculin, car les femmes y sont précisées comme étant trop sensées pour s’y laisser entraîner. C’est peut-être la seule occurrence où l’irrationnel, traditionnellement un stéréotype accolé au féminin, sera haussé au rang de qualité en ce qui concerne la conception de la masculinité du parieur. Le pari sur le pétrole exige aussi qu’il faille payer de sa personne à coût parfois prohibitif : perte de capital, inconfort matériel et physique, élaboration incessante d’astuces technologiques, représentations mensongères de la promotion. Le pari pétrolier est un creuset où sont mis à l’épreuve les caractères : endurance, inventivité, persévérance. On est loin ici du déliquescent joueur de casino dont la foi dans le hasard des cartes ou de la roulette serait plutôt perçue comme une défaillance de l’âme. Certes, le parieur est présenté comme séduit par la promesse de l’or noir et cette dernière expression prend ici tout son sens, mais ce pari garde quelque chose de pascalien, en ce qu’il ne semble pas s’opposer à un autre possible, à un autre choix qui représenterait la faillite du sort. Le non-pari, devant la promesse de la richesse soupçonnée, serait le symptôme de la passivité raisonnable accolée au féminin : il est l’inaction et la réelle soumission au hasard. Et Dabbs d’énumérer les qualités propres à ces parieurs, malgré l’assertion initiale de déraison de leur comportement, liste dans laquelle on reconnaîtra une fois de plus les traits forts de l'identitaire frontalier : « pragmatic, curious, smart, independent, self-confident, tenacious, experimental and drawn to the future […] ». Rappelons que l'homme de la Frontière a été présenté en quelque sorte comme celui qui avait fait le choix de laisser derrière lui les contraintes du monde ancien et, comme nous le fait remarquer Claudine Potvin à propos du parieur, « To believe in hazard, chance and luck is to place oneself outside the divine order and the Father's discourse[21]. » Le parieur du pétrole est donc confirmé comme agissant, comme ayant fait table rase du passé et étant prêt à sortir des règles connues et des contraintes du monde ancien : les coups du hasard ne sont plus des menaces, mais des possibles.

Fortune comme dessein divin, signe d'élection messianique, occasion offerte au parieur viril, voilà les mises en récit qui ont pu communiquer une acceptabilité à l'aléatoire présidant à la situation exceptionnelle de l'Alberta[22]. Mais cette acceptabilité reste le fait d'un discours interne à la société albertaine et, dès son énonciation, ce même discours s'est exposé à des réactions extérieures, voire aux suppositions de ces réactions, ce qui a contribué à ajouter une autre thématique majeure aux discours sur le pétrole de l'ouest, thématique elle aussi non exempte de contradictions, mais riche d'indications supplémentaires sur les valeurs sociétales autant qu'économiques accordées aux jouissances des ressources énergétiques au Canada.

LE PÉTROLE COMME OBJET D'ENVIE : L'ENVIÉ ET L'ENVIEUX

> On peut dire que la chance tombe toujours sur les ceuses qui le méritent pas !
> Que c'est qu'elle a tant faite, Madame Lauzon, pour mériter ça, hein ?
> Rien ! Rien pantoute ! Est pas plus belle pis pas plus fine que moé[23] !

—Michel Tremblay, *Les Belles-sœurs*

L'envie est un vice dont personne ne se vante. L'envie est disqualifiante[24].

—Bernard Forthomme

Marie-Ange Brouillette : Vous les méritez pas ces timbres-là !
Des-Neiges Verrette : Pourquoi vous plus qu'une autre, hein ?
Rose Ouimet : Tu nous as assez fait baver avec ton million de timbres[25] !

—Michel Tremblay, *Les Belles-sœurs*

Un autre présupposé du discours pétrolier albertain constamment réactivé dans les représentations des richesses pétrolières et contigu à la première thématique du hasard est illustré par la référence constante à *l'envie et à la jalousie* dans les écrits de presse canadiens relatifs au pétrole. Que ce sentiment soit directement désigné dans les textes ou qu'il demeure à l'état de latence dans certains argumentaires, il n'en exprime pas moins une constante incontournable dans la considération de la position privilégiée qui découle de la possession des richesses pétrolières pour l'Alberta. Cette constante renvoie, sous des formes variées, aux multiples articulations de l'envie et de la jalousie, suggérant de nombreuses représentations du sujet albertain qui sont éloquentes sur la démarche de perception que la collectivité suggère d'elle-même, et qui ne sont pas indépendantes des rapports multiples à la chance que nous venons d'examiner.

Mais, à l'instar des expressions du hasard et des réactions complexes qu'elles suscitent pour la compréhension de la situation albertaine, l'envie et la jalousie s'imposent à l'examen comme des phénomènes subtils dont la mise en discours, dans la presse en particulier, se doit d'être étudiée dans toute sa diversité. Plus encore, et c'est le cas pour le traitement de la chance dont on a vu qu'elle impose diverses stratégies discursives pour lui conférer une acceptabilité demeurée d'ailleurs problématique, envie et jalousie se présentent à la fois comme recours discursif d'une part, servant des besoins de représentation identitaires, et imposant d'autre part des stratégies à la fois de reconnaissance et de dénégation du phénomène. L'envie et la jalousie comme affects trouvent leur plus claire expression dans les discours politiques albertains et dans les répliques des économistes commentant la situation avantageuse de l'Alberta. Comme sentiments profonds, ils relèvent aussi d'une certaine approche psychocritique que nous ne pourrons éviter complètement si on veut bien tenir compte des enjeux qui sous-tendent toute référence à cette donnée incontournable, comme nous l'a bien démontré René Girard : le désir de l'autre et de ce que l'autre possède. À cet égard, nous parlerons davantage de l'envie que de la jalousie, cette dernière relevant d'une réaction plus globale et complexe qui surplombe l'envie, par son déploiement, son caractère incommunicable et son abstraction. L'envie reste un sentiment plus empirique, plus près de son objet, plus « précis », donc qui bénéficie de plus de stratégies de remédiabilité.

LE SOI COMME L'ENVIÉ

Dans l'ouvrage commémoratif *Alberta, A State of Mind*[26], la présentation faite par Ralph Klein des différents textes qui illustreront l'Alberta à des destinataires en fait Albertains expose d'emblée le caractère quasi obsessif de la position de la province présentée comme « enviable » et dessine de la sorte la subjectivité spécifique de l'envié.

> All in all, Alberta enters its second century in an enviable position, with a strong economy, no debt, nation-leading rates of growth and employment, a high standard of living and an enviable quality of life. What a story[27] !

De façon intéressante, à la page suivante, Paul Martin, alors premier ministre du Canada, n'a pas recours au terme, mais Stephen Harper, à cette époque chef de l'opposition officielle et calgarien d'origine, n'hésite pas à lui conférer une dimension hyperbolique : « These values (force et liberté, *strong and free*) are responsible for our success and are making Alberta the envy of the world[28]. »

Semblables occurrences du thème de l'envie dans des discours politiques auraient pour premier propos de positionner l'Alberta comme objet du désir d'autrui revalorisant par ressac la jouissance albertaine d'une économie plus que florissante, dotée d'un surplus budgétaire à l'époque auparavant inimaginable—en termes canadiens—et d'un niveau de vie sans précédent. L'Alberta serait ainsi évaluée par le regard de l'autre qui confirmerait sa situation privilégiée et, subséquemment, consoliderait son identitaire particulier réfracté par ce regard extérieur. Car la nature aporétique de l'identitaire, phénomène illustré par l'abondance même des discours essayant de le définir, ne peut que tirer avantage de ce regard extérieur qui viendrait ainsi corroborer la valeur indéniable de ce dont profite l'Alberta. En ce sens, l'envie serait d'abord perçue comme une donnée positive, non menaçante, qui validerait une position de domination de l'Alberta ainsi consacrée comme supérieure : l'envie éprouvée par l'autre, réelle ou supposée (et ce dernier détail a son importance), solidifie en quelque sorte la distinction albertaine. De façon plus générale, on comprend qu'elle est nécessaire au discours d'affirmation de soi d'où, souvent, le refus chez le supposé envieux d'admettre éprouver l'envie. Elle est à juste titre perçue comme confirmation de la domination d'une position extérieure sur laquelle on n'aurait aucun contrôle.

Dans une telle perspective de l'envie comme confirmation de soi, on appréciera à leur juste mesure les précisions qui suivent, tirées d'un éditorial du *Calgary Herald*, où sont énumérées les diverses facettes de la situation financière et fiscale de la province par opposition aux conditions similaires de l'Ontario, énumération au sujet de laquelle on insiste bien qu'elles ne sont pas destinées à un lecteur ontarien.

> The *Calgary Herald* provides that information and the following as a public service solely for Alberta readers:

Ontario unfunded liability due to provincial utilities:	20.2 billion.
Alberta unfunded liability due to provincial utilities:	0.
Ontario general corporate taxes rate:	14 per cent.
Alberta general corporate tax rate:	8 per cent.
Alberta's sales tax rate:	0 per cent.

> [...] another for our Alberta readers: The Ontario basic exemption from provincial income tax is $8,196, Alberta basic exemption is $14,523[29].

Pourtant, ici, les minuties de cet inventaire invitent à une comparaison avec une juridiction moins avantagée (que cette dernière soit consciente ou non de la réalité des privilèges de l'autre), comparaison au sein de laquelle le deuxième terme, l'Ontario, est radicalement mis en situation d'infériorité, position d'où rejaillit la domination du premier. Mais on voit bien, en ce que le deuxième terme est nommément désigné, quelle est la fonction de sa mise en présence dans l'équation inégale. Il n'est là que pour donner réalité aux avantages qui ne peuvent être bien perçus comme tels qu'en comparaison. Une liste purement albertaine ne saurait parler alors d'« avantages réels » : ils doivent être miroités à autrui (même *in absentia*) pour être confirmés à soi.

On n'a qu'à revenir aux *Belles-sœurs* de Tremblay et à sa Madame Lauzon se vautrant dans son million de timbres-primes pour apprécier les effets pervers, mais escomptés, de cet étalage à vrai dire naïf que d'aucuns taxeraient d'immodeste :

> J'vas avoir des chaudrons, une coutellerie, un set de vaisselle, des salières, des poivrières, des verres en verre taillé avec le motif « Caprice », là, tu sais si y sont beaux ... Madame de

> Courval en a eu l'année passée. A disait qu'elle avait payé ça cher sans bon sens … *Moé, j'vas toute les avoir pour rien ! A va être en beau verrat*[30] ! (Nous soulignons)

Cette dernière exclamation du personnage de Tremblay, « être en beau verrat », illustre une autre donnée accolée à l'envie pétrolière dans l'esprit albertain qui est corollaire à l'infériorisation comparative de l'autre : le dépit. Définir a priori le soi comme précisément enviable présente ce sentiment comme étant somme toute inoffensif, voire appréciable dans son instrumentalité à corroborer la réalité des privilèges dont il bénéficie. Mais la supposition, voire le souhait de la colère de l'autre, provoquée par l'envie font soupçonner des conséquences qui pourraient être alors néfastes, d'où cette recommandation de l'ancien premier ministre albertain Peter Lougheed : « We should not let our guard down[31]. »

Si la fonction première d'une mention de l'envie avait l'utilité de confirmer la supériorité albertaine conférée par les richesses pétrolières, sa seconde fonction pose encore plus d'intérêt en ce qu'elle permet l'irruption d'un discours éthique et moral aux multiples ramifications dans la conception de l'identitaire collectif. L'envie, dans le sens où visiblement l'emploie Peter Lougheed, est l'objet d'un avertissement devant susciter des précautions. Elle est ici conçue comme un sentiment découlant de la frustration de l'autre à ne pouvoir s'approprier les richesses du soi, car on suppose à cet autre précisément le désir incontrôlable de l'appropriation.

Ainsi, le positionnement du sujet comme objet d'appropriation par l'autre est présenté comme preuve intrinsèque de la faillite éthique de cet autre face à ce qui lui est posé comme supérieur. Un lecteur non albertain des chroniques journalistiques autour de l'année 2005 est quelque peu surpris du ton moralisateur et mordant que prennent les propos des éditorialistes de l'époque :

> Let's be clear about this. Envy is a sorrow experience at another's good fortune because of the sense that one's own excellence is thereby diminished. It is malicious because it is the exact opposite of generosity[32].

Ainsi, de façon complémentaire, le politologue Barry Cooper met explicitement le doigt sur la condamnation morale inhérente à la position de l'envieux. Elle corrobore véritablement son excellence diminuée, voire fortement remise en question; elle est la reconnaissance de cette néantisation indissociable même de son désir des biens de l'autre. L'envieux est signalé dans son incomplétude handicapante, et le discours moral qui accompagne l'accusation d'envie s'inscrit au fil d'une énumération détaillée de tous les signes d'insuffisance éthique qu'on peut lui associer : l'avidité, l'ignorance, l'abus, la spoliation. Cette disqualification morale systématique touchant elle aussi à l'hyperbole, laquelle, pour surprenante qu'elle soit, n'en est pas moins nécessaire à la représentation de soi que doit se faire l'envié : devant un tel animal de proie, il ne peut être que la potentielle victime de cette exploitation inévitable et doit subséquemment se défendre, défense qui ne peut que le placer dans son bon droit : « to be envied is to be attacked: [...] not only is one violated by being made into an object, cut off and helpless, one is also actively persecuted[33]. » Cette dernière posture de l'Albertain comme objet activement convoité va ainsi justifier des gros titres de journaux du genre : « Hands off our cash : Klein. We will defend what is rightfully ours[34]. » « Defiant Klein won't share wealth. Nation wants a piece of energy riches[35]. » La position de victime, aussi improbable soit-elle dans la réalité des enjeux énergétiques du point de vue de l'Alberta, permet de l'établir sans contredit dans la pose du « bon droit » et de rejeter l'autre, le spoliateur des ressources, du côté de l'illégitimité. Un dernier et significatif exemple de cette stratégie peut se voir dans une entrevue qu'accordait Peter Lougheed aux auteurs du documentaire *Pay Dirt*[36], documentaire portant sur les sables bitumineux de l'Athabasca. Dans son intervention, Lougheed n'attribuait pas à d'autre motivation que l'envie l'instauration par le gouvernement fédéral canadien du Programme national d'énergie, le fameux *National Energy Program* considéré par l'Alberta comme un des déclencheurs majeurs de la récession économique de 1981–85 : « They were just envious of us », dira-t-il.

Ce bref exposé permet de comprendre le recours à l'envie, et plus précisément, à la représentation de soi comme l'envié, comme un effet de rentabilité dans un discours de la convoitise extérieure des richesses albertaines : productrice d'une valeur intrinsèque, renchérissement de la jouissance comme plénitude, et conception de l'autre comme marqué d'un déficit éthique, moral ou temporel, ainsi que le précise Bernard Forthomme : « L'envie ne perçoit la vie que sous la forme d'un don odieux, d'un partage intolérable[37]. » La thématique de l'envie s'avère un outil assez efficace de polarisation des rapports entre l'Alberta et les autres provinces, comme on peut le noter dans les débats de l'été 2006 sur la problématique des paiements de péréquation entre les différents acteurs de la Confédération canadienne. Cependant, justement en tant que thématique discursive, il est difficile de nier le caractère quelque peu artificiel de la dialectique envieux-envié appliquée aux enjeux liés à la possession des richesses pétrolières, surtout dans le naïf manichéisme qu'il impose. Certains commentateurs, précisément situés du côté des « envieux », sentent bien ce qu'a de factice le recours au discours de l'envie, qui en fait disqualifie toute tentative subséquente d'établir un véritable dialogue national au sujet des retombées économiques dues au pétrole et en signalent l'aspect construit et forcé :

> [...] there is no politically meaningful "national envy" at Alberta's happy position. It is anachronistic to try to create some. God has been very good to Alberta: how good have Albertans been to themselves[38] ?

Quoi qu'il en soit, la jouissance multiple de l'envié doit être confrontée à la situation de *manque* de l'envieux, ou du moins supposé comme tel, pour voir comment, dans une étude des thématiques des discours pétroliers, les manifestations de l'envie relèvent elles aussi de stratégies singulières sans l'examen desquelles notre compréhension globale de ce phénomène singulier dans le cadre pétrolier ne pourrait être que fort incomplète.

LE SOI DE L'ENVIEUX

Si effectivement l'appel à l'ethos de l'envie est une stratégie productive de positionnement de soi de la part du collectif albertain, elle ne s'avérera pas sans risque lorsque l'envieux symboliquement sommé de s'expliquer par la prépondérance même des accusations d'envie dont on l'accable, décide d'assumer carrément son rôle. Ce faisant, il endosse sans ambages un discours d'aveu univoque de sa faille morale dans un argumentaire dont les conséquences peuvent être difficiles à contrer pour l'envié, tout en démontrant en dernier lieu la porosité même des différentes thématiques discursives liées au pétrole albertain.

Nous voulons prendre pour premier exemple de ces manifestations ouvertes de « jalousie » brutale, exposant elles-mêmes leur propre motivation dans un auto-examen dont le fond d'ironie est indéniable, certains propos d'Eric Reguly, chroniqueur économique du *Globe and Mail*, dans un texte ne cherchant nullement à déguiser l'intention, toute satirique soit-elle, de s'approprier des privilèges de l'envié et dont le titre est « Getting a piece of Ralph's booty » :

> Ralph Klein has a lot of money. The rest of us don't, for the simple reason that so many deadbeat provinces aren't sitting on billions of dead dinosaurs who had the courtesy to turn into a subterranean ocean of oil and gas. Today's question, boys and girls, is how the rest of Canada can extract some of the riches from Alberta, without the undeserving bastards noticing. Or noticing and not squawking about it […]
>
> So let Alberta enjoy its fat surplus. In time, it will be poor again and seek money from the rest of Canada. Canada will know what to say[39].

Si on considère ce bref extrait comme typique dans ses expressions symptomatiques de l'envie, on en énumérera ainsi les traits singuliers.

D'abord, on notera la représentation métonymique de l'Alberta donnée sous les traits du premier ministre Ralph Klein, qui occupa son poste de 1992 à 2006. La personnalité de Klein, charismatique, populiste, démagogue, peu embarrassé de subtilités intellectuelles n'est pas, pour des observateurs québécois, sans rappeler celle de Maurice Duplessis. Cette équation qui assimilerait le dirigeant albertain à la collectivité (équation qui ne se vérifie nullement dans le réel), est l'expression d'un mépris à peine voilé à l'égard de tout ce qui ressortirait de l'Alberta, comme l'indique d'ailleurs le titre de l'article qui ne marque que le prénom du premier ministre avec un effet de familiarité dédaigneuse. À cela s'ajoute la désignation du chef politique comme le thésauriseur unique des revenus du pétrole albertain, celui dans les mains de qui seraient concentrées toutes les richesses. Cela invite alors, ne serait-ce que vaguement, un certain soupçon d'illégitimité à cette appropriation des bénéfices. Il n'est pas non plus innocent de noter qu'ils sont désignés dans le titre par le mot « booty » que l'on peut exactement traduire en français par « butin », terme qui renvoie certes à l'idée significative de piratage du fait d'un seul personnage. Est suggéré par là un rapprochement avec un de ces dictateurs que l'on accuse de s'enrichir personnellement à même les ressources du pays qu'il gouverne. Donc, si l'envié pouvait positionner l'envieux dans le manquement éthique, l'envieux peut aisément recourir à la même stratégie.

Le processus de réduction du statut de l'envié va s'affermir dès la deuxième phrase de l'éditorial, par l'accusation de déroger au principe de la méritocratie, le seul compréhensible pour une acceptation du réel sociopolitique. Mais notons auparavant un autre trait conséquent dans la thématique de l'envie : le soi de l'envieux aurait tendance à se défaire de son individualité au profit du groupe, le prenant à témoin de ce véritable scandale qu'est la prospérité albertaine. Tout comme les velléités d'autonomie québécoises et l'affirmation de son caractère distinct avaient créé le ROC (*Rest of Canada*), la jouissance du pétrole concentrée sur l'Alberta a suscité à nouveau l'appel à la contemplation collective de cette dissymétrie. Ainsi, « The rest of us don't » car, plus qu'au seul envieux, l'envié est accusé de faire du tort à tout le monde : « Alberta's surplus : We all share the pain[40] », « After all, Albertans pay $2,500 to $3,500 less tax per head than the rest of us[41]. » L'envieux n'est plus ainsi présenté comme manifestant individuellement une condamnable faille de son âme, mais comme le porte-parole désigné du groupe injustement coupé des privilèges convoités, dont la jouissance chez l'envié est ainsi illustrée comme une perte pour le collectif contemplateur. Ainsi est atténuée la gravité de la faute de l'envie, qui se dissout dans la généralité de ce même collectif.

Mais cette représentation du collectif comme victime d'une injustice, autorisant son ressentiment, ne peut trouver sa validité première que dans la stratégie de déligitimation auparavant mentionnée. C'est pourquoi Reguly sert l'argument risquant le plus de déstabiliser la position de l'envié : le retour à l'absence initiale de motivation de la richesse, au hasard géologique, à l'accident ontologique de la contingence (« for the simple reason »), qui ne peut être que la seule et inconfortable justification aux privilèges économiques de l'Alberta. On a vu dans la partie précédente comment cette réalité incontournable peut s'avérer source de malaise en perturbant considérablement l'enchaînement acceptable des causalités car elle déresponsabilise en quelque sorte l'Albertain de la possession de ses richesses. Le hasard géologique (« [...] dead dinosaurs who had the courtesy to turn into a subterranean ocean of oil and gas ») renvoie une fois de plus à qu'il a de vertigineux dans ses caprices qui échappent à tout contrôle. Le récit albertain de la transformation active de la Frontière est à nouveau déplacé vers la passivité face à des conjonctures aveugles dont on ne peut expliquer l'arbitraire. Et Margaret Wente de renchérir, ce qui n'est pas sans nous rappeler les exclamations rageuses de la Madame Brouillette de Tremblay : « C'est pas juste ! » : « Albertans think that they are smart, when really all they are is lucky.[...] Life is so unfair sometimes.[...] »

Car l'envieux sait que l'expression publique de son désarroi, voire de sa rage, ne peut trouver d'assise morale et d'acceptabilité qu'en installant le débat dans le constat premier du scandale qui est la source des richesses. Car le scandale, en latin le *scandalum*, c'est la pierre d'achoppement initiale, sur laquelle tout le système assimilable de la méritocratie vient littéralement « boiter » ou « trébucher », comme nous le rappelle l'étymologie grecque du terme *skandalon*[42]. Ainsi, si les privilèges pétroliers peuvent être redevables directement de l'industrie des Albertains, à leur capacité de profiter de l'aubaine, les bénéfices qu'ils en retirent sont de l'ordre d'une justice inhérente et prévisible, d'une causalité rationnelle et difficilement contestable. Sur ce terrain, l'envieux sait qu'il aurait moralement tort de se mettre à découvert. Mais en ramenant la perspective des richesses pétrolières dans le cadre du simple hasard contre lequel il n'existe pas d'action transformatrice capable de produire un résultat justifiable, on substitue à la méritocratie générale le principe de la perturbation de l'ordre compréhensible, voire de la défectuosité du factuel. Ainsi, les faveurs faites à l'Alberta par la géologie relèvent de l'injustice incontestable, fondement inacceptable à une jouissance qui peut être ainsi véritablement le scandale. L'envieux estime ainsi avoir pleinement raison de remettre en question la situation de privilèges qui est désignée maintenant comme un manquement grave à l'ordre des choses. Et Madame Brouillette des *Belles-sœurs* de se justifier ainsi : « Maudit ! J'ai raison d'être en maudit ! » Chez Reguly, le rabaissement de l'envié, dont la jouissance est renvoyée au répréhensible, touche maintenant à la violence verbale : (« undeserving bastards », « not squawking about it[43] »). Le qualificatif « undeserving » (peu méritoire, peu méritant) reste la clé sémantique de tout le processus d'indignité de l'envié. C'est lui qui est maintenant placé du côté de la faute morale, c'est lui qui bénéficie d'une injustice fondamentale qu'il faut bien sûr redresser, car l'événement sans fondement qui est la cause initiale de tout doit être ramené à un ordre des choses compréhensibles, à cet ordre naturel dont Pierre Bourdieu nous dit bien qu'il est en fait la simple *idéologie*. L'envié est perçu justement comme étant sorti du système idéologique commun, et Madame Brouillette n'exprime pas autre chose lorsqu'elle s'exclame : « Ça devrait pas exister ces concours-là ! Monsieur le Curé avait ben raison l'aut'jour quand y disait que ça devrait être embolie ! [*sic*] ». Parce qu'il n'appartient plus au schéma commun d'organisation et de compréhension du monde, c'est maintenant l'envié qui a tort, et l'envieux passe du statut de pécheur blâmable à celui de redresseur de ce tort qui parle au nom de tous, afin de rétablir l'équilibre de la justice.

Or, face au pur hasard, il n'y a guère de solution applicable, si ce n'est dans l'ordre du fantasme[44] : le hasard ne répond pas, par définition, à une volonté transformatrice. Il ne reste plus qu'à s'y soumettre, et l'impuissance de l'envieux vire à la malédiction de l'envié : « Give up and wish Alberta the worst », et à la prédiction de la chute inévitable, car l'envieux ne peut renoncer à son principe de la justice comme explication du monde. Cette justice, impossible à rétablir pour l'instant, n'est que reportée : « [...] in time, it will be poor again. »; « Boom will eventually turn to bust[45]. » Nous savons que cette prophétie se réalisa par la crise de l'automne-hiver 2008-09, dont les conséquences risquent de s'installer maintenant de façon structurale.

Cette première stratégie de dévalorisation de l'envié passe donc par le constat d'un scandale menaçant l'ordre du monde dans ses fondements les plus sûrs et instaurant le chaos comme principe explicateur insoutenable. L'envié dissocié éthiquement de ses privilèges, on lui nie une place dans l'enchaînement des causalités, puisqu'on nie la causalité elle-même, et, de surcroît, il se voit nié une identité assimilable au système idéologique accepté : le qualificatif « bastard » qui lui est appliqué va au-delà de l'insulte et est plus éloquent qu'on ne saurait le croire. Le « bâtard » n'est-il pas celui qui est né hors de la norme, dont le statut est l'irrégularité même, et celui qui ne peut être accepté littéralement dans la légitimité du mérite ? Quoi qu'il en soit, s'il est le plus visible dans les discours de l'envie pétrolière, ce travail de dépréciation éthique de l'envié par l'envieux ne constitue pas le seul recours de ce dernier dans son objectif irrépressible de disqualification, et il est possible de relever d'autres formes de dépréciations plus ou moins subtiles dont l'expression, parfois déroutante, renseigne davantage sur la psyché de celui qui s'estime injustement lésé par le bonheur de l'autre que sur la persona du sujet de son envie.

Tout Canadien le sait, au sein du ROC préside le consensus de la singularité d'une culture et d'une identité québécoises, reconnue mais souvent méconnue, figure de proue à la fois fascinante et irritante qui constitue, à tort ou à raison, l'aune à laquelle se mesurent généralement, avec un malaise plus ou moins avoué, les aspirations culturelles des autres provinces canadiennes. Quel que soit le sentiment, ou le ressentiment, qu'inspire la vie culturelle québécoise, ses manifestations, ses tendances, ses fluctuations—nous dirions sa « distinction », si on peut encore employer ce terme—ne sont jamais contestées par le discours culturel canadien, phénomène renforcé par le sentiment de la séparation symbolique du Québec, séparation effective et vécue comme telle par le ROC. À cet égard, la position culturelle québécoise est une donnée reconnue, qui ne fait pas plus, certainement à partir du second référendum québécois, l'objet d'une glose canadienne collective. Le quasi-silence de l'intelligentsia canadienne à cet égard peut être lu comme un indicateur de l'incontestabilité de cette autonomie culturelle québécoise, dont les principales réalisations, faut-il le préciser, restent peu accessibles à l'ensemble du Canada anglophone. Mais, une fois de plus, cette distance et cette accessibilité réduite semblent constituer en fait un facteur accru d'une reconnaissance incontestable.

Cependant, la problématique entourant le phénomène d'une culture albertaine est tout autre et s'organise précisément autour de cette question épineuse de la reconnaissance extérieure et des formes qu'elle prendra. Comme nous le rappelle Charles Taylor, chaque peuple a un grand désir de reconnaissance, et cette donnée reste centrale à la dynamique particulière présidant aux relations entre envieux et envié. Si la disqualification éthique ne réussit pas à soulager le sentiment profond de frustration impuissante de l'envieux, cette forme de dévalorisation ne change en rien la jouissance de l'envié perçue comme injustifiée. Un autre type de disqualification s'installe dans l'argumentaire de l'envieux, qui déplace de la sorte le débat sur le terrain que nous ne pouvons pour l'instant désigner que par le terme d'esthétique. Cette variation dans la dépréciation de l'envié consiste en fait à accroître la charge d'indignité de ses privilèges en le dépeignant comme incapable de bien les utiliser dans le sens d'un « art de vivre » qui serait le sceau d'une véritable légitimité de ses prérogatives économiques sans précédent. Le discours ainsi tenu sera celui de relégation dédaigneuse de l'envié au rang de « nouveau riche » évoluant aux marges d'une autre Frontière, celle précisément de la civilisation. L'envié est dès lors le Barbare dont le style de vie doit être confronté à celui du Romain raffiné, voire en fait du Grec tout vaincu qu'il soit dans la dynamique de l'impérialisme économique. L'envieux se représente dès lors comme véritablement celui qui fixe les règles de cet « art de vivre » posé comme la norme suprême laquelle seule peut justifier en fin de compte la possession scandaleuse des richesses. Pour mieux illustrer cette stratégie, voyons comment elle s'exprime dans un éditorial dont il importe de souligner que l'auteur, originaire d'Edmonton, est, à l'époque, directeur général du Royal Ontario Museum :

> It is Alberta that seems to bridle [réfréner] at investing its wealth in simple beauty, the beauty of social justice embedded in the Charter, of art, architecture, and music, the humanities, the beauty in inspiring views in newly elegant city centres, the great urban agora where the public finds its unity and pleasure in civilisation's best. God has been very good to Alberta: how good have Albertans been to themselves[46] ?

Ainsi est imposée la certitude inébranlable de la domination culturelle du Canada central qui renvoie le collectif albertain à une autre forme d'illégitimité, à savoir celle de ses pratiques culturelles, qui sont suggérées crûment dans le texte comme étant opposées aux manifestations de la civilisation. Notons dès l'abord la totale absence de réflexivité des propos de Thorsell, qui impliquent une définition transcendante de la « beauté » morale et esthétique à partir d'un point de vue dont la prétendue universalité voile la subjectivité réelle. Qui décide du critère de beauté, et au nom de quoi, si ce n'est celui qui s'estime le dominant culturel et peut imposer ses critères qui ne trouvent en fait de motif qu'en raison de cette position de dominant ? L'Albertain (et l'Alberta), suggéré comme réticent à l'acquisition de la *beauté*, est représenté par la négative comme baignant dans la laideur multiforme de son environnement urbain, dans l'inadéquation supposée de sa consommation culturelle, et est même présenté comme privé de la matérialité de la Cité qui permettrait une harmonieuse expression de sa collectivité. Mieux encore, la *civilisation*, autre attribution qui pose le problème de sa réflexivité, ne serait pas advenue à l'Alberta, qui serait perçue comme un lieu toujours immergé dans le chaos désorganisateur du « sauvage », et ce, par sa propre volonté, car cette distance d'avec la civilisation est posée comme étant le fait d'une décision plus ou moins délibérée du collectif, qui se serait en sorte volontairement infligé un grand tort.

Cette autre forme de dépréciation de l'envié constitue peut-être une stratégie plus efficace encore que l'argument de l'indignité morale, car l'illégitimité culturelle accompagnée de ses clichés habituels est ce qui est le plus immédiatement perçu, ou ce qu'on *veut* le plus immédiatement percevoir par cet observateur obsessif qu'est l'envieux. Alors que la dimension non méritoire du hasard géologique ne peut être déduite qu'au terme d'une certaine réflexion existentielle, l'aspect d'une différence culturelle relevant de ce qu'on estime être une marque inférieure du bon droit culturel apporte une satisfaction plus instantanée à l'envieux. Sans trop de dépenses discursives, par le constat hyperbolique du manque universel de raffinement ou de « qualité » culturelle dans les manifestations esthétiques du collectif albertain, l'envieux prouve que non seulement l'Alberta ne mérite pas sa fortune, première faille éthique, mais qu'en sus, elle n'a pas le degré de civilisation nécessaire pour lui donner une valeur authentique, dont les termes sont bien sûr fixés par le ressortissant du Canada central qui s'estime le détenteur de toute plénitude culturelle. Cette seconde faille esthétique est celle qui semble permettre le plus à l'envieux de se rassurer sur la pertinence de sa supériorité, comme l'exprime Margaret Wente :

> So what if Calgary is still an unsophisticated town that's full of cowboy art[47] ?

L'argument de l'indignité culturelle doublant celui de l'indignité morale prend l'allure d'un réflexe routinier dans plusieurs reportages journalistiques sur l'Alberta du boom pétrolier. Nous ne citerons comme dernier exemple que ce titre tiré du *National Post* : « Calgary Blues : the oil patch capital may be the envy of Canadian cities, but just try to find a sprig of fresh dill » dans lequel on peut lire :

> This was boom town, the city with a $10 billion surplus, Canada's new hub of retail and commerce. And I couldn't nab

a red pepper or sprig of fresh dill to save my life. Was Calgary all that it was cracked up to be[48] ?

La disqualification ici touche à l'ordre du manque à l'art de vivre caractérisant la collectivité albertaine comme incapable de consommer de façon légitime ce qui établit la véritable distinction et le goût pur. L'auteure énumère ainsi une série de lacunes qu'elle relève comme indices de retards vis-à-vis du progrès civilisateur : absence d'épicerie fine, de boutiques raffinées, de système de recyclage des ordures, d'utilisation de calcium sur les routes glacées. Encore une fois, l'Alberta est située du côté de la Barbarie incompréhensible. Ses privilèges économiques n'en seraient que plus encore démérités, car les richesses présentées comme le fruit d'un hasard injustifiable seraient de surcroît tombées dans le vide du béotisme collectif, constituant ainsi une double perte, et pour le mérite et pour l'usage du mérite. L'Alberta faillirait ainsi doublement, et sa chance exceptionnelle ne ferait que refléter son inadéquation générale.

Mais par ressac, ces discours d'indignité culturelle et d'insuffisance civilisatrice accolés à l'Alberta dessinent le portrait de l'envieux comme jouissant sans retour sur lui-même de ses prérogatives lui permettant de fixer les règles du goût (c'est-à-dire ceux du Canada central) en même temps qu'il sent confusément que ses mêmes prérogatives d'arbitre culturel, du fait même qu'il ait à les énoncer, en ressortent avec une autorité ébranlée. C'est que la domination symbolique culturelle perd de son efficace à exiger sa reconnaissance, et le ton condescendant de Thorsell (« How good have Albertans been to themselves ? ») est également l'expression d'une angoisse sourde sur la vérification empirique de sa propre légitimité : que répondre à une telle question ? Car elle indique que l'Alberta ne peut exister que dans des paramètres esthétiques fixés par l'envieux mais paramètres qui sont en fait étrangers à son être. Ce que l'envieux souhaite, c'est que l'envié dissolve sa différence dans le Même, dès lors ne donnant plus prise à l'envie, surtout s'il se soumet aux critères de légitimité culturelle de l'Autre, et devienne cet Autre.

L'envieux se trouve par ailleurs, dans son travail de disqualification culturelle de l'envié, confronté à un paradoxe insoutenable inhérent à sa stratégie. Car c'est le moment de préciser ici que l'envie, la jalousie, est un sentiment qui est grande source de détresse, car la conscience même de le ressentir est l'expression directe et la reconnaissance sans voile d'un sentiment d'insuffisance réelle de l'envieux face à l'envié. Énumérer les critères de légitimité culturelle, insister sur les différences de goût qui rendent les privilèges de l'envié questionnables, c'est aussi montrer comment l'absence de ces critères ne nuit nullement à la jouissance intrinsèque que l'envié éprouve et que l'envieux est bien forcé de reconnaître. C'est là tout le fondement du désespoir de Madame Brouillette : « Pis vl'a rendu que j'vas être obligée de rester a côté d'elle pis de sa belle maison gratis ! C'est ben simple, ça me brûle, ça me brûle ! » Aucun dialogue n'est devenu possible avec l'envié dont les privilèges lui permettent en fait de fixer ses propres normes de légitimité et de repousser à son tour l'envieux dans la marginalité et la non-pertinence. On appréciera à cet égard cette boutade d'un éditorialiste du *Calgary Herald* où est réinstaurée la l'affirmation de sa spécificité identitaire, et où le discours de blâme intellectualisant du Canada central est renvoyé à l'hétéronomie :

> Hokey? Some people think big belt buckles are tacky, cowboy hats corny, and pointed-toed boots just a bit, too, euh, Myron Thompson. But none other than Toronto intellectual John Ralston Saul has urged the modern, urban Calgary not to deny its Western Heritage. It makes us distinct. Many cities struggle with an identity crisis, concocting expansive marketing campaigns to promote a phoney image. Calgary does not have to reinvent itself, for it is blessed with something real[49] [...]

Ces lignes non dénuées d'agressivité sont publiées une année avant la période où apparaissent dans les écrits journalistiques albertains et canadiens les marques les plus claires de l'envie pétrolière. Toutefois, elles n'en expriment pas moins, dans l'anticipation, un des nœuds névralgiques de la dialectique finale entre envieux et envié : un sentiment de plénitude identitaire dans la revendication même des particularités culturelles qu'on lui reproche renvoyées à l'Autre comme réalité palpable et assumée dans son imperfection. Par projection, l'envieux se retrouve en fin de compte confronté au noyau de sa douleur, que ses différentes stratégies de dépréciation de l'envié n'ont fait que momentanément soulager : le sens grandissant et menaçant de son inexistence, de la possibilité de sa viduité, le renvoi au néant de ses propres prérogatives qu'il a eu l'imprudence d'exposer dans le discours.

> L'envie dépouille par avance l'avoir, le pouvoir ou le savoir de l'autre, reproche vivant de son manque, de son impuissance, de son ignorance ou de son impact mineur, du défaut d'exemplarité de sa vie et de sa réalisation trop virtuelle[50].

Le désir d'énoncer sa propre hégémonie éthique ou esthétique n'a que désigné ses pieds d'argile à l'envié indifférent, assuré de sa jouissance innocente qui est son propre ciel. *Nous avons le pétrole et vous n'en avez pas.* Voilà le mur incontournable et non rationalisable qu'en fin de compte, l'envieux ne pourra franchir pour se signifier pleinement dans un monde où il sait qu'il ne compte plus.

LES DISCOURS DU BOOM : EXPLOSION, CONSOMMATION, PERFORMANCE ET ANXIÉTÉS

> Le terrain était préparé, le terreau impérial, fait de débris en fermentation, chauffé des appétits exaspérés, extrêmement favorable à une de ces poussées folles de la spéculation, qui, toutes les dix à quinze années, obstruent et empoisonnent la Bourse [...]
>
> Déjà, les sociétés véreuses naissaient comme des champignons, les grandes compagnies poussaient aux aventures financières, une fièvre intense du jeu se déclarait, au milieu de la prospérité brillante du règne, tout un éclat de plaisir et de luxe, dont la prochaine Exposition promettait

> d'être la splendeur finale, la menteuse apothéose de féerie. Et dans le vertige qui frappait la foule, parmi la bousculade des autres belles affaires s'offrant sur le trottoir, l'Universelle enfin se mettait en marche, en puissante machine destinée à tout affoler, à tout broyer, et que des mains violentes chauffaient sans mesure, jusqu'à l'explosion[51].
>
> —Émile Zola, *L'Argent*

En tant que dernière thématique discursive propre à la jouissance des richesses pétrolières, le boom économique, consécutif, en l'occurrence, à l'accroissement soudain de la valeur du pétrole, reste la manifestation la plus visiblement immédiate des bénéfices pétroliers qui autrement ne peuvent se traduire, pour l'homme de la rue, que par les statistiques du marché des actions ou par les effets douloureux du prix à la pompe. La capacité de prendre la mesure réelle de la jouissance des revenus pétroliers pour une société donnée se concrétise principalement par la transformation de ces revenus en biens immédiatement consommables et accessibles à un plus grand nombre. Le boom ne saurait être pleinement apprécié que par ses symptômes, son mouvement tangible, et les activités qui en découlent, mais plus particulièrement par sa mise en discours dans les médias, qui reste à tous les égards l'inscription la plus saisissable du phénomène. Ce discours s'exprimant à grand renfort de statistiques et de chiffres qui proposent objectifications et quantifications, s'impose précisément comme la manifestation la plus claire de l'usufruit rattaché à la possession de ressources pétrolières. En tant que discours, il propose aussi une ordonnance des faits et une homogénéisation du phénomène, du moins dans leur expression médiatique, ce qui n'est d'ailleurs pas sans effet sur la représentation que l'on s'en fera à l'extérieur de l'Alberta, représentation dont le principal effet recherché serait justement d'entretenir ce sentiment d'envie dont nous avons parlé dans la partie précédente.

Mais avant d'aller plus loin, il convient de décrire, en termes dépassant le champ purement économique de l'expansion soudaine, ce que pourrait être un boom, et dans son acception discursive et dans sa perception culturelle. Le boom pétrolier albertain de 2005–08 offrait en fait ce qui pourrait fort bien être un des derniers exemples occidentaux du phénomène, du moins avec une telle intensité. Le concept mérite donc d'être réexaminé dans sa sémantique et ses métaphorisations indicatrices non seulement d'un état du discours social mais d'un état particulier de la société albertaine.

À première vue, une comparaison entre l'Alberta du vingt et unième siècle et le Paris du Second Empire peut sembler sans pertinence en matière de phénomène sociodiscursif. Elle n'en est pas moins utile dans la mesure où, si peu d'œuvres littéraires ont pris comme cadre de leur action le monde de la finance proprement dit, encore plus rares sont celles qui se sont attachées à donner la représentation d'un essor économique soudain, dernière traduction de dictionnaire, qui, à notre avis, ne rend cependant pas la pleine portée sémantique du terme « boom » qui sera préféré lors de cette analyse.

Car le choix de Zola du mot « explosion », sur lequel se termine sa tirade descriptive de la folie spéculative du Paris de 1860, donne une meilleure idée des choix représentatifs rendant compte de la déflagration économique qui caractérise les régions bénéficiant immédiatement des retombées d'une hausse soudaine et imprévue du prix du pétrole.

L'*explosion* est d'abord expansion, qui sort de la norme quantitative désignant l'état stable et courant des affaires ou des transactions habituelles. De ce fait, l'explosion rompant les limites courantes est aussi phénomène exponentiel qui, précisément parce qu'il est hors norme, est aussi perçu comme irrationnel, ce qui est caractérisé chez Zola par les termes « folles » et « affoler ». Dans le corpus journalistique albertain, nous lirons, sous la plume toujours critique d'Eric Réguly, ce titre d'une de ses chroniques financières : « Boom gone berserk[52] », littéralement « le boom est devenu fou furieux ». L'explosion est aussi une pathologie causant, toujours dans une perspective zolienne, « fièvre et vertige » où la montée thermique est à la fois symptôme et aboutissement, « chauffaient sans mesure ». Les discours contemporains de la finance tiennent, on le sait, à cette figure de la caloricité : on continue à parler de surchauffe et de refroidissement. Un titre du *Calgary Herald* de juin 2006 illustre bien la pérennité de l'image : « Alberta scorched the economy ». Un autre, du 3 juillet : « The province's torrid economy ». Ce recours à la métaphore thermodynamique garde sa logique physique, car la chaleur s'explique par l'accélération : il faut faire rapidement, on se précipite, on se bouscule, on se rue. Un commentaire du *Maclean's* saisit bien cette donnée inhérente au boom, dans une hyperbole qui rend compte de la situation fondamentalement a-normale du boom :

> The look is global super-rich and the attitude is "less cowboy" more "how fast can we go[53] ?"

La logique de l'explosion se pose bien sûr comme dilatation extrême et soudaine de toutes les données concomitantes au phénomène : spatialité imaginaire, capacité de transformation, de modification, de consommation, qui dépasse les limites établies par des précédents historiques, ce qui dans le discours est immanquablement transposé par l'usage du superlatif :

> Albertans enjoy the highest wages in the country, the lowest taxes, the country's lowest unemployment rate, robust real estate prices and a booming economy[54].
>
> Growth in overdrive[55].
>
> Calgary is a city on steroids[56].

Cette explosion comme dilatation soudaine s'applique également à une perception exponentielle et de l'imaginaire et du spatial dont Zola d'ailleurs a eu une prescience qui prend des allures surréelles lorsqu'on la met en parallèle avec certains éditoriaux locaux :

> Le champ des bruits de bourse et de salon était sans limite, mais la grande affaire prochaine de la Compagnie des chemins de fer d'Orient se détachait au milieu des autres projets [...] Plus tard viendrait l'embranchement de Smyrne à Angora, plus tard, celui de Trésibonde à Angora, par Erzeroum et Sivas; plus tard encore, celui de Damas à Beyrouth.... Oh ! dans

longtemps, de Beyrouth à Jérusalem, par les anciennes villes du littoral, Saida, Saint-Jean d'Acre, Jaffa, puis mon Dieu, qui sait ? De Jérusalem à Port Saïd et à Alexandrie. Sans compter que Bagdad n'était pas loin de Damas, et que, si une voie ferrée était poussée jusque là, ce serait un jour, la Perse, l'Inde, la Chine acquises à l'Occident[57].

> Oil analyst Linder says that there is a new global dynamic—no excess supply buffering oil shocks, the prospect of growing demand from China and India, and no alternative resources in sight[58].

Ainsi la Chine et l'Inde sont-elles non seulement « acquises à l'Occident », piégées qu'elles seraient par l'absence de solution différente à une crise de l'énergie clairement souhaitée par l'énonciateur ici, mais elles font également partie intégrante du nouveau panorama du marché pétrolier albertain. Les actuelles prises de contrôle des intérêts canadiens par des compagnies chinoises traduisent ainsi les utopies zoliennes en réalités albertaines. Cette réalisation prophétique donne ici rétrospectivement raison à l'imagination autorisée par le boom, comme c'est le cas pour le trajet mythique dessiné par Zola qui conclut d'ailleurs sa description dans la logique même de la fable : « Il semblait que [...] les trésors retrouvés des califes resplendissaient dans un conte merveilleux des *Mille et une Nuits*[59]. »

Dilatation donc de l'imaginaire spatial, inclusion de ce qui a été auparavant considéré hors limite, le boom fait littéralement éclater les perspectives avec ce qu'on considérait auparavant comme étant les domaines d'influences réelles des richesses pétrolières. Ce premier paradigme de l'explosion, du bouleversement des possibles, marque le premier stade du discours de représentation du « boom » comme euphorie absolue, comme éclatement des bornes, abondamment servi par l'emploi du superlatif.

À l'explosion s'associe aussi la démultiplication de la capacité de *consommation* qui, elle aussi, sort des normes, et constitue peut-être la manifestation la plus visible du boom, celle qui s'exhibe le plus aux yeux de l'observateur que le discours ambiant, n'oublions pas, ne peut décrire que comme envieux.

> That worry is no hindrance to the era of excess—if anything it is just one more reason to load up on luxury[60].
>
> The trophy hunter has little time for the nuance of vineyard and vintage as the staff at Bin 905 found out a few weeks ago when a prime example walked in the door and snapped out: "I want to spend $5,000 and I have just 15 minutes. Go[61] !"
>
> Decorator Sally Healy rhymes off the usual must-haves of the super rich, go cart tracks, fish stocked ponds, helicopter pads, instant wine cellar, imported furniture, state of the art kitchen with two dishwashers, two refrigerators and a "cappuccino center[62]."
>
> Big art is another status signifier. Healy has clients who have never been to an art gallery. "I expose them, make them spend all their money [...]"
>
> Behind the envy-tinged attention, lies another cultural obsession with the makeover as if watching Calgarians spend their money will provide the same entertainment as viewing the Clampetts settling in Beverly Hills[63].

On constate ici que ce spectacle de la consommation et son évaluation culturelle rejoignent la thématique précédente de l'envie compensée par la disqualification éthique et esthétique. Selon l'énonciateur non albertain du discours, la représentation de cette hyperconsommation peut s'assimiler à un excès condamnable dont le bénéficiaire ne peut qu'être indigne, ce qui nous ramène une fois de plus à cette autre thématique qu'est la chance injustifiée, à laquelle le bénéficiaire oppose comme convenu sa propre méritocratie, ce même article du *Maclean's* comportant ce sous-titre significatif : « People aren't loud or cocky about it : they worked for it ». Mais sous l'angle d'un énonciateur ou d'un destinataire albertain, la capacité décuplée de consommation reste le signe le plus mesurable de l'ampleur du boom, comme à vrai dire il se pose comme l'écran entre les ressources pétrolières soudainement accrues et le nouveau champ d'appropriation des commodités qu'il permet. La consommation éminemment ostentatoire, si tant il est possible de revenir à la vieille expression de Veblen dans ce contexte, reste à la fois l'aboutissement du boom et l'abstraction rétroactive de ce qui l'a permis, c'est-à-dire la hausse du prix du pétrole et le contexte géopolitique qui l'a favorisée, insistante abstraction éthique dont l'ombre flotte toujours en arrière-plan à cette *hybris*.

Le boom, s'il est explosion, est dans le même ordre d'idées un feu d'artifice, un spectacle et une performance que l'on doit entretenir par une mise en scène que le discours journalistique albertain, et plus particulièrement calgarien, semble s'être donné comme tâche particulière d'alimenter pour la jouissance de l'Albertain à la fois acteur et spectateur de la représentation. Dans cette optique, on perçoit vite le rôle privilégié que joue ce qui est directement présenté comme à la fois un délire et une hystérie de la consommation, cette dernière restant en fin de compte la performance la plus visible du boom et son signe comme *effet de réel* le plus indéniable. Ainsi, les premières pages des journaux locaux[64] affichent des gros titres qui habituellement seraient relégués aux pages financières : le taux de chômage réduit jusqu'à la quasi-disparition, les prix immobiliers[65] montant en flèche, les profits des marchands au détail, des concessionnaires d'automobiles, le revenu brut de la province, l'affluence quotidienne d'immigrants des autres provinces. En sus de luxueuses revues aspirationnelles, une nouvelle section du *Calgary Herald* est créée, faisant la promotion des lieux de villégiature où acheter la propriété qui permettra à l'Albertain étourdi par les bruyantes manifestations de sa prospérité de prendre un repos intermittent, loin des agitations de l'explosion. Ce type de discours, à la fois d'information et de promotion, se présente comme hégémonique en suggérant que l'accès à cette consommation superflue doit être la norme. Ainsi, un éditorial du *Calgary Herald* du 28 septembre 2005 affirme avec assurance : « Resource wealth is good for all. » Cette consommation présentée comme normative peut se lire aussi comme symptôme sûr de la condition « mythologique », au sens purement barthésien du terme, de la représentation du boom. Cette capacité de consommation présentée comme générale est en fait un des traits les plus sûrs de l'identification, dans le sens où, comme dit Barthes : « le petit-bourgeois est un homme impuissant à imaginer l'Autre[66] », c'est-à-dire ici les conditions de vie de l'Autre, les contraintes socio-économiques qui restreindraient pour plusieurs l'accès aux jouissances multiples du boom.

C'est dans un tel cadre conceptuel, où la manne pétrolière serait présentée comme éminemment conviviale, que le discours du boom va difficilement considérer les laissés pour compte, les malchanceux, les marginalisés, malgré que leur présence se signale avec insistance dans le paysage urbain de l'Alberta. Si un nombre appréciable de textes journalistiques font état, et avec sympathie, du scandale de la condition des sans-abri ou des familles à revenus inférieurs ne pouvant plus trouver de logements dans la flambée de l'immobilier, ces textes se présentent eux-mêmes comme hétéronomiques par rapport au discours dominant. Malgré la dénonciation qu'ils font de la pauvreté au sein d'une abondance auparavant inimaginable, ces textes semblent plutôt servir de bonne conscience à une certaine culpabilité caractéristique des restes de cette éthique protestante auparavant mentionnée. D'ailleurs, l'absence d'action gouvernementale réelle à prendre des mesures concrètes qui pourraient soulager la misère sociale incontestable illustre bien la simple fonction de soupape de ces discours[67]. Pour en revenir à Angenot, précisons à son instar que, si le consumérisme est une idéologie d'identification, « l'économie, les institutions et la vie civile divisent, isolent[68] ». Si la dénonciation des inégalités est manifeste dans les médias albertains, elles n'en ont pas moins pour effet de confirmer par ressac la domination du spectacle de la consommation, dont l'exaltation ne saurait être gâchée par la vue des « pauvres devant le rôti », exceptions insoutenables pour la totale jouissance du festin universel.

Dans cette perspective, le boom, en sus de son indéniable cause économique, est sans conteste certifié dans son existence par un effet de discours, outre l'effet de réel qui est attribué à la consommation à outrance, que la presse s'efforce de chauffer à blanc, en le maintenant constamment en scène. La performativité s'instaure donc comme surplus de sens dont se saisit la représentation : l'Alberta doit être un spectacle, et le spectacle de ses excès, dans l'abondance comme dans la pénurie que crée effectivement, par définition, toute situation de forte concentration d'activité économique.

> There are stories of signing bonuses, paid vacation and even post-secondary bursaries available to those willing to take jobs that otherwise might go begging[69] [...]

Le ton ici est celui de la kermesse, de la célébration effrénée, à laquelle tous, en principe, se doivent de participer, forme supplémentaire de l'identification barthésienne et de l'utopie conviviale que nous venons de mentionner : « Alberta is the place to be : if you live in Mississauga, you are wasting your time.... You might as well come to Calgary[70]. » On observe de surcroît les formes de pénurie, consécutive aux demandes accrues de toute nature qui accompagnent les booms. Ces pénurie de main-d'œuvre, manque de logement, failles dans l'infrastructure, sont, dans le premier temps de l'élaboration discursive du phénomène, l'objet d'un battage journalistique qui, tout en déplorant les effets sociaux de ces carences ponctuelles comme stricte concession à l'éthique, n'est pas loin de s'en émerveiller en les présentant comme symptômes supplémentaires de l'échauffement de la machine. Ainsi monte-t-on en neige les histoires de travailleurs venus à Calgary et obligés de s'installer dans des campings, voire des tentes, faute de logements disponibles. De même fait-on des reportages au sujet de petits employeurs devant fermer boutique en raison du manque de main-d'œuvre, comme on justifie la hausse incontrôlée de l'immobilier par l'augmentation du prix des matériaux et le délai dans les échéanciers de construction en raison, ici aussi, d'une main-d'œuvre de plus en plus réduite. On assiste aussi au phénomène du « poaching », littéralement de braconnage d'ouvriers, par lequel des employeurs détournent à leur profit les employés d'un concurrent avec de meilleures offres salariales. La vérification des exemples qui sont l'objet de ces reportages conclurait probablement à des faits isolés, mais la presse cherche à les illustrer comme tendance généralisée, consolidant une représentation excitée de l'extrême. Cette série de « combles », comme dirait encore Barthes, sont utilisés ou plutôt représentés comme les excès ou les renversements qui entérinent davantage le statut éminemment hors norme du boom et lui confèrent encore plus de relief en certifiant en quelque sorte sa magnitude, plus encore que la fréquence des achats d'automobiles de luxe. Si l'exhibition de la consommation est jouissance aussi pure que l'acte même de consommer, la considération des renversements pervers consécutifs au boom s'assimile à cette autre jouissance, plus obscure, mais indéniable, qui remplit le spectateur à la vue d'un désastre potentiel (guerre ou cataclysme), d'un déchaînement incontrôlé des faits et des circonstances dont il ne peut qu'admirer l'arrangement improbable comme manifestation spectaculaire par excellence. Sans doute ici pourrait-on assimiler cet étrange catastrophisme jubilatoire à une forme particulière de déterritorialisation où les habituels repères de consommation de la classe moyenne canadienne se trouvent mis à l'épreuve en étant littéralement et violemment déplacés vers une terra incognita des prix et des conditions de vie jusque-là inédites.

Sans doute faut-il aussi ranger dans l'ordre de la performance, tout comme de l'identification petite-bourgeoise, le rabattement inusité fait à chaque Albertain[71] à l'hiver 2005–06 de la somme de 400 $ de la part du gouvernement de Ralph Klein et censée représenter une part appréciable des redevances du pétrole de la province. En fait, ce versement, effectué sur le modèle que reçoivent les citoyens de l'Alaska sur leurs propres redevances énergétiques, constituerait la marque la plus tangible de son existence qu'aura reçue l'ensemble de la population albertaine, sans exception. Le *Calgary Herald* présentait ainsi la chose en première page : « Klein's Christmas gift : $400 to each Albertan. Energy windfall cheque will cost $1.4 billion[72]. »

Il est vrai que la presse politique, les économistes et les personnalités journalistiques ont pu s'émouvoir de ce qui leur a paru un gaspillage[73] représenté par ce débours pour un gouvernement pourtant sans dette et qui aurait pu investir cette somme dans les postes budgétaires les plus criants, tels celui de l'éducation ou des soins de santé. Ainsi, sous la plume de Roger Gibbins :

> However, the Alberta government is not Santa Claus, and we're not talking about a sack of toys. We are talking about the responsible stewardship of public funds coming from non-renewable natural resources, and in this context the prosperity dividend makes no sense[74].

Mais cette critique de la perte de raison gouvernementale signifiée par cette distribution égale d'argent perdait de vue sa rationalisation probable dans l'indéniable perspective démagogique du premier ministre Klein. Une telle décision, relevant sans contredit d'une idéologie populiste, répond en fait à ces trois données impensées du discours du boom et inhérentes à son élaboration comme mythologie essentielle : performativité, concrétisation et inclusion. D'abord, qu'il s'exprime avant tout par la performance qui le donne enfin à voir—serait-ce une autre variante du constat barthésien[75] ? Et quoi de plus performatif que cette distribution individuelle d'argent, sans précédent au Canada ? Et ensuite, que le boom soit palpable en ce qu'on doive le sentir passer de façon concrète et qu'il ait un effet vérifiable ou plutôt montrable sur les individus, lesquels doivent éprouver un changement réel, consécutif à ses avantages. En dernier lieu, en congruence avec le principe fondamental du discours social, il faut que le boom soit inclusif, aussi factice et utopique cette intégration puisse-t-elle être dans la réalité sociale[76]. Car si, dans sa jubilation, le discours du boom tend à ignorer les marginalisés, insistons une fois de plus qu'il cherche également à produire l'illusion d'une pseudo-démocratie, à laquelle tous pourraient participer[77]. À cet égard, le « chèque de la prospérité », comme le désignent les Albertains, s'inscrit comme la validation incontestable de la réalité des jouissances pétrolières retombant sur tout le monde, aplanissant fallacieusement les fossés sociaux, égalisant illusoirement les disparités, dans un bref mais convaincant spectacle d'un épisode de consommation encore plus satisfaisant dans sa gratuité inattendue. Plus important encore, et c'est une thématique sur laquelle on se penchera dans le chapitre quatre de cette étude, le « chèque de la prospérité », dans son objectif de faire communier tous les Albertains dans l'exultation de la manne concrète du pétrole, comporte un effet de censure fondamentale qui est de « bloquer l'indicible[78] », c'est-à-dire la prise de conscience que les très minces redevances (*royalties*) payées par les grandes pétrolières faisaient qu'en réalité, et depuis des décennies, les contribuables albertains subventionnent effectivement les profits de ces entreprises privées, nationales ou multinationales. Le soupçon de cette dernière réalité économique et fiscale, dont on verra qu'elle va à l'encontre d'un des idéologèmes les plus centraux des discours albertains sur le pétrole, doit être complètement effacé par l'exultation populaire produite par cette mise en scène visant essentiellement l'Albertain moyen. Elle illustre encore plus parfaitement l'efficacité de la performance qui euphémise ainsi toutes les objections au spectacle[79].

Pour conclure sur cet aspect essentiel du boom comme performance, on peut voir comment le discours social présente l'essence théâtrale de ce boom comme précisément point de vue sur l'événement[80] qui est ainsi mis en représentation au bénéfice de tous les Albertains et les Canadiens : la consommation comme hystérie, mais aussi comme signe d'autre chose, dans un discours qui la représente alternativement, selon sa source, dans la distance appréciative et amplificatrice du vague reproche éthique, ou encore par le constat euphorique du comble et du renversement. Ce dernier déplace le boom dans l'espace du surréel et s'ajoute à la production politique démagogique de l'illusion d'une communauté qui participerait unanimement aux bénéfices pétroliers, procédé fallacieux mais efficace. Tout cela pourrait en fin de compte fonctionner comme ultime garant de cet autre phénomène résultant de travail de la mise en scène : l'illusion théâtrale dernière qui a en fin de compte pour but suprême de susciter les applaudissements, d'étouffer les objections et de calmer les angoisses qui vont du frisson jouissif à la sourde certitude d'une catastrophe imminente.

Car l'euphorie du boom comporte nécessairement son double inquiétant : l'anxiété, plus ou moins dissimulée, de constater qu'un tel excès dans la surabondance ne saurait se continuer indéfiniment, et qu'il porte en lui-même ses propres risques de perversions.

PÉNURIES

On peut voir aussi que des formes de pénuries paradoxales sont occasionnées par un boom économique et produisent un discours de l'ordre du déséquilibre dont le spectre oscille entre le délectable (la démesure comme preuve positive du boom) et le scandaleux (la démesure comme cause d'exclusion). Si la pénurie en temps de guerre s'exerce uniformément sur les ressources (nourriture, essence, vêtements, chauffage, médicaments, transports) et sur l'ensemble d'une population, les pénuries causées par le boom se produisent dans des domaines plus sélectifs et affectent une partie plus restreinte de la collectivité, la plupart du temps les nouveaux arrivés, car l'identité de ceux qui y sont assujettis est décidée selon un critère temporel, les derniers invités au festin n'y récoltant bien sûr que des miettes.

> In Calgary, the annualized inflation rate soared to 5.2 from 4.2 per cent in June, driven by the city's frenzied economy, which has produced a shortage of workers, housing, commercial real estate and material driving up prices[81].

À cet égard, le constat du manque se vit d'abord comme une ségrégation appliquée aux immigrants, confirmant d'ailleurs le caractère hégémonique du discours du boom dont doivent jouir d'abord les Albertains « de souche », dont la position de bénéficiaires privilégiés est cependant « impensée » mais présente dans la logique même du discours. Le rôle des nouveaux arrivés, dont l'afflux continuel est pourtant le symptôme le plus fiable du boom, et en fait un des garants de sa réalité, peut être assimilé à la part du feu nécessaire à l'élaboration du spectacle. La pénurie immobilière, et tout particulièrement, l'inflation incontrôlable, ciblent ceux que l'on pourrait qualifier comme les figurants indispensables à la performance du boom, les 35 000 nouveaux arrivants[82] qui sont venus gonfler annuellement la population calgarienne de 2006 à 2008. Cette ségrégation réelle est consécutive à une suite de choix de la part des principaux acteurs de ce même spectacle : autorités municipales et propriétaires s'empressant de profiter de la hausse des prix, refus général de considérer l'éventualité d'une régie des loyers, promoteurs immobiliers visant une clientèle à revenus supérieurs et choisissant de ne pas considérer la construction d'immeubles à loyer modique. Ces mesures sont présentées comme la conséquence incontournable (et perverse) des lois de l'offre et de la demande dont on comprend qu'elle est un des idéologèmes privilégiés du discours du boom. Le discours de la pénurie liée au boom est en fait « naturalisé » par le discours du profit économique, et dominé par lui :

> Persistent elevated crude oil prices and intense development of the oil sands will continue to boost economic growth in Alberta over the forseeable future, with abundant employment opportunities luring Canadians and international migrants, stated the report[83] [...]

La victime de la pénurie peut être dans un premier temps perçue comme désignée par la logique inévitable du marché, dont la rigueur et l'ampleur des conséquences perçues à travers ses effets inflationnaires sont en fait la preuve de sa santé première. Ce n'est pas par hasard d'ailleurs que l'on présentera la hausse dramatique de sans-abris à Calgary comme littéralement un effet secondaire[84] du boom pétrolier, l'effet secondaire étant en effet inextricablement lié à la condition première de la prospérité générale. De fait, la gravité de la pénurie de logement, en particulier, est suggérée comme le symptôme directement proportionnel de la réussite albertaine, et l'admission de ce problème social peut s'apparenter, pour en revenir à Barthes, à la vaccine propre au discours d'élaboration des mythologies, ce que l'on identifiera dans la concession suivante :

> Calgary reaches the big leagues: one million population brings prestige but also greater demands [...] everyone in Calgary will have to struggle with the less desired side effect of rapid growth, such as much higher housing costs, crime, sprawl and pollution[85].

À la vaccine, dont nous rappelons ici la définition de Barthes « qui consiste à confesser le mal accidentel d'une institution de classe pour mieux en masquer le mal principiel[86] », s'ajoute encore l'identification où le discours hégémonique de la classe moyenne qui profite réellement de l'expansion économique, parce que, tout simplement, elle était là avant, impose sa domination :

> Yet, what is clear from Calgary's rapid growth is that people come here because it's work for them. Many dreams of the ambitious have taken flight, economic refugees have found a new start. Calgary isn't heaven on Earth, and of course growth comes with pain. As in the past, we shall deal with that in the future. One greater moment today, is how seldom Calgary disappoints the hopeful. This is why they keep coming here. And this is why there are now more than one million of us to savour the thought, that so many people still want to be Calgarians[87].

Dès lors, les victimes de la pénurie prennent le profil bien connu des exemples individuels qui seraient échappés aux mailles du filet de sécurité, exceptions par lesquelles la règle de la prospérité collective inévitablement se confirmerait.

PERVERSION

À ce constat de l'inévitabilité de la pénurie comme baromètre enthousiaste du boom vient cependant se superposer presque simultanément la conscience de son potentiel de perversion de la jouissance. C'est que la pénurie, lorsqu'elle touche les ouvriers et la main-d'œuvre attirée par le boom, est rationalisée (et pieusement acceptée) comme un symptôme incontournable de l'économie néo-libérale où seul le dominant peut se fixer la part du lion. En revanche, l'autre type de pénurie touchant directement ce même dominant, l'exploitant pétrolier qui en retire profit est également immédiatement perçue, non comme scandale éthique, mais comme retournement inquiétant faisant obstacle immédiat à la dilatation de l'explosion. Pour continuer sur cette métaphore, les multiples formes de pénuries s'exerçant maintenant en termes de ressources irremplaçables semblent fonctionner comme des ricochets dangereux redirigeant la croissance exponentielle vers la menace inhérente de sa propre fin. Ainsi un analyste évoquait cette éventualité :

> One of the early symptoms of the stampede into Alberta, where the oil sands cover about 600 square kilometers, is shortage, everything from porta-potties in Fort McMurray, the working class hub of the oil sands, to the office spaces in Calgary. Basic necessities from steel to the giant tires used on mining trucks that scoop up the oil sands are scarce[88].

C'est à ce point que le constat de la pénurie, dans sa soumission aux règles purement économiques, prend une dimension anxiogène, qu'elle n'avait pas tant qu'elle s'exerçait aux simples dépens des individus. La pénurie consécutive à la demande des ressources disons secondaires, tout particulièrement par la main-d'œuvre limitée par le manque de logements, par un système de transport routier inadéquat, par le développement restreint lui-même par l'inflation, et par l'outillage secondaire, qui se raréfie à son tour sous la demande accrue, s'inscrit comme le signe sûr que le serpent se mord la queue, que le boom porte en lui les germes inéluctables de sa propre déflation, qu'il ne peut pas en quelque sorte se résoudre dans un développement linéaire progressif. Dans cette perspective, la pénurie logiquement produite par les exigences du boom est la marque supplémentaire de sa conception comme système circulaire, indépendant et fermé, dont rend bien compte la métaphore d'une thermodynamique, sorte de *big bang* qui ne pourrait se résorber que dans son effondrement. Rappelons encore ce que cette conception doit partiellement au modèle de la fièvre de l'or du dix-neuvième siècle tout en instaurant un attentisme et un fatalisme immédiatement décelables au sein même de la jubilation amenée par la soudaine prospérité, qui rend compte de toute une perception du phénomène maintenant marquée par un sourd malaise.

ANXIÉTÉS

> Brusquement, le 3 janvier, le lendemain même du jour où venaient d'être réglés les comptes de la dernière liquidation, l'Universelle baissa de cinquante francs. Ce fut une forte émotion. A la vérité tout avait baissé; le marché, surmené depuis trop longtemps, gonflé outre-mesure, craquait de toute parts. Deux ou trois affaires véreuses s'effondraient avec bruit : et d'ailleurs, on aurait dû être habitué à ces sautes violentes des cours, qui parfois variaient de plusieurs centaines de francs dans une même Bourse, affolés, pareils à l'aiguille de la boussole au milieu d'un orage. Mais au grand frisson qui passa, tous sentirent le commencement de la débâcle. L'Universelle baissait, le cri en courut, se propagea dans une clameur de foule, faite d'étonnement, d'espoir et de crainte.
>
> —Émile Zola, *L'Argent*[89]

On peut lire dans le *Calgary Herald* du 31 mars 2006 une référence éloquente à ce mélange « d'espoir et de crainte » :

> There is a word for this kind of prosperity. Twenty-five years ago, we called it a boom and many Calgarians know what happened after that. Perhaps that's why no one wants to use the B word today. "I hate to use the term 'boom and bust'," says Gobert. "Let's call it ups and downs." Gobert's caution echoes across a variety of sectors. Perhaps that is because having enjoyed previous booms and enduring the busts that followed, our city of nearly a million has finally grown up. We learn that

what goes up, must eventually come down, and this time, we are just a little wary of our prosperity[90].

Ce passage permet de dégager plusieurs traits vectoriels qui rendent compte du *boom* comme événement anxiogène à l'affût de chaque signe, comme les cinquante francs de baisse de l'Universelle, qui puisse annoncer un retournement des choses, retournement sourdement attendu par les références transhistoriques du même phénomène. Ainsi, comme le « Boom gone berserk » que nous avons cité précédemment d'Eric Reguly, le « kaboom » ou la « folie furieuse » rend compte d'abord de l'inquiétant potentiel de perte de contrôle du phénomène, qui place le participant dans un sentiment d'impermanence. L'événement est défini d'emblée comme hors de contrôle, ayant des répercussions imprévisibles, liées même à la vitesse de son développement. Ainsi, l'aveu public du premier ministre Ralph Klein (en fin de mandat) présentant son gouvernement comme n'ayant pas dressé de plan clair pour faire face aux défis particuliers amenés par le boom va susciter l'indignation générale et exacerber (en septembre 2006) l'angoisse diffuse :

> On the other hand, as Albertans found out from Premier Ralph Klein last week, his government never did have a plan with the province's phenomenal boom, because it wasn't expected. How he missed it is beyond anyone's comprehension[91].
>
> It makes this provincial government appear the most unprofessional in the country. Albertans should be appalled. Klein owes Davis an apology. He owes the people of Alberta one too[92].

Le boom, tant qu'il est expansion impossible à contenir, chérit l'utopie d'une gérance politique présentée comme responsable et fermement orientée dans une direction claire. À l'inverse, les signes annonciateurs de sa résorption renforcent la sensation malaisée de n'avoir personne à la barre, quoiqu'il s'agisse du même gouvernement, comme c'est le cas pour l'Alberta. Ainsi est haussée d'un cran l'anxiété, remodelant incessamment l'euphorie initiale. La magnitude même du boom contient en germe son propre facteur de déterritorialisation qui réaménage l'espace de la prospérité en projetant le bourgeois de la classe moyenne, seul véritable destinataire des discours sur le boom, vers un sentiment de dérive inconfortable qui touche rapidement à l'insoutenable et dès lors va chercher plusieurs exutoires.

L'attentisme peut présenter une première forme de diversion à l'angoisse, la notion même de boom impliquant les deux dimensions inséparables du phénomène, liées une fois de plus à son exemplarité historique. En premier lieu, la perception du boom ne peut être appréhendée que par rapport à sa complémentarité de la chute, de la dépression qui doit suivre inévitablement l'expansion.

> People are always saying that we are due for a bust, because this is a boom and bust economy[93].

> Most of us are savvy to the idea that there are booms and busts in the business cycle. The idea that fortune rises and falls with an almost seasonal rhythm is ingrained for us from biblical times[94].

D'autre part, une telle fin ne suppose pas un atterrissage sans heurt vers un réel amélioré, un développement plus progressif, mais plutôt un brutal choc final ne laissant que poussière à sa suite, réalité qui n'est pas nécessairement vraisemblable, mais qui reste la perception privilégiée de l'après-boom, le *bust*. Sous cet angle, on comprend mieux que la jubilation hyperbolique causée par le boom est en fait tributaire et directement proportionnelle à la certitude de la fin.

> The notion of a company town [Fort McMurray] inevitably conjures up images of lumber and mining towns that shut down when commodities prices hit a speed bump.... And that's a valid concern[95].

Le boom n'a en fait pas d'autre futur que son implosion inévitable, et le discours de précaution qui l'accompagne prend figure de conjuration rituelle, se posant comme la seconde dimension d'appréhension du phénomène. C'est ainsi que l'on est même réticent à prononcer le mot, comme on accompagne toujours le terme de son négatif complémentaire, le *bust*.

Non pas que l'Albertain souhaite que ne se réalise sa prédiction de l'effondrement de l'édifice de spéculation et la chaîne de profit qui découlerait de la manne pétrolière, mais il se sentirait à vrai dire quelque peu rassuré d'en voir les manifestations annonciatrices, comme une rationalisation de son anxiété, un retour rassurant vers le connu contrôlable et l'habituelle lisibilité de l'histoire.

> Casual observers may not realize that natural gas prices are very low and that the price of oil is dropping quickly. This boom will fade as other booms have in the past, and the provincial government will have to trim its escalating spending[96].

En ce sens, le discours du boom est toujours discours de la crête avec la conscience de se maintenir au sommet d'un ineffable et précaire équilibre où tout peut basculer vers l'écroulement. Sans doute cette nécessité de rééquilibrer la jubilation par l'angoisse est-elle redevable de l'éthique protestante imposant un principe de réalité ascétique, liée d'ailleurs à l'idée du boom économique comme fortune aléatoire. Tout discours sur le boom pétrolier comporte cette dimension conjuratoire, comme le « Pourvu que ça dure » de Laetitia Bonaparte illustrant cependant la prescience que cela ne « durerait » pas.

De fait, la pathologie anxiogène du boom se doit de trouver une forme de soulagement supplémentaire, d'apaisement dans une certaine réassurance dont la tâche discursive est répartie aux oracles habituels du marché : économistes, analystes financiers, politologues. Ainsi, à cet effet, mentionnons :

> Others argue that the notion of boom-bust cycle is archaic. Oil analyst Linder sees a new global dynamic—no excess supply buffering oil shocks, the prospect of growing demand from China and India, and no alternative source in sight. Every time, people say "this time around the boom is different" he says. But this time the boom really is different. Gosbee agrees "I don't see boom, boom, boom, but I see sustainability[97]."

Le travail de réassurance est parfois encore plus direct, à la mesure certes des sourdes appréhensions de la classe moyenne :

> With oil prices expected to remain high over the next five years, Alberta's boom is not just a temporary phenomenon. It is more a permanent structural change, which is acting as a magnet for workers from other provinces[98] [...]

Une fois encore, le boom ne peut se mettre en discours que dans une bipolarité des affects où l'exultation hypermaniaque alterne avec le sobre spectre d'une Cassandre toujours gardée à portée de main. Le boom vit dans la mémoire insistante de sa propre condition stochastique, dépendant en fait de plusieurs lieux idéologiques d'énonciation simultanés dont la concurrence rend compte de ses multiples détraquements. Toujours dans la logique de l'interlisibilité fournie par les précédentes expériences albertaines en ce domaine, la tendance s'inscrit dans une représentation d'une machine dont les perversions vont potentiellement nous exploser au visage et, vers la fin de l'été 2006, le discours général socio-économique albertain faisait de façon croissante, par une remarquable anticipation sur les événements, le bilan des nombreux dérèglements issus du phénomène dont l'amplitude même est dès lors présentée comme contenant en germe son propre affaissement. Mais une fois de plus, ce travail d'avertissement et de prophétie dysphorique était imparti aux habituels magisters de l'économie dans un discours qui n'est pas sans dégager une certaine saveur punitive, ce que nous explorerons plus avant dans le dernier chapitre de cet ouvrage.

> The wage boom, while at first glance a boon for employees, may actually be a double edged sword. Some economists fear that as companies offer higher wages in order to stay competitive, they'll be forced to cut back on capital investments, in turn to slow overall economic growth. In a resource boom, what you are going to see is that marginal employers are going to get crowded out. If they're an important sector, once the resource boom is over, the province is going to be in bad shape[99].

On peut admirer au passage comment un télescopage de causalités présente les hausses salariales aux employés comme la cause directe de l'effondrement à venir. Sur un autre thème, les mêmes prédicateurs vont aligner les facteurs de l'inflation galopante des coûts de construction nécessaires à l'amélioration des infrastructures avec les errements administratifs du gouvernement Klein, ce qui produira ainsi cette ultime ironie renvoyant à la perversion initiale de la pénurie liée au phénomène du boom :

> On the other hand if nothing is done to alleviate the current situation—which received front page billing in last Wednesday's *Wall Street Journal*, Alberta may well find itself in the quintessential phyrric victory : rich in oil but lacking resources for development[100].

Dans ce contexte, il revient cependant à l'ancien premier ministre Peter Lougheed, dans ces mêmes semaines de septembre 2006, de mettre en relief les conséquences les plus fondamentales du boom auprès de la population, par un repositionnement paradoxal des propos dans la logique ontologique de l'évènement, c'est-à-dire celle de la nature et de la jouissance véritables des profits.

It is not a good news story to me, it is an extreme overheating, and it is not a good thing to have happened. I mean who are the beneficiaries of all this?

First of all, you create an inflationary environment. And we see right now, sitting here in the city of Calgary, the cost of living, the cost of housing higher than it should be. If you built those inflationary prices, you are going to pay in a number of different ways, people of lower income are going to suffer, living in a city and a province of this nature.... There is a lot of negative about an overheated economy[101].

La question à la fois radicale et logique du réel bénéficiaire du boom est imposée par l'argument d'autorité incontestable qu'était la persona même de Lougheed, souvent comparé à René Lévesque. C'est ici que le souci du bénéficiaire, et sa définition même comme étant celle de l'Albertain moyen, est affirmé contre l'attribution des profits aux principaux acteurs de l'industrie pétrolière. Lougheed remet en cause les règles du sens commun économique et, partant, le discours de légitimation de l'industrie pétrolière elle-même usant de cette confusion typique en situation de production d'énergie entre le citoyen, le propriétaire, le marché et les acteurs financiers. L'ancien premier ministre n'est pas loin ici d'exprimer le soupçon d'une vaste duperie au sein de laquelle la machine prétendant profiter à l'Alberta nourrirait en réalité les Albertains de leur propre chair, de leur Cité, de leur sens communautaire même. Ce constat final des dommages sociétaux remet en perspective les résultats du boom comme dérive inquiétante :

Times are so good, that they are bad. If Calgary gets any richer, we'll be broke. So many jobs are available that companies have to close. State your contradiction about Calgary's wild economy, it will apply. The many booms of Calgary don't begin to match this madness. And increasingly we hate it.

No this isn't fun anymore. Prosperity has become a problem. And it was caused, in large measure, by a provincial government with little sense of planning and the meaning of its own prediction[102].

Le bilan des résultats palpables du boom, dont force est d'en constater la sélectivité en ce qui a trait à ses effets positifs, dessine un paysage anomique plus que suffisant, pour paraphraser Flaubert, à ébranler plutôt qu'à épater le bourgeois. La prospérité était une visée paisible mais chaudement poursuivie de l'univers éthique protestant dominant le monde des affaires albertain. Cependant, les ultimes perversions du boom, et l'impuissance apparente à y remédier, instaurent un nouveau monde privé de repères : inflation galopante, hausse exponentielle de l'immobilier, exclusion de plus en plus insurmontable des classes à faibles revenus (traduite d'ailleurs dans le discours courant par une pressante invitation à privatiser les interventions sociales), montée de la criminalité et du nombre de sans-abris, étendue incontrôlable des banlieues menaçant l'infrastructure urbaine. Le reproche fait à un gouvernement, pourtant reconduit sous trois mandats successifs, de n'avoir pas su faire preuve de vision est une autre manifestation du désir de trouver un bouc émissaire. On souhaiterait punir l'apprenti sorcier d'avoir en quelque sorte joué avec le feu de son désir et de perdre un contrôle sur l'événement, illusion de domination de la conjoncture qui reste un des piliers factices du « marché » comme construction idéologique.

Vu de la sorte, le concept même du boom illustre une appréhension clairement « bourgeoise » du phénomène, qui touche pratiquement à la conscience d'un obscur désir de retourner aux limites rassurantes où on en viendrait à entrevoir avec soulagement la fin du phénomène économique. C'est que l'Albertain, dans son élan d'aventure frontalière où tous les possibles restaient ouverts, était certes prêt à voir éclater de façon quasi carnavalesque les bornes permises par une telle et soudaine affluence, dans l'illusion, soigneusement entretenue par les médias, qu'elle distribuait l'excès avec une équanimité ne pouvant garantir que d'heureux résultats. Mais ce n'est pas tant ce manque à la démocratie apparente des profits qui désoriente l'acteur-spectateur du boom que les ricochets lui-même de ses perversions suivant les règles du « chauffage à blanc » dont parlait Zola, ricochets qui, après avoir heurté les simples figurants, s'en prennent maintenant aux acteurs principaux. Le boom et son angoisse sous-jacente restent certainement la manifestation la plus claire d'un sens de l'impermanence d'une société typiquement pétrolière, de sa paradoxale fragilité, dont nous croyons qu'elle instaure une temporalité symbolique particulière marquée par la discontinuité et la rupture. L'immédiateté du boom, son caractère d'exacerbation incontrôlable, et sa résorption souvent fracassante font que le temps du pétrole reste, comme son existence géologique, dans l'aléatoire et la fluctuation. Cette congestion systématique de tout ce qui fait le tissu habituel d'une société, son discours d'appartenance, sa construction symbolique, l'énonciation même de son projet de société dérobe par ses urgences ce qui pourrait laisser lieu à ce dont toute société du pétrole aurait tant besoin : son fil conducteur, qui lui permettrait de voir au-delà de ce présent si éblouissant.

CHAPITRE 3

FÉTICHES, TABOUS ET STRATÉGIES : LOIS DU MARCHÉ, PROPRIÉTÉ ET RÉCIT DU PÉTROLE

Directeur : Mais il y a une chose qu'il ne faut pas oublier, Mister Premier.
Le Chef : Quoi donc ?
Directeur : Ceci... et cela (il pointe vers le fond de scène où l'on aperçoit les dunes de poussières) apportent chaque année dans la province de Québec 40 millions... 40 millions de beaux dollars américains....
Le Chef : Ben oui, mieux vaut avaler de la poussière que de perdre vos belles piastres, c'est entendu !
Le Directeur, sérieux : Si cet argent vous échappait, ce serait un coup dur pour la province, hum ? Le chômage ... et qui sait ? ... la dépression... sans compter la part qui vous revient[1].

—John Thomas McDonough, *Charbonneau et le Chef*

L'intellectuel a toujours eu tendance à sous-estimer l'emprise du pouvoir économique[2].

—Jean Peyrelevade

Le boom pétrolier, ses déversements, ses excès et ses promesses pour l'avenir ramenait aussi à la surface de la réflexion collective non seulement les aspects divers de son impact socio-économique sur la vie des Albertains, mais aussi la composante plus complexe de l'appropriation des ressources pétrolières situées sur le territoire albertain, et de la façon dont on devait en disposer pour le bien commun. C'était une chose d'affimer que l'Alberta possédait des richesses énergétiques, mais on entrait dans une toute autre sphère lorsque s'amorçait la discussion sur les termes de l'exercice réel de cette possession. Le pactole réactivait la question de son administration publique, du rôle du secteur privé dans sa distribution, et de l'influence du gouvernement sur la façon de le gérer. Dans ces années de boom, plusieurs thèmes ressortirent dans le discours social relayé par la presse en Alberta autour de la question des règles du libre-marché qui servaient de principe explicatoire à l'explosion économique albertaine, du rôle et de la fonction de l'état dans telle régulation, et si finalement, les Albertains exerçaient un certain contrôle sur le rythme accéléré avec lequel étaient développées leurs ressources énergétiques. C'est ainsi que se mirent à circuler, relayés par les médias calgariens, une série d'argumentaires exposant ces réflexions, saisis par des énonciateurs représentants différentes positions au sein du système de production, d'administration et de distribution des richesses albertaines. On put alors observer, dans leur pleine expression, les manifestations insistantes de plusieurs fétiches discursifs sous-tendant l'idéologie générale de la gestion des richesses. Parallèlement, s'ajoutèrent plusieurs stratégies de la part du monde des affaires, pour réduire l'acceptabilité de certains de ces fétiches et les transformer en tabous, tant ils pouvaient menacer l'ordre connu du mode d'opération de l'industrie pétrolière, tout en renforçant l'aspect inamovible et intouchable d'autres traits propres à favoriser le type souhaitable de relations entre l'industrie et la communauté albertaine, comme celle de ses gouvernants. Nous examinerons donc plus avant la nature de ces fétiches et tabous, leur mode de circulation dans le discours social et surtout la fonction qu'ils exercèrent dans la suite de la destinée pétrolière de l'Alberta.

UN DIVORCE HEUREUX

Une eulogie funèbre parue en août 2006 sur le site Internet du *Daily Oil Bulletin*[3] à l'occasion du décès de Scobey Hartley, homme d'affaires influent dans les milieux pétroliers de Calgary, illustrera, aux fins de notre analyse, l'un des primats fondamentaux de l'énonciation des règles du libre-marché en Alberta, qui serait l'établissement d'une séparation radicale entre l'exercice du pouvoir politique provincial et le milieu des affaires, plus particulièrement l'industrie pétrolière.

> If Albertans appreciate living in a debt-free province, they can thank Herman Scarborough Hartley, known by hundreds of friends as Scobey. The Calgary oilman was the most influential business figure of the Ralph Klein era [...]
>
> Particularly during Klein's first years as Premier, Hartley lobbied effectively to get government out of debt, to get government out of business and to get government out of the way of business [...]
>
> Besides eliminating the public debt, Hartley persuaded Klein to sell off the provincial interest in the Lloydminster heavy oil upgrader, to streamline the Energy and Utilities Board, to eliminate dozens of provincial agencies, boards and commissions, to promote private involvement in the public health system [...] and many other issues, most of which remained beyond public view[4].

Le « government out of business » reste l'un des axiomes de base dans la conception du libre-marché, proprement revendiqué d'ailleurs comme une promesse électorale de Ralph Klein lors de la campagne électorale de 2004. L'énoncé, souvent reformulé en martèlement anaphorique du type « business is not the business of government[5] », a trouvé certes une indéniable fortune au sein des discours sociaux albertains. Ce premier principe établit une séparation radicale et perçue comme souhaitable entre le politique et le marché, dont la formulation populiste sous la métaphore de l'éviction ne fait que traduire cette condition effective ou *idéale* au bon déroulement des affaires : « Les États ont perdu une large part de leur capacité de régulation »[6] ou ce que d'aucuns[7] encore signalent comme l'éventuelle ou actuelle perte de souveraineté des États devant les monopoles financiers. Quoi qu'il en soit, dans un discours albertain, cette réalité s'exprime par la représentation du gouvernement comme étant littéralement une entrave à la bonne marche des affaires. Il s'instaure ici une axiologie essentielle au fonctionnement du discours du libre-marché albertain, à savoir le législatif comme un opposant dont on ne peut que souhaiter la réduction de ses pouvoirs, voire sa retraite pure et simple. La gradation « out of the way » est encore plus éloquente en ce que non seulement elle insiste littéralement sur la nécessité du champ libre, mais sur la disparition virtuelle de l'obstacle sous le mode de l'expulsion, ce qui renforce la représentation du gouvernement selon une axiologie éminemment négative. Le gouvernement ainsi enchâssé dans un discours trouvant sa légitimité par le statut même de la situation d'énonciation (publié dans un magazine traitant des ressources pétrolières et gazifères) est donc désigné sous l'ordre de la nuisance. Il ne peut en effet trouver de valorisation qu'en manifestant une tendance à la quasi-disparition, ce qui sera le caractère acceptable de sa *réalité*, si on peut encore s'exprimer ainsi. De la sorte, il faut revoir le rapport au réel d'expressions telles que « business friendly » et « positive business climate », qui pullulent dans le discours pétrolier albertain, d'autant plus que cette désignation singulière de ce qui s'approche d'un état de démission du pouvoir politique (tel dans l'exemple paradigmatique suivant : « But I also recognize that Alberta, and certainly our whole economy has been built on being business friendly[8] ») reste un des credos des protestations d'appréciation mutuelle entre l'industrie pétrolière et le gouvernement albertain.

On peut observer ainsi comment cette profession réciproque d'affinités sélectives reste étrangement basée sur l'expression première de la nécessité d'un divorce fondamental entre l'État et les pouvoirs économiques, séparation dont le terme souhaitable se désigne plutôt en tant qu'un effacement radical du pouvoir de la *polis* sur la Cité, effacement présenté comme condition idéale au libre exercice du marché.

MAÎTRES *CHEZ VOUS*

Cependant, cette désirable disjonction entre les pouvoirs élus et l'industrie, rendue plus achevée encore par l'éradication du partenaire expulsé, ne s'arrête pas à l'élimination pure du gouvernement du champ d'action de l'industrie pétrolière. Ce qui est sous-latent ici à cette gradation par anaphore, où le gouvernement s'est non seulement retiré des affaires, mais en a été tout simplement éjecté, reste un intéressant renversement topique reposant en apparence sur le lieu des semblables[9]. C'est que l'expression « out of the way of business » supposerait la bilatéralité, à savoir que le monde des affaires, en l'occurrence l'industrie pétrolière, serait censé lui aussi demeurer à distance des décisions et influences gouvernementales dans un cloisonnement réciproque de bon aloi. Or, l'énoncé de cette curieuse oraison funèbre de l'*oilman* s'empresse de violer cette logique de la réciprocité dans une énumération d'accomplissements, bien sûr doués d'une axiologie positive dans le texte (puisque les Albertains sont priés de *remercier* Hartley de ses hauts faits), qui sont l'indication d'ingérences massives du représentant synecdochique de l'industrie pétrolière dans les affaires de l'État, ingérences qui ont eu presque toutes comme objectif de réduire encore le champ d'action du législateur. On notera la vente des intérêts de l'État dans les usines de traitement de bitume, l'élimination des agences et commissions gouvermentales, les tentatives de privatisation des soins de santé, et ainsi de suite. Plus fascinant encore est que l'auteur insiste sur le caractère secret des opérations : « most of which, beyond public view [...] ». Cette dernière précision parle d'elle-même sur les attributs éminemment antidémocratiques de telles opérations de réduction du rôle de l'État dans le social, dans une naïveté d'admission dont on ne peut décider si elle est encore plus troublante par ce qu'elle signale d'impensé ou d'intentionalité, que par la rupture de réciprocité du principe initial d'exclusion d'influence mutuelle soumis démagogiquement aux Albertains comme garantie même de l'utopie d'une telle non-ingérence.

Si l'énonciation du principe de cette dichotomie, en elle-même une atteinte à l'idéal de la démocratie, est à jamais déstabilisée par le viol subséquent de sa logique supposée, il n'empêche qu'elle s'avère indispensable au maintien d'un système particulier de rapports de l'industrie pétrolière, d'une part avec le collectif des Albertains et d'autre part avec la ressource naturelle qu'elle exploite avec profit.

C'est que la littéralité même de l'expression « libre-marché » présuppose une valorisation de ce principe fondamental de non-contrainte dont il importe en fait de consolider et de maintenir l'illusion de fonctionnement tripartite. D'abord bien sûr, pour le marché qui est à lui-même sa propre régulation. Ensuite pour l'État albertain qui a l'obligation de se légitimer dans une démocratie de principe tout en projetant auprès de ses citoyens une image de pouvoir effectif. Et finalement pour le peuple albertain lui-même qui doit se convaincre de la réalité d'un pouvoir législatif décisionnel sur le sort de ses richesses pétrolières. Ces données socio-politico-économiques doivent s'harmoniser dans un discours de convergence idéale, dont, effectivement, on voit que l'expression « business friendly » reste l'aboutissement accompli. Mais rien vaut observer directement dans les textes médiatiques les diverses performances discursives de cette harmonisation pour en repérer les sourdes fractures révélatrices d'une utopie fondamentale qu'il faut néanmoins continuellement reconduire pour assurer une représentation du réel en concordance avec une exploitation des ressources pétrolières « sans histoire », et ce, dans tous les sens de l'expression.

UN FÉTICHE : LA STABILITÉ

C'est, entre autres, dans un reportage du *National Post* intitulé « Why oilmen pine for Klein: The race to replace Alberta's outgoing premier is proving to be anything but business as usual » que l'occasion se révèle de voir à l'œuvre quelques éléments conflictuels qui renseignent sur la fragilité de cet équilibre tripartite entre le peuple, le gouvernement et l'industrie. Le contexte en fut la campagne pour la course à la chefferie du Parti conservateur de l'Alberta, qui eut lieu en octobre 2006, et pendant laquelle trois des candidats pour la course à la tête du Parti soulevèrent, à des degrés variés d'affirmation, la possibilité de revoir (et de hausser) le montant de redevances (*royalties*) versées annuellement par l'industrie pétrolière au gouvernement de l'Alberta. Cette hausse éventuelle était de surcroît liée à une hypothétique exigence gouvernementale d'obliger les pétrolières à traiter davantage de bitume en sol albertain, au lieu d'exporter le produit brut (à moindres coûts) aux États-Unis pour le faire raffiner. Le reportage fait part ici de la réaction des divers acteurs de l'industrie pétrolière face à la possibilité de voir ces redevances être augmentées.

D'emblée, le sous-titre de l'article instaure le constat d'une rupture (« anything but business as usual ») significatif d'une crainte de la perte des repères familiers, des « habitudes » qui rassurent l'investisseur pour qui il importe de se trouver en pays connu, où les conditions des opérations sont réitérées dans le même. Cette crainte de l'inconnu, ou plutôt du soupçon de l'inconnu (puisqu'aucun des candidats au leadership n'est en mesure de réaliser les possibilités évoquées tant qu'il n'est pas dûment élu) est, on le sait, un des pôles pathologiques du conservatisme. Mais beaucoup plus notable encore va être la situation de polarisation extrême choisie par le discours pro-industrie pour qualifier les énoncés des candidats pourtant précautionneux. Ainsi, le candidat Lyle Oberg : « Albertans have no problem sending the upgraded oil south, but there is a considerable amount of animosity out there saying "We need to have the jobs here, we need the value-added component here." I hear that all over. » Et Ed Stelmach : « We forfeit our opportunities here when we allow the shipment of raw bitumen out of this province for upgrading and processing elsewhere [...] It flies in the face of the government's value-added strategy. » Finalement, le dernier candidat, Jim Dinning va évoquer un argument marquant : « Frankly, it concerns me when I hear companies planning to ship more of our raw resources for refining in the U.S. I believe that if you mine it here, you upgrade it here. It's Albertans' resources [...] ».

John Harding et Claudia Cattaneo, les deux auteurs de l'article, vont recourir à des désignations radicales pour polémiser immédiatement le débat et représenter l'industrie dans un désarroi figurativement amplifié :

> Instead, the campaign has turned into an anti-oil rant that has the province's mainstay industry wringing its hands about whether the new Alberta will soon resemble Newfoundland, rather than a province whose mantra for the past 13 years has been to keep its hands out of business[10].

Relevons ici, outre la radicalisation immédiate du conflit qui pose le gouvernement comme absolument opposé à l'industrie, qualifiant ses objections timorées à l'exportation de trop de ressources brutes de « fulmination antipétrole » (*rant*), opposition dont on sent bien tout ce qu'elle doit à la fiction pour les besoins de l'argumentation. L'accusation de fulmination a également pour effet de positionner dès le point de départ l'« opposant » du côté de la non-rationalité, de la dérive vers la quasi-déraison, ce qui permettra de nier tout caractère légitime aux revendications des candidats en les encadrant dans une situation d'énonciation suggérant un réel déséquilibre émotionnel de la part des énonciateurs. Plus loin, dans le texte, on taxera les propos d'Oberg de « heresy », et un des présidents de l'Association canadienne des producteurs de pétrole (ACPP-CAPP) admonestera le gouvernement de la sorte : « providing we don't do something stupid to screw it up », ce qui indique sans ambages de quel côté doivent se trouver et le dogme et la raison hégémonique. Si on revient à notre paragraphe de départ, on notera aussi un des traits paradigmatiques inhérents à l'argumentaire du « libre-marché », qui serait le recours au pathos associé à une représentation de l'industrie pétrolière au seuil de la déstabilisation (*wringing its hands*) par le seul soupçon de l'ombre d'un changement à la règle bien établie de la non-ingérence gouvernementale dans le fonctionnement de l'industrie. Une telle mise en scène est bien propre à inquiéter à son tour le lectorat typique d'un journal de la droite conservatrice canadienne comme le *National Post*, dans un tableau où on n'hésite pas à convier le spectre de

Terre-Neuve comme illustration suprême des errements d'un désir mal placé (et rigoureusement puni par les pétrolières) de réappropriation du contrôle sur les ressources énergétiques. À ce propos, il est tout autant significatif que dans la même semaine, un économiste albertain, cédant sans résistance aucune au sophisme de la pente fatale, va mettre Terre-Neuve et le Venezuela sur le même pied : « It is a jurisdiction where a government won't demand "equity shares" or change the rules of the game, a contrast to Newfoundland or Venezuela[11]. »

Pour mettre fin à toute équivoque subséquente sur le lieu du mal, cette opposition permettra en prime d'énoncer une prophétie dont les termes dissimulent à peine la menace d'un déclassement de l'Alberta aux yeux de l'industrie, déclassement qui risque d'entraîner à son tour l'éventualité de conséquences néfastes. « There is a growing discomfort *that it isn't just politics and could acually lead to significant changes*, tarnishing the image as a safe place to do business and a source of secure oil » (nous soulignons). Suivant la logique de l'énoncé, il faut bien se résoudre à aligner l'équation « désir de contrôle étatique sur les ressources égale réputation ternie » aux yeux bien sûr de l'industrie qui fixe les termes de l'argumentaire. À noter également la fonction du politique telle que perçue par le monde des affaires : l'État ne peut exister que dans la mesure où précisément il n'agit pas.

Mais plus encore, il convient à ce point de relever le surgissement d'une expression fétiche quasi centrale à l'établissement du discours du libre-marché, qui est le « safe place », le gouvernement stable, présenté comme l'arrière-plan nécessaire au déroulement maximal des opérations. Le thème du gouvernement stable reste un des mantras de tout le discours pétrolier global, mais il est à souligner à quel point il s'inscrit comme un des traits obsessionnels revendiqués par le discours albertain. Nous donnerons ici quelques occurrences où la contextualisation reste importante lorsqu'on veut mieux saisir le rôle et l'application de l'exercice démocratique par rapport à l'industrie pétrolière.

Le premier exemple est issu d'un éditorial du *Calgary Herald* d'octobre 2005 :

> We can help the U.S. wean itself from unstable, politically volatile, demanding foreign suppliers: we are friends, we are stable, we have a NAFTA treaty that we honour, we can be trusted[12].

Un second exemple est tiré d'un reportage commentant la visite à Calgary de l'ancien président de la Réserve fédérale américaine, Alan Greenspan :

> Cooper [Vice-président de BMO Nesbitt Burns] said after the 70-minute discussion that American perceptions of Canada as a friend have become a matter of national security and only a handful of areas have the physical capacity to satisfy growing world energy needs. Unlike Canada, many of them are unstable, hostile or in a volatile region of the world[13].

Pour faire bonne mesure, concluons cependant sur une note un peu réticente, cette fois-ci extraite du rapport du Parkland Institute, l'un des deux organismes en Alberta les plus critiques de l'industrie et du régime conservateur albertain :

> Russia, Central Asia, Sudan, Nigeria, Angola, and other African states have well publicized governance problems. Venezuela's President Hugo Chavez has publicly mused about cutting off the U.S. supply or selling it to poor Americans at below market price.[. . .] By contrast, Alberta is almost absurdly stable. In 70 years, its government has changed once, moving from Social Credit to Conservative[14].

La stabilité présentée comme étant nécessaire à l'exercice du libre-marché implique, dans ces occurrences représentatives de l'usage du concept, une autre opposition manichéenne renvoyant à l'ennemi, à la volatilité et à l'exigence trop élevée (*demanding foreign suppliers*). En fait, le parfait partenaire des affaires pétrolières, dont les principales multinationales sont d'origine américaine, européenne et canadienne et sont regroupées sous ce nom significatif de *Big Oil*, se signale comme un gouvernement dont l'évolution politique et législative doit absolument demeurer dans la réitération du même, et aplanir toute velléité de discontinuité, voire de différend. L'amitié néo-libérale est à la mesure de cette répétition du connu censée faciliter les rapports commerciaux, d'où doit être éliminée toute forme d'achoppement. L'investisseur-actionnaire—pilier indiscutable du néo-capitalisme—n'aimant pas le risque, il importe d'abord d'éliminer, en l'énonçant, ce premier risque qu'incarne un simple changement d'orientation politique pourtant inhérent au processus démocratique[15]. Ce même risque peut prendre la face d'une fort discrète manifestation d'un parti d'opposition d'où pourrait surgir cette « volatilité » au potentiel inquiétant. Cette terreur du changement explique, dans l'eulogie examinée en début de chapitre, les disqualifications de l'industrie contre les institutions gouvernmentales, maintenant perçues comme stupides, irrationnelles, nuisant à l'image d'une Alberta au comportement auparavant idéal. Dès lors, un gouvernement vanté comme stable pourrait en réalité prendre le visage d'un simple appareil idéologique, d'où la contestation véritable serait exclue. Un tel régime, « ami » complaisant, non contestataire, exercerait sa fonction dans le sens des diktats d'une industrie dont un des termes idéaux serait précisément l'exclusion maximale du législateur. Et cela, tout en s'assurant qu'au sein de cet appareil legislatif « restant », aucun élément ne viendrait ébranler le bien-fondé de cet aplanissement qui prend le visage de l'« ami ». Certains termes précis pourraient encore mieux décrire un tel régime politique, et on n'est guère surpris du recours au qualificatif d'« absurde » employé dans le rapport du Parkland Institute pour dépeindre cet état de fait : ce même groupe de recherche a par ailleurs abondamment utilisé l'expression « déficit démocratique » pour qualifier le régime de Ralph Klein.

Ce fétiche de la stabilité va rendre compte d'ailleurs plus loin, dans le texte de Harding et Cattaneo, de commentaires de la part des représentants de l'industrie insistant sur la nécessité de ne pas modifier les conditions fiscales d'exploitation pétrolière. On y relève des assertions où l'admission temporaire d'un changement possible le dispute à la négation pure et simple de ce même changement, par ce mouvement de pendule qui est une concession au possible annulée par son intégration à l'improbable.

> We had government, as Ralph Klein used to say, staying out of the business of business [...] we have a competitive fiscal regime and we don't see that changing with any of the leadership candidates. [Pierre Alvarez, président de l'ACPP-CAPP]

> It is perfectly logical to come in and do a review [of oil sands royalties], but it doesn't mean they should change anything, and I firmly believe that the result of that should be that it is a good regime, and it's working and stimulating a lot of investment. [Will Roach, chef exécutif de la firme UTS Energy Corp.]

L'autorité présumée des deux énonciateurs ici confère à leur dénégation finale de la possibilité d'un changement un statut particulier qui n'est nullement mis en danger par la logique même des faits. Les trois candidats à la chefferie du Parti conservateur peuvent bien murmurer contre les conditions d'exploitation des ressources énergétiques, les règles du libre-marché sont sûres de leur hégémonie, et dans le discours et dans le réel, et une éventuelle révision des redevances ne pourra qu'aboutir à la reconduction des conditions initiales et à la pertinence du « bon régime ». Le gouvernement stable est, somme toute, celui qui reconnaît les règles, par l'Autre à lui-même imposées.

Examiner les conséquences discursives et idéologiques de l'expression fétiche du « gouvernement stable », d'où sa valorisation par l'industrie pétrolière, amène à tirer des conclusions potentiellement gênantes. Il existe des termes sans équivoque pour qualifier un régime qui s'interdirait une législation propre à exercer un meilleur contrôle sur ses ressources naturelles, législation susceptible de remettre en question son statut « d'ami » des pouvoirs qui forment le capitalisme global. Ces mêmes termes qualifient d'autre part les régimes qui décourageraient avec plus ou moins d'autorité tout discours interne de contestation devant cette obédience aux intérêts corporatistes. Cependant, de telles nominalisations risquent par trop de prendre vie dans le réel, ce qui aurait pour le collectif albertain des conséquences encore plus embarassantes qu'il faut s'empresser de contrer. Dans cette logique, on comprend que le discours du libre-marché énergétique se doit singulièrement d'exercer sa fonction de « blocage de l'indicible », comme l'a précisé Angenot :

> Certains diraient ici que c'est l'essentiel de l'oppression hégémonique : refouler autant que possible le *noch nicht* [Ernest Bloch] dans l'impensable, l'extravagant, le chimérique. L'hégémonie impose des thèmes et des stratégies cognitives : du même coup, elle refoule, scotomise l'émergence d'autres[16].

L'indicible ici, sous tout le brouillage référentiel inféré par la rassurante expression du libre-marché dont la liberté est censée aussi contaminer par suggestion la société dans laquelle elle s'exerce, serait très précisément le contraire de l'exercice démocratique. Oserait-on faire allusion à l'expression *dictature*[17] pour désigner la modélisation imposée idéalement au régime politique albertain, à qui il est intimé de se soumettre aux impératifs de stabilité et de non-intervention exigés par les règles de ce même *libre-marché* ? Sans doute une telle dénomination est un peu excessive, mais cette simple allusion au terme a au moins le potentiel de fissurer l'illusion démocratique qui doit quand même rester chère à l'industrie affirmant toujours relever de ce néo-libéralisme. Comme l'idéologie, la dictature, c'est toujours *les autres*, et surtout pas ce dont on a au fond besoin pour bien fonctionner : c'est en cela que réside l'indicible, et le fantôme qui hante le concept de libre-marché pétrolier.

UN TABOU : LE PÉTROLE … C'EST À NOUS AUTRES ?

Quoi qu'il en soit, on peut voir que le principe d'hégémonie du discours du libre-marché de l'énergie permet tout de même de faire susciter un certain principe d'opposition manifeste dans les textes médiatiques sous une forme doublement chargée, oscillant entre le *fétiche* et le *tabou* selon la perspective des énonciateurs des deux camps qui font allusion à cette opposition. Il s'agirait ici du fétiche de la propriété des ressources pétrolières de l'Alberta, auquel quelques hommes politiques albertains ont régulièrement recours dans les situations d'insatisfaction passagère avec les décisions de l'industrie. Ainsi Peter Lougheed, déplorant les effets inflationnaires du boom de 2006 :

> That means the return to the people of Alberta, who own the resource and a lot of people in this town have a hard time with the word "ownership." But the ownership is with the people of Alberta[18].

D'emblée, cette instance illustre l'instrumentalisation polémique du concept se voulant une réponse intermittente à la puissance réelle de l'industrie, laquelle y réagit à son tour par plusieurs variantes du discours punitif. L'une d'elles est constituée par le chantage à l'emploi, qui est central à l'argumentaire priviliégié dans le cadre de l'exploitation de toute ressource naturelle par le secteur privé[19], comme on l'a relevé dans la pièce *Charbonneau et le Chef*. Lougheed, dans cette instance, établit fermement le fait que l'Alberta serait le propriétaire réel des ressources pétrolières de la province. Parallèlement, le secteur privé, incarné par des multinationales, se voit reconnaître la tâche exclusive du développement de ces ressources, dont l'énoncé suivant, de la part de Ralph Klein, illustre bien ce sens particulier de la division du travail du développement :

> While it is the government's responsibility to foster a positive business climate, it is the entrepreneur and the business owners who drive the economy, creating jobs and economic security[20].

Bien entendu, ici s'affirme encore plus nettement cet aplatissement programmatique du législateur devant les « affaires ». Mais remarquablement, c'est souvent à la suite d'un constat d'impuissance devant certains agissements de l'industrie que surgit donc l'appel à la propriété des ressources présenté comme velléité de limitation des actions du privé. Retournons ainsi à nos candidats au leadership du Parti conservateur :

> This is very much an issue of ownership of these resources by Albertans [...] One of the criticisms in Alberta over the last 50 years is we have simply been a resource province that shipped everything out and I think we have to come beyond that[21]. [Oberg]

> Mr. Dinning, a former Alberta treasurer, once favoured by oil types, created a big stir when he declared that he was concerned about oil companies shipping more of our "own resources" for refining in the United States[22].

> My vision is for the future of the province, and I know that we cannot keep selling our natural resources raw without adding value to them[23]. [Stelmach]

Cet appel à la propriété s'inscrit donc comme un mécanisme d'opposition et une volonté de contre-discours à l'hégémonie qui correspond à la fois à la fonction de réassurance et de désir thérapeutique propre au discours politique. Thérapeutique, en ce qu'il prétend offrir un remède au sentiment de spoliation associé à la prise de conscience de redevances insuffisantes, prise de conscience redoublée par le constat de fuite de la matière première à bas prix. La fonction de réassurance se signale en ce que le discours de réappropriation renvoie à un droit fondamental en théorie difficilement contestable sur lequel les Albertains pourraient se rabattre pour mettre fin à ce qu'ils estimeraient être des abus envers l'exploitation de leurs ressources. Le recours à ce discours de propriétaire aurait toujours une vertu pragmatique à portée de main. Or, on le verra, c'est précisément la condition non contestable de la propriété qui joue paradoxalement contre elle-même et contribue à la déréaliser dans un contexte singulier qui, étrangement, va échapper à l'affrontement. C'est ainsi que le *fétiche* pourra devenir *tabou*.

Pour expliquer ce qui précède, évoquons deux phénomènes particuliers, l'un, propre à la poétique et à la politique de l'énergie, et l'autre, illustrant un des aspects les plus singuliers de la rhétorique conservatrice, telle qu'analysée par Angenot[24].

Le premier élément à considérer, lorsqu'est soulevée la question de la propriété des ressources naturelles dans le discours, reste son utilité intrinsèque au sein de l'argumentaire des entreprises, privées ou nationalisées, et des gouvernements de types variés qui y ont recours. Nos études précédentes sur le cas de l'hydroélectricité au Québec ont permis d'établir que le recours à ce type de discours d'appropriation s'avère comme une marque particulièrement privilégiée par une compagnie nationalisée qui a pour but de produire une confusion fructueuse entre l'entreprise, l'État et les citoyens présentés comme « actionnaires ». Une telle confusion a pour effet de déresponsabiliser l'entreprise, surtout en ce qui a trait à ses opérations controversées, tout autant qu'à ses réussites, par la fiction facilement démantelée par un examen réel des faits, du partage de ses pouvoirs décisionnels avec le citoyen. On aura reconnu ici l'efficacité de la célèbre formule « Hydro-Québec, c'est à nous autres » ou, plus perfectionné encore, le slogan de 1973 « On est Hydro-Québécois[25] ». On pourrait penser que ces formulations, qui renvoient entre autres à la fonction identitaire de la propagande, voient donc leur emploi limité aux compagnies nationalisées productrices d'énergie. Mais on pourrait supposer que toute allusion à la propriété des ressources énergétiques, qui relève aussi de la fonction identitaire quoiqu'à un degré plus indirect, resterait une intervention étrangère à la dynamique entre l'industrie privée et le collectif qui, en principe, exercerait sa juridiction sur le territoire à exploiter. Cependant, le recours—peut-être serait-il plus juste de parler ici du rappel—au principe de la propriété ne fonctionne cependant pas de façon radicalement différente dans le cas qui nous occupe. Il est toutefois à noter qu'il n'émane certes pas des entreprises elles-mêmes qui n'ont pas intérêt à rappeler cette donnée pourtant fondamentale : la souveraineté du territoire, dont on sait pourtant que la globalisation et le néo-libéralisme en ont virtuellement sonné le glas[26]. Mais que les politiciens albertains y fassent référence dans leur réticence devant les actions de l'industrie privée illustre bien son pouvoir toujours actualisable pour l'imaginaire collectif. Toutefois, dans ce rappel du propriétaire, n'est pas bien examinée la contradiction inhérente au fait de posséder quelque chose au sujet duquel on ne jouit que d'une autorité virtuelle, et dont la simple mention ne suscite que la menace au déménagement du capital de la part de l'industrie. La représentation de l'Alberta ainsi établie par Oberg comme une province qui depuis cinquante ans expédie à l'étranger son bitume n'est pas sans suggérer à un observateur le sort des États du Tiers-Monde, riches en ressources dont ils sont pourtant dépossédés par les termes mêmes du libre-marché. On dira, pour atténuer la brutalité de ce parallèle, que les apparences sont infiniment mieux gardées en Alberta mais que, somme toute, les revendications identitaires manipulatrices des entreprises réellement nationalisées, telle Hydro-Québec, contiennent peut-être au moins une part de vérité.

LA GUERRE DU PÉTROLE N'AURA PAS LIEU

> How do you think that you people can run Shawinigan Water and Power ?
> [lancé à René Lévesque, lors de la campagne pour la nationalisation d'Hydro-Québec, 1962]
>
> An oil man will tell you, loudly and likely often, that countries can't manage oil and gas exploration and development.
> —Doug Matthews, *Far North Oil and Gas* [été 2006]

Cependant, le clou le plus définitif enfoncé dans le cercueil de la « propriété collective des ressources » se trouve dans l'absence de polémique même que l'on pourrait attendre autour de cette question. Ainsi, une des particularités de l'argumentaire conservateur propre à l'industrie serait d'user, par de multiples procédés rhétoriques, de stratégies de disqualification s'appliquant à des éléments absolument extérieurs à la réelle question de la propriété des ressources, processus de disqualification « à côté » consécutif au choix délibéré et stratégique de ne pas engager de véritable discussion sur cette question centrale. Angenot en conclut, en ce qui a trait à la rhétorique antisocialiste :

> En réalité, deux stratégies polémiques ont alterné ou coexisté dans l'antisocialisme : ou bien argumenter contre les théories et les démolir s'il se pouvait, ou bien démontrer qu'il n'y avait pas matière à discussion, qu'il importait seulement de *disqualifier* l'adversaire. Je regroupe dans la catégorie « disqualification » tous les moyens qui permettent de faire l'économie d'un débat[27].

Si le corpus s'appliquant à l'antisocialisme relève pour la majeure partie de textes français du dix-neuvième siècle, l'identification des procédés d'évitement d'une véritable discussion du principe de propriété collective des richesses pétrolières du vingt et unième siècle n'en présente pas moins des correspondances significatives. Énumérons ici quelques formes de disqualifications telles qu'elles peuvent être isolées à partir de l'article de Harding et Cattaneo.

Perte de raison et de cognition[28] : Dans le cas qui nous occupe, la simple allusion à « more provincial control over development of the booming sector »[29] est, on l'a vu, présentée d'emblée sous la perspective de la fulmination irrationnelle contre l'industrie *(anti-oil rant)*. Force est donc au lecteur de reconnaître, sous une forme tant soit peu atténuée, le positionnement de l'opposant à l'industrie comme relevant pratiquement de l'aberration, ce qui dès lors suggère, sans qu'il soit nul besoin de l'affirmer, qu'aucune discussion raisonnable ne serait possible avec un tel groupe de colériques. « L'unanimité [...] se fait pour taxer le discours honni de "folie," c'est-à-dire tout en continuant à le combattre rationnellement pour le situer hors du sens commun », nous prévient Angenot[30]. Cette prémisse établie va permettre effectivement de se soustraire au débat subséquent sur le caractère recevable du principe de la propriété des ressources d'où découlerait effectivement le droit d'y exercer une certaine régulation, puisqu'on ne saurait sustenter un dialogue avec un furieux. Sur une gamme plus modérée, mais jouant toujours sur la diminution des facultés cognitives, l'article cite Kathleen Sendall, présidente de l'Association canadienne des producteurs pétroliers, assurant que « From a competitive perspective we have an enormous advantage compared to many other energy producing jurisdictions around the world providing we don't do something stupid to screw it up ». Le collectif serait ainsi désigné comme l'éminent responsable de la dégradation d'une *saine* compétitivité, dont les termes ne sont pas clairement définis, en raison d'une lacune d'intelligence attribuée au collectif *we*. Toute atteinte à ce principe de compétitivité, qu'il faut bien comprendre comme essentiellement favorable à l'industrie, est donc qualifiée d'aberration.

La terreur contagieuse : L'étape suivante de dévalorisation du législateur susceptible d'exercer les droits de propriété consiste à exagérer la réaction de l'industrie au seul soupçon du timide rappel de ces droits, de façon à dépeindre un tableau apocalyptique de leurs conséquences. Ainsi, les auteurs vont faire défiler des extraits d'interviews de cadres supérieurs de pétrolières variées, tous présentés comme figures d'autorité incontestables. Ainsi, dans le même article, cette perle :

« "The debate in this province is shifting from creating wealth to redistributing wealth, and that is a very, very scary situation, when you are in a province that is as dependent on commodity prices as ours," said one senior industry source. » L'allusion à une redistribution des richesses dans le cadre de la simple hypothèse d'une hausse des redevances pétrolières fait fortuitement surgir l'ombre d'un programme socio-démocrate, bête noire du discours conservateur de l'entrepreneuriat de la Frontière. Ce spectre de la socio-démocratie dont l'évocation permet, par amplification, d'exagérer la réaction de l'industrie, en signifiant non pas la seule crainte de l'inconnu, mais la terreur pure et simple. Qu'une figure de puissance absolue qu'est en Alberta l'industrie pétrolière se dépeigne comme alarmée sans recours par une telle éventualité ne peut que provoquer le même sentiment d'épouvante chez le destinataire de l'article du *National Post*, dont on peut soupçonner que le lectorat est, dès le départ, fort prévenu contre toute manifestation vaguement symptomatique d'un projet socio-démocrate. Adhérer au principe d'une quelconque redistribution des richesses, principe fort hypothétique dans le cas qui nous occupe, ne peut que nous mener, par l'argument de la pente fatale, à un inconnu aux conséquences absolument intenables. À cet égard, gardons à l'esprit la réplique des négociateurs britanniques devant la demande de la hausse des dividendes faite par le gouvernement iranien de Mossadegh, en 1952 : « One more penny and Anglo-Iran Oil will go broke[31]. »

De fait, cette argumentation relève, comme Angenot l'a bien démontré dans le cadre de son analyse des rhétoriques antisocialistes, de la dénonciation de l'État et de son potentiel d'« expansion et d'empiètement [...] porté à la "réglementation à outrance" s'immisçant dans les relations et les contrats de la société civile, s'arrogeant des compétences économiques et "faussant" les lois du marché[32]. » C'est en fait cette dernière accusation qui est la plus susceptible de déclencher l'alarme, Angenot précisant plus loin « la répartition et la redistribution des ressources et des biens » comme une des formes privilégiées par les interventions étatiques. Ainsi l'alarme transformée en épouvante par la seule perspective de cette redistribution des richesses relève de l'hyperbole caractéristique du genre de la persuasion, qui passe ici par l'incitation à cette panique à laquelle l'hypersensibilité chronique des investisseurs ne les prédispose que trop.

La délégitimation : Dans le cadre d'une campagne à la chefferie d'un parti, où il s'agit pour chaque candidat de convaincre l'électorat qu'il sera son représentant idéal, chaque prétendant doit faire la preuve qu'il incarne bien les intérêts des Albertains. Or, c'est cette première fonction de représentativité qui offre à l'industrie un exercice supplémentaire de délégitimation en remettant tout simplement en cause ce rapport fondamental à l'exercice démocratique. André Lebeau, dans sa réflexion autrement dégagée de parti-pris sur « l'engrenage de la technique », pose d'ailleurs bien cette réaction comme habituelle aux puissances productrices ou consommatrices de pétrole : « La précipitation avec laquelle les valeurs démocratiques sont mises en sommeil pour préserver l'accès aux ressources pétrolières et le maintien du "mode de vie" n'autorise guère l'optimisme[33]. » Dans l'exemple qui nous occupe, ce n'est pas la mise en veille de la démocratie qui est opérée mais, par une signifiante perversion, on accuserait l'autre parti, le législateur, de manquer à la règle fondamentale du mandat démocratique, qui serait d'incarner la volonté collective. Dès lors, les candidats, dès qu'ils font allusion à la possibilité de redevances accrues sur le pétrole, ne parleraient plus au nom des Albertains. « David McInnis, president of the Canadian Energy Pipeline Association, said that the candidates are not coming up with the type of leadership that Albertans are looking for[34]. »

La déconnection : Cette construction, où la communauté albertaine est substituée à l'énonciateur individuel métonymique de l'industrie, a pour effet immédiat de déconnecter le candidat à l'élection de la communauté qu'il entend représenter, de le déplacer en somme non pas dans la non-pertinence, mais dans le porte-à-faux par rapport à la population albertaine. De fait, le candidat ne parlerait pas au nom du peuple, et ne saurait servir son intérêt. Il ne saurait davantage être le représentant légitime d'une collectivité qui, d'après McInnis, chercherait un autre type de dirigeant, dont on voit bien quel serait l'idéal-type favorisé par l'industrie. L'appel aux Albertains comme communauté potentiellement « séparée » de ses *leaders* qui auraient perdu le contact avec sa volonté relève de cette manipulation particulière qui serait le recours à l'identification avec le groupe, où l'homme d'affaires se présente lui-même comme le vrai médiateur des désirs de l'électorat, dont il est devenu paradoxalement plus près que les élus potentiels. De plus, le fait que la véritable nature de ce *leadership* ne soit pas définie ajoute encore à l'ambiguïté de son statut : tout est ainsi mis en place pour qu'on puisse logiquement suggérer le législateur comme dépourvu de légitimité. On aurait ici une illustration patente de la remarque de Philippe Breton au sujet des manipulations de divers ordres qui servent de cadre à la démocratie ou, plus précisément encore, à sa fiction : « Sa mise en œuvre se fait le plus souvent au profit de ceux qui ne voient dans la démocratie, et les possibilités qu'elle ouvre de gagner l'opinion, que les moyens de l'abattre[35]. »

La fusion identitaire comme mode d'annulation de la différence polémique : Il s'agit ici, à l'instar de ce qui se passe pour les compagnies nationalisées, de proposer une fusion nominale du dominant avec ceux sur lequel il exerce son pouvoir ou son action, de façon à annuler l'impression d'opposition qui devrait normalement se dégager entre le collectif albertain et l'industrie sur la question des redevances pétrolières et de la propriété des ressources. L'opposition attendue entre le législateur et l'industrie se trouve soudainement déplacée entre le législateur et la population, ce qui, à vrai dire, constitue une autre variante du recours à la non-concordance. Ainsi, David McInnis de continuer : « I would suggest that the government of Alberta needs to do a better job of putting the revenue that they earn from Albertans working in the oil and gas industry to better use[36] [...]. » Soulignons ici le choix stratégique de désigner l'industrie pétrolière sous le vocable *Albertans*, ce qui est un recadrage qu'on ne saurait sans mauvaise foi qualifier de menteur ni d'abusif[37], mais dont on ne saurait non plus nier l'effet particulier de dissimulation, en ce qu'il sert tout à coup d'écran au véritable moteur des activités dans les champs pétrolifères. Il est vrai que, si la plupart des travailleurs dans l'industrie sont albertains, cela n'implique nullement que les compagnies qui les embauchent, et qui sont les véritables responsables des activités dans ce secteur, soient albertaines, ni même canadiennes. Cette métonymie particulière, où l'employé est nommé pour l'employeur, permet un glissement sur le référent réel, qui renforce une fois de plus l'illusion fusionnelle entre deux partis qui devraient plutôt entre antagonistes. Ce phénomène d'endossement et de confusion identitaire, dont nous verrons plus loin d'autres manifestations, est pivotal pour bien saisir l'efficacité des procédés représentationnels de l'industrie pétrolière albertaine. Une des conséquences, et il y en a plusieurs, de cette fusion supposée peut être désignée comme le « bénéfice de l'absolution[38] », où la confusion identitaire entre le collectif et l'entreprise garantit l'immunité à celle-ci. Dans un débat réel sur cette question de la propriété des ressources, comment penser que les Albertains pourraient opposer à d'autres Albertains, qui devraient partager les mêmes intérêts, cet obstacle à l'exploitation de leurs ressources naturelles qu'est l'épineuse question de la propriété des ressources pétrolières et des dividendes qui en découlent ? On se doit donc de rester entre soi, faisant du législateur un tiers exclu qui n'est pas loin d'être représenté comme étant celui qui, en vérité, abuse de la bonne foi des travailleurs albertains.

L'incompétence de l'adversaire : On a vu que la triade attendue formée par l'industrie, les électeurs et le législateur avait été ramenée une fois de plus à une relation polarisée entre l'industrie pétrolière et le gouvernement. Après avoir remis plus ou moins ouvertement en question la légitimité des candidats, qui ne parlent pas « au nom du peuple », McInnis va maintenant suggérer l'inaptitude du législateur sinon à gouverner, du moins à faire une certaine part de son travail.

> Alberta needs to do a better job of putting the revenue that they earn from Albertans working [...] and need to communicate with Albertans about the benefits of the industry and they need to pay attention to ensuring there is a competitive environment that will see the oil and gas industry continue to provide benefits[39].

On a noté qu'à l'été de 2006, le gouvernement Klein avait admis publiquement qu'il n'avait pas de plan précis pour administrer la manne du pétrole, et qu'en ayant payé les dettes de la province, il se retrouvait dans la perspective d'encourir un autre déficit face à la nécessité de porter remède à l'état de négligence sérieuse dans lequel se trouvaient les infrastructures variées de la province, déréliction générale qui avait été la marque de commerce du régime. En ce sens, la cible était facile, mais il importe de noter que cette accusation n'a été ressortie que dans le contexte d'une résistance du législateur face à l'industrie. Le procédé de disqualification ici prend le visage d'une « leçon » donnée au gouvernement, d'une admonestation faite à celui qui manque à ses devoirs, lesquels sont bien sûr redéfinis selon les intérêts du dominant. Les fonctions du législateur sont donc assignées pour répondre aux besoins du secteur des affaires selon une notion du bien public qui est déplacée vers la satisfaction des besoins de l'industrie, et une notion de la compétence qui est exclusivement liée à assurer cette satisfaction.

Ingratitude et rappel des bienfaits : Cette accusation, qui reviendra souvent dans le débat, se présente comme une variante de la disqualification par manque éthique. Le législateur se doit de bien communiquer l'action bénéfique de l'industrie et de s'assurer de maintenir un climat optimal pour que le secteur pétrolier continue de fournir des profits : on a vu ce que recouvre cette expression d'une « attitude positive » suivie par ailleurs d'une menace à peine voilée de cesser le versement des profits. Il s'agit de montrer que le législateur a erré et qu'il doit être remis à l'ordre en s'attachant à répandre le « bon message » et à censurer toute objection. Ce dernier procédé des rappels des bienfaits comme évitement du débat installe définitivement l'Alberta et ses citoyens comme *débiteurs* de l'industrie, qui ainsi est présentée comme ne leur devant rien.

L'argument de la futilité ou de l'innocuité : Ce dernier procédé, dont les manifestations restent fort déroutantes pour quiconque tenterait de lire l'article de Harding et Cattaneo avec un esprit disons cartésien, est exprimé entre autres par une forme particulière de prophétie autoréalisante (*self-fulfilling prophecy*) qui en est le symptôme le plus manifeste. Revoyons à cet égard les commentaires déjà cités de Pierre Alvarez et de Will Roach : « [...] we don't see that changing with any of the leadership candidates » et « [...] I firmly believe that the result of that should be that there is a good regime, it is working and it's stimulating a lot of investments. » Il s'agit ici de neutraliser la portée des réclamations du législateur en assertant la certitude de leur non-réalisation, non pas par une démonstration empirique à saveur polémique, mais en assurant qu'elles resteront sans résultats, qu'elles ne changeront rien à la situation actuelle. Nous empruntons ici à Albert O. Hirschman, auquel d'ailleurs Angenot a eu recours pour établir la présentation de sa *Rhétorique de l'antisocialisme*, le principe de sa « futility thesis » pour rendre compte de cette stratégie de l'industrie face à la possibilité d'un changement notable en ce qui a trait à la hausse possible des dividendes du pétrole. Au terme *futilité*, on peut préférer le terme *innocuité*[40], dans le sens où la réponse de l'industrie pétrolière indique bien que ce changement (velléitaire de la part des législateurs, faut-il le préciser) n'aura pas lieu ou restera sans effets. Ce faisant, les deux commentateurs ont recours à ce que Hirschman appelle la dynamique inhérente à la prophétie autoréalisante dont il précise :

> As the story is absorbed by the listeners, it sets up a tension and activates a dynamic that is either self-fulfilling or self-refuting. The dynamic is self-fulfilling as the assertions about the meaningless intended changes and reform weaken resistance to their further emasculation and outright abandonment[41].

À cet effet, cette affirmation de l'innocuité de l'intention des élus de modifier le régime des dividendes peut être à son tour perçue selon les deux paradigmes suivants.

Toujours dans la logique première de la réfutation du bien-fondé de ces changements, lesquels d'ailleurs ne sont nullement débattus, et c'est un point essentiel sur lequel nous reviendrons, le recours à la prophétie autoréalisante peut exprimer d'abord certes le désir d'enlever au projet du législateur toute réelle importance en lui niant une conclusion tangible : des modifications véritables ne seraient tout simplement pas de l'ordre du possible ou du probable. On y a vu d'abord l'assurance du pouvoir effectif exercé par l'industrie sur le gouvernement conservateur de Ralph Klein depuis 1992, et l'exercice de ce pouvoir comme un fait incontesté ancré dans l'habitus politique d'une province se gaussant depuis toujours d'être « business friendly » en *se mêlant justement de ses affaires*, comme on l'a remarqué au sujet de l'oraison funèbre de Scobey Hartley. La prophétie autoréalisante ici traduit la certitude tranquille de la soumission complaisante du gouvernement aux directives de l'industrie, exprimant non pas tant sa foi dans un avenir stable permettant le bon déroulement des affaires que, plutôt, son ferme propos de s'assurer que soit maintenue cette stabilité.

Mais, nous devons aborder ici l'autre versant rendant compte du procédé qui serait plutôt l'expression d'une anxiété diffuse, mais réelle, face aux intentions des législateurs. Si ces intentions peuvent être éventuellement neutralisées par toute la rhétorique de disqualification dont nous venons de rendre compte dans ces dernières pages, le déploiement précis de ces recours rhétoriques (cooptations identitaires, délégitimation du démocratique, incompétence et irrationalité de l'adversaire, terreur contagieuse) exprimerait par la négative le poids somme toute palpable de la menace constituée par la potentialité d'un changement effectivement *énoncé* comme tel. Qu'une hausse des redevances du pétrole soit inscrite dans le paysage des possibles, ce possible fut-il répudié, pourrait effectivement faire l'objet d'un débat public et somme toute démocratique, dont l'issue risquerait d'être plus difficilement contrôlable pour le secteur pétrolier. En une telle occurrence, on peut prévoir que serait effectivement débattu le principe de la propriété fondamentale des ressources et des conséquences qui en découlent pour les termes de leur exploitation. Les stratégies rhétoriques de disqualification, dont la nature même peut les assimiler à ce qu'en anglais on désigne comme *scare tactics*, sont à la mesure, précisément par l'amplitude et la brutalité de leur déploiement, de l'anxiété plus palpable qu'inspire à l'industrie tout potentiel de mise au clair du principe de propriété qui changerait la donne dans le rapport d'exploitation des ressources. Dans le cadre de cette rhétorique de la réaction, pour reprendre l'expression de Hirschman, la tentative de décourager l'opposant par la peur illustre l'indubitable crainte du pouvoir pétrolier devant toute éventualité de changement de régime, dans un rapport que l'on est tenté de considérer comme directement proportionnel.

Dans une telle perspective, on peut conclure à la fin de cet article singulier du *National Post*, qui présente une véritable encyclopédie dans le genre de la disqualification, que l'ultime recours à la prophétie autoréalisante pour affirmer l'innocuité d'une volonté politique de changement constitue le même symptôme de deux conditions concomitantes et opposées : certitude de la continuité et dénégation de ce qui pourrait devenir inévitable.

Mais il ne faut pas perdre de vue, en définitive, l'objectif central de ces tactiques servant à effrayer et à déstabiliser tous les tenants d'une revue du taux des redevances pétrolières. Outre leur réel pouvoir de dissuasion, nous rappelons qu'elles visent encore plus essentiellement à contourner la question pourtant centrale de la propriété des ressources en rapport avec son rythme d'exploitation et le taux de revenus qui en découlent. Car la dissuasion qui en résulte, en plus de son efficacité, a le bénéfice appréciable d'être centrale à toute l'intentionnalité du déploiement rhétorique de la disqualification, de ne pas parler de ce qui compte vraiment, et ce détournement, face à une contention risquant potentiellement de devenir inévitable, assure le *juste* état des choses nécessaire à la bonne marche de l'industrie, c'est-à-dire ses profits, auxquels au moins une contingence menaçante est ainsi retirée, celle des réclamations du propriétaire réel des ressources.

CHAPITRE 4

NATIONALISATION ET PRIVATISATION : DUPERIES, DÉMONISATIONS ET RHÉTORIQUES

> Le Comte : Te voilà si gros et si gras …
> Figaro : Que voulez-vous Monseigneur, c'est la misère.
> —Beaumarchais, *Le Barbier de Séville*

> Energy executives sometimes behave as if they own the resource and that they're doing us a favour letting a few crumbs spill from the table. But they don't own the resource. We do.
> —Gil McGowan, Alberta Federation of Labour[1]

Aborder la question ou la simple hypothèse d'une nationalisation éventuelle des ressources pétrolières de l'Alberta relève d'une hérésie, surtout dans la logique d'une société qui, selon le paradigme de la Frontière, se conçoit comme le bastion de l'individualisme, de l'autosuffisance du libre-marché et de la libre entreprise sans intervention étatique, tout cela, on l'a vu, cristallisé par l'expression fétiche « business friendly ». L'hostilité manifeste du discours social albertain envers le principe même de nationalisation des ressources ne peut être contestée[2], mais il n'empêche que cette hostilité ne rend pas compte d'une manifestation essentielle dans le rapport d'appropriation des ressources énergétiques et de la façon dont ces rapports se mettent en discours et sont assumés et par le destinateur, et par le destinataire. Cette manifestation, que nous avons nommée ailleurs « nationalisation symbolique »[3] doit être analysée avant de passer à l'argumentaire entourant la question de la nationalisation proprement dite comme à son opposition, car ce processus y est intrinsèquement associé, encore qu'il ne bénéficie pas, dans l'historiographie courante sur l'énergie, du statut d'événement à proprement parler. En fait, nous émettrons comme hypothèse de départ que ce phénomène de la nationalisation symbolique, relevant à la fois de l'assertion et de l'impensé, peut être identifié chaque fois qu'une société, une juridiction, un état ou un état-nation se découvre possesseur de « ressources naturelles » sur son territoire, et plus particulièrement lorsqu'il s'agit de ressources énergétiques sur lesquelles le collectif veut établir des droits, lesquels peuvent à leur tour être réalisés à des degrés variés.

On peut définir la nationalisation symbolique comme le recours à la fonction identitaire pour énoncer ou rappeler dans un contexte pragmatique les termes d'une appropriation, dont la réalité reste plus ou moins vérifiable, des ressources naturelles et partant, énergétiques. La nationalisation symbolique, outre sa portée ou plutôt ses ambitions pragmatiques, peut être exprimée dans un discours politique, dans le cadre d'une propagande, comme elle peut être activée par une campagne de presse dans le cadre d'une polémique publique ou d'un discours promotionnel. La nationalisation symbolique dans sa circulation discursive se constitue habituellement en argument utilisable par plusieurs énonciateurs, selon les objectifs visés de conviction et d'action. Au sein de cet argument, certains traits dominent plus que d'autres, comme c'est habituellement le cas pour la fonction identitaire, mais il faut bien voir aussi que les assertions permettant de conclure à certaines formes de nationalisation symbolique ne sont pas l'apanage d'un groupe particulier, et cette pratique peut être récupérée par n'importe quel acteur dans les enjeux relatifs à la question des ressources naturelles pour en faire un alibi, pour masquer le réel, pour détourner l'attention, pour éviter ou neutraliser la protestation, pour censurer aussi, selon les contextes.

L'autre particularité de cette stratégie est qu'elle n'est pas nécessairement liée à un acte politico-juridique de nationalisation comme telle, où le gouvernement d'une juridiction donnée devient l'actionnaire majoritaire ou unique d'une entreprise, comme ce fut le cas d'Hydro-Québec en 1963 par exemple. Dans d'autres instances, la nationalisation peut résulter de la simple création, par l'État, d'une entreprise qui serait sous son contrôle exclusif, l'exemple de Petro-Canada (avant sa privatisation par étapes) venant à l'esprit. Si les deux entreprises que nous venons de mentionner ont certes indéniablement bénéficié, à un point de leur histoire, d'avantages redoublés par un processus très efficace de nationalisation symbolique, ce dernier phénomène peut exister indépendamment de l'étatisation, la précéder ou lui succéder. Plus encore, la nationalisation symbolique peut très bien se produire et évoluer, plus ou moins spontanément, sans qu'il y ait un processus de nationalisation étatique, et que les entreprises exploitant les ressources (entre autres énergétiques) aient le choix entre, d'une part, ignorer ce processus, ce qui a ses conséquences, ou tout simplement se l'annexer, d'où découle une série de bénéfices à ne pas faire abstraction. Dans le cas de l'ignorance du processus, qui n'est jamais d'ailleurs aussi totale que les entreprises veulent bien l'admettre, la nationalisation symbolique peut se manifester comme contre-discours sous forme d'une assertion se voulant centrale, comme le pivot d'un discours conjoncturel dont le caractère assertif (jusqu'à devenir souvent véhément) peut donner la mesure de sa valeur fétiche.

Les termes d'une nationalisation, étatique ou symbolique, s'expriment par les mêmes traits en les spécifiant, en leur donnant un contour plus définitif, en précisant des objectifs qui peuvent cependant s'opposer. L'entreprise ou l'industrie dont se saisit le processus de nationalisation symbolique se voit mise en rapport avec des données référentielles précises. Parmi ces traits activés par un processus de nationalisation, réel ou relevant de l'imaginaire, nous énumérerons les suivants : une territorialisation, un récit collectif, un identitaire, un historique, une naturalisation, une appropriation et un objectif, le tout souvent servi par des énoncés sous forme de slogans, de mots d'ordre, de rappels, et d'iconographie[4]. Ainsi est instaurée une légitimation, pour conforter une possession et les droits s'y rattachant. On s'arrêtera donc un peu longuement sur chacune de ces composantes pour mieux décrypter le phénomène, pourtant fréquent, mais sur lequel les analystes des procédés de nationalisation se sont peu arrêtés tout en les utilisant systématiquement, tant ils semblaient relever de l'évidence, évidence qui recèle pourtant bien des calculs impensés rarement mis à jour.

TERRITORIALISATION

Nous commencerons notre analyse en émettant une lapalissade dont on n'a pourtant pas toujours tiré l'ensemble et la logique des conséquences réflexives qu'elle imposait : toute présence de ressources naturelles et énergétiques sur un territoire donné impose justement sa territorialisation. De cette territorialisation, on l'a vu, découle toute une série de discours dont le moins négligeable n'est certes pas le discours identitaire tel qu'on a pu le circonscrire en Alberta et au Québec, qui se posent comme les sociétés canadiennes les plus « distinctes » en ce qui concerne leur rapport à l'énergie et à son exploitation.

Du « blue-eyed sheik » à « L'Hydroquébécois[5] », ces termes nominaux portent en eux deux récits différents mais parallèles de l'Albertain et du Québécois dans leur rapport à leurs ressources énergétiques respectives : sous l'aridité apparente et la toundra marécageuse se cachait le pétrole salvateur et source de pouvoir. La terre de Caïn du Nord québécois était sillonnée de rivières puissantes qui allaient éclairer l'Est de l'Amérique. Dans les deux cas, la présence de ressources énergétiques était saisie comme la marque d'une *géodestinée* compensatrice à une situation socio-économique initialement perçue comme défavorable, à la fois cause et résultat de la perception de ces deux entités provinciales comme objet plutôt que sujet de la part du gouvernement central. Le nouveau rapport au territoire découlant du développement de leurs ressources et les avantages qu'en purent tirer les deux juridictions furent certainement à des degrés divers les facteurs majeurs qui contribuèrent à considérablement modifier, sinon renverser, les termes de ces rapports de sujétion.

Mais si la reformulation des paradigmes identitaires associés aux Québécois et aux Albertains[6] ont beaucoup en commun, dans la perception et dans la représentation de l'étant collectif comme dans la perception du territoire, il faut cependant prendre note des divergences qui marquent la politisation du discours rendant compte de l'énergie dans les deux États. Car, comme le soulignent Houtart et Lemercinier, « L'énergie n'est [...] pas neutre : elle n'est pas seulement matérielle, elle est aussi sociale, parce que douée de sens pour les acteurs sociaux, ce qui apparaît quand les logiques socioculturelles qui sous-tendent la pensée sont confrontées avec des discours concrets[7]. »

Et qui dit social en arrive immédiatement à considérer l'inévitable saisie du phénomène par le discours politique, souvent le média obligé de la nationalisation symbolique. De fait, le politique est presque toujours le premier à rendre compte devant une communauté donnée de la présence de ressources énergétiques, quel que soit l'objectif réel de ces politisations. Ces « comptes-rendus » bien sûr ne sont jamais neutres ni objectifs, et ne sauraient l'être; le rapport à l'énergie sous ses formes plus concrètes, ne serait-ce que sa transformation, sa mise en marché et son utilisation, n'est pas le fait du seul individu et doivent être saisis par des acteurs différents que le discours politique essaie en quelque sorte de reconfigurer selon une direction particulière. C'est ainsi que les entités politiques, par leurs discours d'abord, et subséquemment par des actions plus ou moins concertées, modélisent le rapport d'abord symbolique et ensuite plus ou moins direct à l'énergie, du moins sous sa forme de produit de masse. Car la territorialisation est en premier lieu le fait du politique qui s'impose comme l'instance d'autorité énonçant les délimitations géographiques. Par là, nous entendons que, dans les cas qui nous occupent, l'eau et le pétrole se sont trouvés précisément en Alberta et au Québec, et non pas ailleurs, et que cette première donnée a des conséquences immédiates dans le rapport d'appropriation de ces ressources. Mais cette territorialisation évoquant le récit de cette délimitation en appelle également au juridique et au constitutionnel.

Il est vrai ici qu'entre « The resources of Alberta are owned by Albertans » de Peter Lougheed et le « Hydro-Québec, c'est à nous autres » se déploient toutes les ambivalences de la matérialité même de l'Énergie. Possède-t-on plus étroitement la ressource brute, directe, inhérente au sol même, comme le pétrole conventionnel, ou la ressource dont la valeur ne peut se mesurer qu'au prix d'une transformation complexe et coûteuse, à la fin de laquelle la matière de point d'arrivée a des liens de plus en plus ténus avec le point de départ ? Que l'on compare ainsi les camions géants transportant les matières bitumineuses au contenant d'essence raffinée mêlée d'éthanol vendue dans les stations-service, ou les rapides de la Manicouagan manifestés sous la forme des kilowatts-heures assurant l'éclairage de la Nouvelle-Angleterre. C'est justement dans la faille de plus en plus large créée par cette distance que prend place la nécessité des discours de l'énergie et sur elle, dont, on le conçoit, la revendication de propriété n'est pas le moindre.

Il faut cependant noter que la situation pragmatique de l'État albertain vis-à-vis de sa principale ressource énergétique doit être modalisée par Peter Lougheed lui-même lorsqu'il spécifie : « Most of the oil and natural gas produced here is owned by the people of Alberta. We have developed a good system in which the government leases exploration and development rights to those privately owned companies making the highest bid at periodic land sales[8]. » Ce qui veut dire que, si l'Alberta est légalement et techniquement propriétaire de son pétrole, elle n'en dépend pas moins d'une tierce partie, relevant précisément du secteur privé, pour en assurer l'extraction, le traitement, la transportation et la mise en marché. Et c'est précisément dans cet interstice, qui va s'élargissant au gré des décisions de gestion des multinationales assurant l'ensemble de l'exploitation des ressources, que se placent le terme « énergie » et sa charge sémantique multiple dont la signification globale est si fondamentale pour la destinée de l'Alberta.

L'énergie issue du pétrole, ce qui concerne encore plus le cas singulier des sables bitumineux, ne s'affirme comme telle qu'après de complexes manutentions et interventions, qui échappent, et de beaucoup, au contrôle du propriétaire initial. Pour parodier Baudelaire, si l'Alberta possède la boue, elle n'en aboutit pas moins à voir les trois quarts de l'or, c'est-à-dire les profits, lui échapper à l'avantage des multinationales qui se sont installées sur son territoire. Il convient cependant de préciser que cette « perte » de la ressource est autorisée au terme d'une entente légale entre le propriétaire et le locataire du territoire et fait l'objet direct d'une législation, sur laquelle le citoyen ordinaire n'a que l'influence que lui permet son statut intermittent d'électeur. Que le système de redevances puisse paraître déséquilibré relève d'une rhétorique de dénonciation et de légitimation entre antagonistes, que l'on examinera plus loin. Mais la question de la propriété de la ressource reste centrale à une argumentation plus globale du rapport que la communauté affiche à l'égard de ce qui lui a apporté la richesse, nonobstant l'intervention du capital privé.

La territorialisation et le récit partiel qu'elle sous-tend restent donc des préceptes inhérents qui signalent le désir d'une forme ou d'une autre de nationalisation symbolique. Mais indépendamment de sa confirmation juridique, dont il ne faut pas réduire l'importance, la territorialisation est établie par une série d'énoncés pragmatiques qui circulent dans le discours social, souvent relayé par les médias qui en proposent les formules cryptiques. Pour les besoins de l'analyse, nous en isolerons une parmi d'autres qui a valeur de rappel fondamental sur le statut des ressources énergétiques exploitées en Alberta. Nous l'avons retenue en raison de sa représentativité en termes non seulement de territorialisation, dont il faut se rappeler qu'on ne peut l'isoler du processus, mais parce que la formule inclut à peu près toutes les composantes relatives au phénomène de nationalisation symbolique que nous avons énumérés plus haut : territorialisation, récit identitaire, historicité, naturalisation, appropriation et désignation d'objectif. Elle est tirée d'une chronique régulière du *Calgary Herald* présentée comme une réflexion établie au sujet de la Commission albertaine de revue des redevances des ressources pétrolières, et des réponses que cette commission suscitait de la part du public et de l'industrie. L'auteur en était le chroniqueur d'affaires publiques Les Brost et le titre de l'article « Is our loyalty being abused[9] ? »

On y lisait, en conclusion de l'article une profession véhémente de possession des ressources naturelles par le peuple albertain prenant valeur de terme fétiche du discours de la province sur l'énergie. Cet énoncé peut s'analyser, partiellement du moins, sur le modèle que Marc Angenot a proposé pour la déconstruction de la sloganistique socialiste[10], où chaque terme a son poids connotatif et dénotatif convoquant un ensemble représentatif éloquent sur la façon dont s'appréhende cet objet complexe et problématique que recouvre le terme « richesses naturelles ». L'énoncé programmatique du chroniqueur Brost présentant une décontextualisation plus opératoire pour le propos d'une analyse discursive, nous prendrons à la lettre sa formulation comme la plus manifeste de l'assertion de propriété des ressources pétrolières. « The people of Alberta own its natural resources. It is an article of faith for us. »

« THE PEOPLE » : IDENTITAIRE

Il y a assurément des risques de traduction approximative pour fin d'analyse lexicale, de passer de l'anglais au français, mais les significations restent assez semblables dans leur désignation pour que l'on tente ici l'expérience d'une telle analyse. Le terme « people », d'ailleurs réitéré par Peter Lougheed, renvoie d'abord à une globalité relativement imprécise qui, dans un double mouvement, inclut sans distinguer. Cet appel au destinataire et cette convocation à sa nomination jouent d'abord sur l'effacement des particularités de statut social, légal ou économique, qui permet une ouverture maximale à la désignation identitaire en dépit des histoires individuelles. Plus paradoxalement, dans le contexte de la société albertaine où le discours général manifeste invariablement sa grande méfiance, voire sa répulsion à l'endroit de tout ce qui pourrait rappeler un mot d'ordre à saveur même lointaine de « socialisme », l'utilisation du terme « people », dans son désir de non-distinction signale aussi un égalitarisme de bon aloi, généralisant le statut de propriétaire à tous, sans qu'il y ait de possesseur dominant ou de possesseur ayant des droits moindres. S'il y a gommage des différences individuelles dans le rapport réel à la propriété, il y a aussi logiquement renvoi euphorique à chaque individualité qui, par ressac, est conviée à la jouissance sans entrave de l'objet possédé. Le droit de propriété de chacun est aussi égal que celui de l'autre, ce qui permet le retour initial à l'impression d'une grande communauté d'intérêts des propriétaires, où tous doivent avoir partie liée avec ce qui découle de ce statut où, pour l'instant, seule la version « jouissive » est appelée à l'attention de l'individu participant du « people ». Dans cette lignée des avantages rattachés à l'emploi du terme « people », on se doit de souligner l'occultation de l'intermédiaire qui exerce la législation assurant et assumant la propriété, ce qui a aussi ses conséquences dans l'entendement instinctif activé par le rappel au « people ». Si, dans un premier temps, tous les individus sont inclus sans discrimination apparente dans le statut de propriétaire, cette inclusion évoque tout autant un accès direct à la propriété par l'élision du législateur que serait, par exemple, le gouvernement. Ici, plus encore que le propos égalitaire, est proposée une immédiateté avec la ressource. Ainsi est effectivement annulé cet espace dont nous parlions tout à l'heure, espace qui doit tenir compte de la réalité des différents intervenants assurant la rentabilité réelle de la ressource et sa transformation en capital, ce qui rend compte de la problématisation et de la complexité des discours contemporains liés aux questions énergétiques. En fait de problématisation et de complexité, l'impression d'une gérance sans entrave des ressources, bien entendu complètement utopique, doit être aussi mise au rang des conséquences intéressantes du choix somme toute bien pesé du terme « people ».

« THE PEOPLE OF ALBERTA » : UN RÉCIT

Une telle désignation paraît au premier abord sans équivoque et ne semble pas offrir de possibilité de remise en question. Mais on verra que les besoins de sa clarification soulèvent, toutes proportions gardées, les mêmes résistances et accommodations que le terme « Québécois » a fait surgir (et continue à le faire) au Canada comme à l'intérieur du Québec même.

Dans nos travaux précédents relatifs à la nationalisation d'Hydro-Québec[11], force nous a été de nous interroger sur le plein sens du slogan le plus populaire de l'entreprise, lancé en 1973 : « Nous sommes Hydroquébécois », et de reconsidérer, dans le contexte de l'époque, la signification exacte du terme comme les conséquences idéologiques d'une telle acception. L'heure est venue ici d'appliquer une perspective semblable au syntagme « the people of Alberta », car une saisie critique du discours identitaire rattaché à la possession des ressources naturelles reste fondamentale aux problématiques discursives de l'énergie.

À ce point, il importe de décortiquer plus avant les paradoxes et les contradictions rattachées à l'évolution de ce que l'on désignera comme « the people of Alberta ». Pour mieux faire ressortir ces paradoxes, le modèle québécois garde par ailleurs toute sa pertinence, lorsqu'on considère entre autres le passage historique d'une identité ethnique à une identité civique pour constituer « le peuple québécois ». Plus encore, la déclaration du premier ministre Stephen Harper, en 2007, affirmant que le Québec constituait une « nation », a ravivé les discussions au sujet de ce que recouvrait exactement cette appellation, le gouvernement canadien semblant privilégier une référence ethnique alors que le gouvernement québécois se jugeait floué d'une désignation civique, ce qui aurait bien entendu conféré un tout autre poids au terme « nation ».

C'est ainsi que des questions d'ordre semblable ne peuvent manquer de surgir lorsqu'on considère de plus près l'expression « people of Alberta », plus particulièrement dans le contexte du second boom pétrolier de 2005–08.

Comme il l'a été illustré dans le premier chapitre de cet ouvrage, il a été possible d'isoler un discours identitaire cohérent et hégémonique en regard de l'affluence pétrolière des années soixante-dix, discours qu'il est certes possible de reconduire. Cependant, la formation du « peuple albertain » du début du vingt et unième siècle doit tenir compte de fractures et de modifications, ne serait-ce qu'en raison de l'important afflux d'immigrants, d'autres provinces canadiennes comme d'autres pays, qu'a occasionné justement le second boom de 2005. En ce sens, au moment où sont écrites ces lignes, il faut bien constater que le tissu urbain albertain, comme la masse des travailleurs de l'industrie pétrolière, comporte une part non négligeable de relativement nouveaux venus accourus eux aussi pour tirer avantage de l'essor économique de la province[12]. La fréquente comparaison de la situation albertaine avec la ruée vers l'or du Klondike porte en elle aussi cette admission de la présence, parfois dominante, du « boomer » venu prendre sa part du pactole par opposition au « sticker[13] », résident albertain depuis toujours ayant affronté avec la province les aléas de sa fortune. En fait, toute conception contemporaine du « peuple albertain » doit tenir compte de cette double composition, distinguant des groupes démographiques dont les motivations diffèrent quelque peu[14]. Sans que l'on puisse proprement parler d'intérêts nettement polarisés entre ces entités, l'une que l'on pourrait qualifier de « souche » et l'autre d'arrivée plus récente et déterminée à tirer profit de la situation économique albertaine, il n'empêche que cette double composition a une indéniable influence sur la perception des affaires publiques, dont la relation à l'industrie pétrolière n'est pas la moindre. D'un côté, le groupe le plus ancien, qui a historiquement adhéré à une construction identitaire albertaine, toujours partiellement redevable à l'esprit de la Frontière selon le mythe ainsi articulé par la politologue Doreen Barrie :

> The Alberta Story tells a flattering tale about a population that is proud, self-reliant and individualistic, and a government that caters to these qualities. The great disparity between the discourse and the reality is overlooked because the province's affluence has not required the people to exercise these independent characteristics[15].

Tout en dénonçant le mythe du récit identitaire frontalier, Barrie effleure également l'autre facteur qui pointe vers la face négative de l'affluence. Cette facette est constituée par la prédominance du profit rapide, qui fait davantage perdre de vue non seulement le cadre mythique rationalisant l'aporie identitaire, mais la concordance des intérêts illustrant un sens de la communauté.

L'autre groupe (ce qu'il est tentant d'appeler, à l'instar de Jocelyn Létourneau pour le Québec, la « deuxième Alberta »), est soucieux de tirer un bon parti économique au sein de l'opulence albertaine elle-même modulée par la prescience de son caractère vraisemblablement passager. Par ailleurs, ce groupe démographique ne peut que difficilement nourrir, au sein de l'immédiateté de ses priorités comme le logement, les soins médicaux, l'intégration difficile à une infrastructure insuffisante et le désir, souvent à peine déguisé, de repartir[16], un souci du long terme et un sentiment de participation à des intérêts historiques. Et, ce, plus particulièrement lorsqu'il s'agit, dans le cas qui nous occupe, de revoir des redevances versées par l'industrie à l'État, si cela implique d'indisposer l'employeur le plus important de la province. Ce dernier d'ailleurs ne s'y trompe pas lorsque, devant la menace d'une révision de ces redevances, il brandit le spectre d'une récession dont les Albertains seraient les imminentes victimes.

> Alberta's prosperity is dependent on investment and reinvestment and we are seeing investment capital migrating elsewhere[17].

> Lower production at a time of rising demand within Alberta for the cleaner burning fuel could lead to price spikes [...] further eroding the province's economic advantage[18].

Au terme de ces explications, dont on mesure la nécessité, on peut comprendre pourquoi l'appel, ou plutôt la référence au peuple de l'Alberta faite par le chroniqueur du *Calgary Herald*, doit être scrutée plus attentivement. La réalité des deux sociétés albertaines, l'une historique et l'autre circonstancielle, si elle est rarement explicitée dans les médias, n'en est pas moins tangible, et se mesurerait hypothétiquement à l'aune d'un électorat scindé en deux orientations distinctes, ce qui serait une explication partielle du taux faible de participation électorale traditionnelle de l'Alberta.

D'autre part, il faut aussi préciser que l'auteur de la chronique, Les Brost, se définit lui-même comme « a proud old prairie dog with deep roots in Southern Alberta », donc comme appartenant à ce que nous avons nommé plus haut la société historique albertaine. Du fait de cet éthos particulier, son appel au peuple albertain renvoie certes à une conception historique de la société sous-tendue par les traits mythiques de la Frontière, en ignorant la société circonstancielle, sans toutefois l'exclure. Plutôt, le chroniqueur l'englobe également dans ce récit culturel et lui confère une convergence d'intérêt avec le groupe traditionnel, convergence certes illusoire, mais susceptible de donner lieu à cet élan capable de sensibiliser et de mobiliser le collectif. Plus encore, cette convergence obtenue par la nomination « peuple albertain » joue sur le facteur psychologique de la promotion identitaire obtenue à peu de frais en conférant une dénomination dotée d'un historique qui fait l'économie de sa définition (qui est Albertain ?) au groupe circonstanciel lequel trouve le bénéfice d'une appellation non problématique en ce qu'elle ne suscite pas dans l'immédiat, à l'instar du terme « Québécois », à un travail de nomination et de spécifications inspirant des résistances et des mises en demeure. Néanmoins, on peut à ce stade observer une fois encore comment les questions énergétiques obligent à un passage identitaire qui escamote les réalités inhérentes à une société aussi hétérogène que le « peuple albertain » tout en lui donnant à la fois l'illusion et le bénéfice d'une homogénéité supposant à son tour une harmonie d'intérêts tout comme une uniformité de réactions. À cet égard, la nationalisation symbolique joue sur cette instrumentation du récit identitaire comme facteur d'élision des différences et produit un effet d'unité dans l'assertion d'appropriation qui monte encore d'un cran l'élimination des problématisations.

« THE PEOPLE OF ALBERTA OWN » : APPROPRIATION

> Celui qui possède des sources d'énergie ou des technologies d'utilisation, détient un pouvoir sur celui qui n'en possède

pas, puisqu'il peut dicter les conditions de son accès aux ressources[19].

—François Houtart

That means the return to the people of Alberta, who own the resource and a lot of people in this town have a hard time with the word "ownership." But the ownership is with the people of Alberta[20].

—Peter Lougheed

À la promotion identitaire s'ajoute du même coup l'avancement par la propriété, aussi précaires soient les droits réels d'exercice de la jouissance sans entrave des ressources. Nous touchons ici à un des points essentiels relatifs à la nationalisation symbolique et faisant partie inhérente des discours sur l'énergie : la possession de la ressource et la forme de contrôle subséquent de son exploitation et de sa mise en marché.

On a noté que la territorialisation des ressources énergétiques est un aspect fondamental de leur circulation dans les discours : cette territorialisation ancre en quelque sorte la matérialité de la ressource, favorise une fusion identitaire associée issue de mythes et de récits explicatifs, et fonctionne dans beaucoup de cas comme une figure de compensation exprimant le renversement du topoï religieux du type « les premiers seront les derniers ». Ce fut le cas indéniable des ressources hydroélectriques du Québec, et la fonction essentielle de la territorialisation du pétrole se manifeste de façon similaire pour l'Alberta. Nous avons précédemment indiqué que la présence d'une ressource énergétique (tout particulièrement sous ses formes les plus visibles ou les plus brutes) ne semblant pas impliquer, au premier abord, d'intervention maximale pour en assurer l'utilisation, reste très souvent perçue comme une aubaine d'abord insoupçonnée, un bonus tardif qui vient en quelque sorte racheter les tribulations historiques du groupe identitaire. Ainsi est transformé un mauvais lot initial en fortune inespérée, mais en fin de compte « méritée » puisque les adversités précédentes devaient trouver une légitimité rétrospective, ce qui, une fois de plus, constitue l'essence de ce « syndrome de la terre de Caïn ». Comme nous l'avons illustré auparavant, les précédentes injustices subies aux mains d'un « Autre » dominant perdent de leur gratuité insoutenable et trouvent leur revanche en punissant à son tour l'Autre, le non-possédant de ses ressources. Vues sous cet angle du rétablissement d'une justice historique, des formes privilégiées des discours sur l'énergie peuvent facilement prendre une tournure messianique et s'inscrire véritablement comme cette *géodestinée* qui a choisi ses bénéficiaires d'autant plus méritants qu'ils ont été auparavant « aliénés » (Alberta) ou « humiliés » (Québec). L'Énergie prend alors la figure de la Justice et vient rétablir les balances en mettant l'ancien dominant et dans son tort et dans le manque.

C'est pourquoi la territorialisation de l'Énergie est fondamentale pour empêcher, sur ce plan de l'imaginaire, la dérive spatiale de la Justice en d'autres lieux, hors du contrôle du propriétaire initial, autres lieux où elle risquerait en tant que Destin de redresser à son tour des torts et d'instaurer une nouvelle situation où le Sujet initialement propriétaire se retrouverait à la merci de l'Autre subitement doté de pouvoirs. C'est dans cet esprit messianique que peuvent se comprendre, au-delà des réalités politiques canadiennes, les conflits de longue date entre Québec et Terre-Neuve au sujet les frontières du Labrador, les mêmes conflits entre Terre-Neuve et la Nouvelle-Écosse au sujet des gisements souterrains de pétrole dans l'Atlantique, comme la désignation de la Saskatchewan comme bientôt promue au rang de puissance énergétique en raison de ses vastes gisements d'uranium.

La possession découle logiquement de la territorialisation puisque, après que le territoire ait été nommé, donc *distingué* par rapport à d'autres, il faut maintenant procéder à l'ancrage supplémentaire de la ressource par l'appropriation en limitant non seulement les mouvements du Destin, mais en restreignant son accès à un nombre limité de bénéficiaires, désignés ainsi du fait premier de l'élection de leur territoire. Plus qu'une restriction, la propriété enclot la ressource, referme sur elle les mains du bénéficiaire qui exclut dès lors les autres aspirants à la jouissance de la ressource. Il y a, dans l'assertion de propriété, double confirmation : confirmation de l'identité de la ressource à celle du territoire et avec celle de ses bénéficiaires, et confirmation du droit non modifiable dans son fondement à exclure d'autres bénéficiaires éventuels.

Mais plus encore, en se nommant et en évoquant ses privilèges, « posséder » soulève aussi l'obligation concomitante de veiller à ce que l'exercice de ce privilège soit aussi activé dans les devoirs qui lui sont rattachés. Et c'est sans doute sur ce point que l'assertion d'appropriation prend une dimension plus éminemment pragmatique car, par la force de ce qui n'est après tout qu'un rappel, il renvoie soudainement le propriétaire à la vérification de l'exercice de ses droits, vérification qui implique un contexte antagoniste, car une telle assertion de propriété présuppose que ces droits semblent être remis en question par un quelconque élément extérieur. La propriété, c'est l'énonciation de limites, de frontières, ce qui suppose un état latent de déséquilibre où on sent que ces limites n'ont pas été respectées ou sont sur le point de ne pas l'être. Et on peut avancer que c'est le cas pour la plupart des déclarations de propriétés de ressources énergétiques, où le rappel de la jouissance première suppose une menace à son inaliénabilité.

« THE PEOPLE OF ALBERTA OWN ITS NATURAL RESOURCES » : NATURALISATION

> L'énergie entre donc comme un des éléments du rapport dialectique entre nature et société.
>
> —François Houtart[21]

Voilà la phrase entière, qui présente un programme global chargé d'implications sur le concept même de *natural resources* que nous pouvons ici traduire littéralement sans risque de perte de sens. Il va sans dire que l'expression « ressources naturelles » mérite un examen approfondi non seulement quant à la signification du syntagme, mais aussi quant à la relation qu'elle entretient avec les questions relatives à une conception de la nature, des ressources et de l'appropriation. En fait, l'appellation même de

« ressources naturelles », tout comme l'utilisation de l'expression, demande une considération minutieuse pour la compréhension du rapport culturel, dans un sens large, aux questions relatives à cet autre terme tout aussi ambigu, « Énergie ».

Dans un premier temps, l'expression « ressources naturelles » soulève les questions de sa dimension antithétique, dans la mesure où l'un des termes s'oppose à l'autre. Nous commencerons par scruter l'adjectif « naturelles » modifiant le premier terme « ressources », lequel à son tour vient contredire l'idée même de nature telle qu'elle a été élaborée et conçue au fil de l'histoire.

Le recours au naturel pour qualifier un objet renvoie d'abord à ce qui est intact et intégral, pur de toute intervention humaine, non anthropisé, dans une ontologie idéale qui échappe à toute historicité. Le *naturel* ne se légitime ni ne se justifie : il évoque l'idée d'une genèse spontanée surgie sans raison et offerte comme en suspens, d'abord, à la contemplation, pour ensuite être soumise à la préhension elle aussi insoupçonnable. Quoique la nature, ou plutôt la construction de la nature, résulte de plusieurs stratégies discursives, le « naturel », ou plutôt sa fiction, innocente d'une certaine façon le rapport premier que l'on entretiendra avec lui, d'où contamination paradoxale qui explique la facilité historique avec laquelle on l'a transformé en « ressources ».

C'est que l'expression convie à une ontologie fallacieuse mais rassurante dans sa simplicité et dans son caractère de prime abord indiscutable, qui vient alors renforcer le principe de propriété devenu de la sorte inéluctable. En parlant de l'eau productrice d'électricité au Québec, nous avons établi que l'expression conforte la « qualité d'inaltérabilité de ce qui est intrinsèquement lié au territoire : la richesse [être] ... présentée [...] comme naturelle et donc comme inhérente à ce qui garantit même l'identité du groupe qui pourra affermir sa propriété sur ce sol[22]. » En ce sens, « ressources naturelles » est en redondance avec le terme « posséder ». La facette « naturelle » des ressources inclut de surcroît leur entendement comme faisant partie du sol même, donc possédant un principe d'immuabilité qui non seulement précède son constat et son inclusion dans un système politico-législatif, mais qui confère à la ressource la même valeur fondamentale que le principe d'une propriété inaliénable.

La « ressource naturelle » (et cela vaut pour les richesses hydrauliques, sous leur forme de cours d'eau importants ou de réservoirs, comme pour le pétrole, en gisements enfouis sous la terre) implique aussi le sentiment évidemment illusoire qu'elle est aussi non transportable ou déplaçable pour que sa massivité même garantisse son lien inextricable avec le territoire, caution de la propriété sans entrave. On nous objectera que toute « richesse naturelle » doit être modifiée et transportée pour sa pleine exploitation, comme c'est certainement le cas pour le pétrole et l'hydroélectricité. Radicalement on doit faire disparaître la ressource pour en tirer effectivement profit, sa transformation en valeur et en monnaie impliquant bien sûr une ultime déterritorialisation. D'autre part, le caractère non renouvelable de la plupart des « richesses naturelles » s'inscrit bien sûr comme le drame nécessaire inhérent au statut de la ressource. On ne peut cependant nier qu'elle est aussi, à un niveau plus symbolique, une conséquence baroque de l'imaginaire particulier et non rationnel qui est rattaché à cette conceptualisation de la ressource comme « naturelle », comme abondance première, comme récompense de la territorialisation : une offrande dont l'apparent caractère de gratuité est d'autant plus réjouissant. Dans l'esprit de la Frontière et dans la perspective du syndrome inversé de la terre de Caïn, ce sens de l'aubaine peut être ainsi commenté par l'historien albertain George Colpitts, dans le contexte plus précis des premières vagues d'immigration vers les provinces de l'Ouest au début du vingtième siècle :

> Western abundance was characterized as not simply a lot of resources existing in the North West Territories. The concept was more closely tied to vitalism: a stream of abundance apparently ran deep and quiet in western soil, in forests and rivers, and therefore, resources were superabundant, constantly *giving* more wealth to the newcomer[23]. (nous soulignons)

On n'insistera jamais assez sur cette association notionnelle initiale, qui marque la plupart des stratégies discursives reliées aux représentations des ressources énergétiques, du moins au Canada : le couplage nature/gratuité, d'où découle le fantasme d'une présence inerte et offerte sans manipulation ni effort visible, et surtout sans coût et sans conséquence, c'est-à-dire sans ce que les économistes désignent par l'expression *consentement à payer*. De la sorte, la « ressource naturelle » est symboliquement perçue jusqu'au bout comme intouchée et fidèle à sa nature, c'est le cas de le dire.

C'est en ce sens d'un choix de dénomination construisant l'utopie d'une pureté initiale comme partie intégrante d'un territoire délimité dans la distinction identitaire qu'il faut mesurer l'enthousiasme à proclamer la propriété d'une « ressource naturelle » brute, idéalité ne pouvant faire l'objet d'aucune intervention. C'est en ce sens également que l'emploi du terme « naturel » est aussi rattaché à l'idée d'un patrimoine non seulement inaliénable, mais aussi que l'on doit pouvoir léguer intact à une descendance[24] : si ce discours patrimonial reste en état de latence, il effleure cependant toujours l'imaginaire. Si l'on garde à l'esprit que tout processus identitaire vise à la naturalisation de ce qui n'est qu'une construction culturelle établie au gré des mythes et des représentations historiographiques, on doit certes étendre cette remarque au processus par lequel est présentée au groupe identitaire une perception des ressources qualifiées de « naturelles ». La « ressource naturelle » ne relève donc pas initialement d'une manifestation effective de la « nature », mais gomme le fait que son statut de propriété enviable ne peut être tel qu'en transformant la ressource précisément jusqu'à sa dénaturalisation par la technologie. Et plus encore qu'un gommage, dans une telle expression s'inscrit le désir effectif d'une occultation de ce processus de *dénaturalisation*, processus qui implique justement non seulement sa « perte » comme nature, mais sa perte comme propriété fondamentale à la suite d'une intervention extérieure d'où résulte aussi sa « perte » comme valeur d'échange. Déplacement, mise en valeur, transformation et mise en marché de la ressource, tous processus qui séparent plus ou moins progressivement la « ressource naturelle » de sa territorialisation première, quelle que soit la compensation économique subséquente.

En définitive, cette assertion de possession des « ressources naturelles », outre l'imaginaire qu'elle fait ressurgir au bénéfice du collectif à qui on rappelle ses privilèges, constitue une déclaration dont la puissance solennelle cristallise les traits que prend la nationalisation symbolique du pétrole albertain. Elle est ainsi constituée par un inextricable amalgame entre territoire, récit identitaire, destinée naturalisée et protection contre l'Autre, comme elle est aussi un contre-discours à opposer à une force dominante. Or, c'est parce que la conjoncture paraît contester une telle affirmation que cette déclaration de nationalisation symbolique est posée avec tant d'emphase comme pour circonvenir le réel, à savoir que les discours dominants sont le fait des multinationales exploitant les ressources pétrolières selon un régime de redevances qui ne semblent plus favoriser les Albertains. Et c'est précisément cette fonction d'écran qui ressort de l'impensé dans le dernier syntagme de l'affirmation de Brost.

« AN ARTICLE OF FAITH »

Voici qui vient donner rétrospectivement à l'affirmation triomphante de territorialisation, d'appropriation et de naturalisation une tout autre portée, qui est effectivement non seulement la prise de conscience de sa valeur de « croyance », mais aussi de son opposition aux manifestations du réel.

On a pu comprendre l'assertion si délibérément définitive : « The people of Alberta own its natural resources » comme l'expression de la relation sans équivoque du collectif albertain face à ses ressources énergétiques, dont elle constitue l'argument fondamental. Mais la considérer du même souffle comme un « acte de foi » l'installe dans un espace où elle devient subitement transformée, non plus en certitude, mais en croyance littérale, relevant maintenant du dogme soudainement mis en doute. Elle prend alors valeur de déclaration fétiche de la *doxa* commune albertaine que l'on doit maintenant entendre comme idéologie, aussi galvaudé soit ce terme par les médias provinciaux pour qui, il va sans dire, « l'idéologie, c'est les autres ».

Un lecteur moins passionné que le destinataire de la chronique de Brost pourrait reconnaître effectivement cette expression comme centrale au système doxique qui rend compte du rapport de l'Alberta à ses ressources, donc comme relevant du système de *croyance* propre aux Albertains dans ce domaine. Mais que l'énonciateur lui-même, assumant l'identitaire dicté par le récit mythique albertain, prenne conscience du statut précisément doxique de l'affirmation, puisqu'il s'agit d'y *croire* désigne sans conteste la réalisation indignée d'un écart entre désir et réel. Le titre de la chronique est par ailleurs : « Is our loyalty being abused ? », exprimant effectivement non seulement une non-concordance entre croyance et résultat, mais la prescience d'une duperie collective qu'il convient d'examiner dans la perspective de la nationalisation symbolique comme dans les termes d'un *désenchantement* dont nous croyons qu'il est aussi un ressort final du processus de cette nationalisation idéalisée.

Nous avons établi dans d'autres travaux les corollaires de la nationalisation symbolique des ressources énergétiques[25], dans une situation pragmatique toutefois un peu différente, qui était le cas particulier d'Hydro-Québec, compagnie effectivement nationalisée par décret gouvernemental et dont la nationalisation statutaire était elle aussi assumée comme le pivot de base de toute représentation de l'entreprise.

Mais la situation était quelque peu différente en ce que cette dernière, par le biais de discours promotionnels, était l'énonciatrice directe d'une nationalisation symbolique de facto, dont elle pouvait tirer des bénéfices précis dans des situations singulières de conflits ou de polémiques. Il convient alors de revoir ces premiers corollaires dont la description schématique demandait de plus amples réflexions : le contexte de l'appropriation et de l'exploitation des richesses pétrolières de l'Alberta offre sans contredit l'occasion d'approfondir les retombées de la nationalisation symbolique et de mieux sonder la nature de ses conséquences dans la situation plus complexe présentée par la question d'une revue des redevances pétrolières.

COROLLAIRES ET EMPLOI DE LA NATIONALISATION SYMBOLIQUE

Les conséquences de la nationalisation symbolique s'expriment en termes de bénéfices dont la nature varie selon l'énonciateur qui réfère au processus, encore que le concept même ne soit pas précisément inscrit sous cette forme dans l'esprit de celui qui y a recours. Ces énonciateurs potentiels peuvent être des journalistes, des chroniqueurs tel notre auteur Les Brost, des hommes politiques, dont Peter Lougheed restait le porte-parole exemplaire dans le contexte albertain, des citoyens ordinaires signant les lettres à l'éditeur des quotidiens, intervenant spontanément sur la place publique. L'industrie, elle-même, peut avoir recours au processus, qu'elle soit nationalisée, comme le fut Petro-Canada, ou encore relevant du capital privé, ce qui est le cas de tout le secteur pétrolier albertain au moment où sont écrites ces lignes, du moins en ce qui a trait aux compagnies canadiennes et américaines.

Pour ce qui est de l'ensemble des recours classiques du processus, nous énumérerons les conséquences suivantes, immédiatement détectables dans le cas précis de la formule de Les Brost.

Projection identitaire : Une formulation telle que « The people of Alberta own its natural resources », outre l'efficacité de son assertivité, crée, on l'a vu, une impression de consensus identitaire. Est désignée ici une communauté d'identité qui, si elle ne résiste guère à l'analyse démographique et sociale, n'en inscrit pas moins une plénitude immédiate dans une nominalisation à laquelle il est difficile de vouloir se soustraire, comme énonciataire. Pour le lecteur ou pour les citoyens se sentant éminemment concernés par ce qui touche à l'industrie pétrolière, ce n'est guère ici le moment de poser la question « qu'est-ce qu'un Albertain ? ». En formulant un identitaire qui n'offre apparemment pas de prise au questionnement, on met halte aux errements, aux hésitations dans la nature du rapport à l'albertanité, si nous pouvons dire. Ainsi sont évacuées les conjonctures historiques qui viennent moduler le lien d'appartenance non tant soit au lieu, qu'à l'esprit du lieu.

La communauté d'intérêts : Elle découle logiquement de la projection identitaire qui, on l'a remarqué, est aussi une promotion en ce qu'elle est associée à la propriété des ressources naturelles. Non seulement le résident de circonstance est-il avancé au rang d'Albertain historique, mais du même coup, il se voit accéder à la jouissance somme toute vertigineuse des richesses pétrolières. Ses intérêts ainsi redéfinis, puisqu'il a intérêt, au sens propre du terme, à ces richesses et à leurs revenus, sont posés comme étant de la même nature que ceux de l'ensemble des Albertains. Le rapport collectif aux ressources ne souffre plus d'inégalités ou de variation individuelle. Ainsi idéalisé, il devient beaucoup plus facile à traiter et à orienter et favorise une action collective découlant du consensus dont nous avons parlé. Le rapport d'appropriation ainsi posé devient égal et égalitaire, ce qui est en concordance avec la lettre de toute nationalisation.

Le facteur de réassurance : Toute assertion de nationalisation symbolique, en posant un rapport immanent entre un identitaire unifié et la propriété des ressources, se pose à la fois comme rappel d'une donnée présentée comme fondamentale et à un certain degré ahistorique, et comme un argument imparable qui recouvre les évaluations du réel. Car ce sont bien les complexités du réel, sa non-concordance avec l'idéal, que vise la nationalisation symbolique, en ramenant la problématique actuelle concernant les ressources à un alpha et à un oméga qui les effacent, tout en se justifiant lui-même comme ontologie. C'est que l'affirmation de la propriété par le collectif se légitime d'elle-même ou plutôt se passe de légitimation. Ainsi doit être faite—une fois de plus—l'économie d'un débat ou d'une contestation de l'argument de base, qui a cette particularité remarquable de ne pouvoir souffrir l'énoncé de sa forme négative littérale « The people of Alberta do not own its natural resources. » Quoiqu'à un certain point, on puisse soupçonner qu'il en soit ainsi dans le réel, une telle déclaration, quel que soit l'éthos singulier de son énonciateur, pourrait conférer au débat une charge explosive que toutes les parties préfèrent éviter. Or, une des fonctions de la nationalisation symbolique, dépendamment du contexte d'énonciation, est justement de calmer, de conforter les esprits par le rappel d'une donnée fondamentale. La situation est ainsi ramenée à une simplicité initiale qui rassure sur l'issue de la situation ayant justement nécessité l'assertion de nationalisation symbolique, telle précisément la question des redevances pétrolières considérées insuffisantes par les citoyens. Ainsi, la justice *naturelle* ne peut qu'être faite devant l'évidence de la propriété collective.

Évacuation de la conjoncture : Cette dernière conséquence se rattache immédiatement à la précédente, et là encore, elle peut fonctionner différemment au gré des énonciateurs brandissant la nationalisation symbolique. On a mentionné la dimension ahistorique du concept, dont si les proclamations peuvent être datées de façon solennelle, le processus lui-même flotte généralement dans le vague temporel, voire dans l'immémorial[26]. Nous faisons ici abstraction des négociations constitutionnelles et des législations fermes, dont paradoxalement la clarté (ou le contraire) les rend moins aptes à imbiber l'imaginaire comme le discours social et à circuler avec fluidité dans les mythes collectifs. La nationalisation symbolique n'a que faire du législatif, de ses complexités, et surtout de leur aspect tractatif qui a dû tenir compte de compromis et d'accommodations. La nationalisation symbolique reste l'expression d'une interprétation très libre du réel qui prévaut à l'exploitation des ressources, comme d'ailleurs une réaction à ce réel. Et c'est justement son effet de *sancta simplicitas*, illustré par le côté lapidaire de l'énoncé qui séduit en évitant l'explication et la justification. La nationalisation symbolique se pose ainsi comme un absolu non tributaire de l'arbitraire historique, qui est pourtant le facteur le plus important qui préside, entre autres, à la territorialisation des ressources.

Les quatre effets que nous avons identifiés ci-dessus peuvent être modulés au gré des différents contextes d'utilisation du concept qui, dans un sens, « flotte » dans le discours social touchant les ressources naturelles et reste disponible à de multiples variations de ses usages. Ainsi, avant même que ne se forme le contexte de la revue des redevances du pétrole en Alberta, il y a lieu de croire que lorsque Peter Lougheed ou des chroniqueurs tel Les Brost, jouant sur leur albertanité, rappellent aux foules ou aux lecteurs des quotidiens le caractère inéluctable de la propriété des richesses, ils cherchent d'abord à créer cette communauté d'intérêts et ce consensus qui simultanément confère une représentativité à l'énonciateur qui parle ainsi au nom de tous. Le gommage d'une référence historique à l'appropriation, on l'a vu, rend la chose indiscutable et en principe inattaquable, elle devient la vérité même qui ne peut souffrir de remise en question de la part de la faction opposée, sous peine de soulever l'ire de la collectivité et de disqualifier à jamais l'opposant qui oserait se risquer à délibérément ébranler cet acte de foi.

Il est à noter que, dans le contexte d'une revue des redevances pétrolières, aucun porte-parole de l'industrie n'a contesté l'argument de propriété. Comme en fait foi l'analyse du reportage intitulé « Anti-oil rant » (*National Post*), on évite soigneusement d'y faire allusion, tellement sa déconstruction toucherait au cœur de la croyance fondamentale du collectif au sujet des ressources, et donnerait à tout débat subséquent une imprévisibilité inquiétante et incontrôlable. L'industrie, ayant par ailleurs déjà touché au grand credo collectif de la nationalisation symbolique, risquerait de se retrouver dans une position antagoniste telle qu'elle ne pourrait soutenir le débat. C'est ainsi que, dans la foulée de la revue des redevances, la vice-présidente de Petro-Canada (dont nous rappelons qu'elle est une entreprise ex-nationalisée) se plaignait de la mauvaise image médiatique qui se dessinait de l'industrie au fil de la polémique, illustrant la fragilité déjà établie du secteur privé dans sa représentation auprès du public : « the public believes our industry makes too much money, shares too little and is an environmental laggard[27]. » Il ne faudrait ajouter à cette liste de doléances que la contestation du principe de propriété pour que l'industrie ne soit plus en mesure de tout simplement communiquer avec le collectif albertain. Et comme la communication demeure un impératif de la représentation, l'industrie privée a la conscience bien nette qu'il lui faut éviter le risque immanquablement associé à toute allusion au tabou de la propriété, ce qui se traduirait alors comme un coup de grâce asséné à toute stratégie argumentative de leur part. C'est bien de la prescience de cette perte de légitimité possible et de ses dangers subséquents dont fait état Pierre Alvarez, directeur de l'Association canadienne des producteurs de pétrole, en réponse au reportage sur la dégradation de l'image publique de l'industrie pétrolière :

> There was a time when Canada's oil and gas industry would have allowed such a comment to go unchallenged. However, a commitment to communicating more with Canadians carries with it the responsibility to take on those presenting unfair and unbalanced views of the industry[28].

On voit aisément comment toute négation du principe de propriété aurait un impact dévastateur sur la capacité de l'industrie à tout simplement « communiquer » avec le collectif. Pourtant, c'est cette apparente inaltérabilité de l'assertion de nationalisation symbolique ajoutée à la liste de ses corollaires qui en fait un principe récupérable par l'industrie : devant le caractère incontournable de la nationalisation symbolique, il reste toujours possible au secteur pétrolier privé ou privatisé d'en récupérer le processus et d'en détourner à ses fins les bénéfices, et c'est ce retournement du concept comme doxa commune, passant de la proclamation par la communauté à sa relance par l'industrie, qui forme l'autre volet ambigu du processus.

Dans le cas d'une entreprise déjà étatisée, nous l'avons dit, le processus de nationalisation symbolique va généralement de pair avec la nationalisation juridique, sans qu'il n'y ait nécessairement de coïncidence temporelle. Mais, par l'ajout d'un discours de propagande dont la fonction première est justement de fournir une identité[29], de faire converger l'identité de l'entreprise avec celle de l'État et celle du « bénéficiaire-citoyen », on a le résultat appréciable de créer la fiction (crédible) d'une communauté d'intérêts entre ces différentes entités, comme ce fut le cas pour Hydro-Québec, BC Hydro ou Petro-Canada. Ainsi sont amalgamés, aux fins de la représentation politique ou promotionnelle dans le discours social des orientations, des objectifs et des projections qui sont en réalité de natures bien différentes. L'entreprise qui a sciemment recours à la nationalisation symbolique bénéficie de ce fait, à des degrés divers, de ce que nous avons désigné ailleurs comme le *bénéfice d'absolution*, par lequel les décisions d'une entreprise comme leurs actions sont présentées comme découlant de la volonté du collectif ou subordonnées au bien de la communauté, à qui cette même entreprise a emprunté à long terme ou momentanément son identitaire. Du fait de cette confusion, obtenue à peu de frais par certaines stratégies discursives relativement simples, les succès d'une entreprise peuvent rejaillir sur le collectif, alors que les actions douteuses et les résultats indésirables, nuisibles, voire catastrophiques, peuvent être fortement atténués, en ce qu'ils sont associés à la présence de ce même identitaire qui refuse de se reconnaître dans l'échec ou dans la malfaisance.

LA NATIONALISATION RÉELLE

Examinons maintenant le cas plus concret présenté par l'étatisation juridique des ressources, ce que nous appellerons la nationalisation proprement dite, processus par lequel l'État se pose comme l'actionnaire principal, voire unique, de l'entreprise, comme ce fut le cas de Petro-Canada entre 1978 et 1989. Au moment où sont écrites ces lignes, il n'existe plus de société pétrolière nationalisée canadienne en Alberta. Cela n'est pas un hasard, et s'il s'agit d'un choix politique, il découle d'un climat général et d'une inclinaison collective, où, par le biais de discours sociaux variés et d'une rhétorique appropriée, l'idée même de toute nationalisation d'entreprise exploitant les ressources naturelles en Alberta va être réfutée souvent avec véhémence.

Ce sont les termes ici de cette réfutation qui nous intéressent autant par l'éthos qu'ils suggèrent, que par l'écart significatif entre les assertions de nationalisation symbolique et la représentation qui est posée par les médias calgariens de toute conception de nationalisation réelle des ressources naturelles et énergétiques, fossé qui vient consolider la fonction même de la nationalisation symbolique comme fiction compensatoire. Cependant, comme pour l'étude des manifestations discursives de la nationalisation symbolique, il convient de circonscrire un corpus tant soit peu opératoire et représentatif, à l'intérieur duquel il serait possible d'identifier quelques traits argumentaires propres à la réfutation des préceptes de la nationalisation étatique factuelle et légalisée. Ces traits auraient quelque valeur d'exemplarité pour la compréhension de sa mise en forme discursive, quitte à confirmer cette exemplarité par d'autres manifestations conjointes tirées d'autres corpus circonstanciels.

Pour ce faire, nous privilégierons d'abord la réception médiatique calgarienne faite au rapport du professeur québécois Leo-Paul Lauzon sur l'analyse socio-économique des grandes pétrolières mondiales, rapport rendu public en 2007[30]. Au terme de son analyse empirique des impacts socio-économiques des grandes pétrolières mondiales, le professeur Lauzon préconisait le recours à la nationalisation des ressources pétrolières canadiennes, sans toutefois donner trop de détails sur le processus à suivre pour parvenir à cet objectif. Précisons cependant que le rapport lui-même, en dépit de son apparatus statistique, a été rédigé sur un mode hautement doxologique, comme en fait foi le titre « *Le taxage continuel de la dictature pétrolière* » (nous soulignons). De ce fait, il peut être constitué à son tour comme un discours singulier qui porterait en soi maints traits du genre pamphlétaire[31] tels que le définit Angenot, dans la mesure où ses présupposés ne sont pas toujours clairement énoncés, et que ses assertions dessinent très clairement tout un système axiologique qui ne laisse guère de doutes sur ce que l'auteur du rapport pense *a fortiori* des activités des grandes pétrolières. Mais ce qui nous intéresse davantage, dans l'ordre d'une représentation disons albertaine des préceptes de la nationalisation, ce sont les réponses au rapport en ce qu'elles devraient jeter une lumière significative sur les réflexes idéologiques qu'une telle éventualité suscite au gré de différents éditoriaux parus à Calgary à ce sujet. Et ce d'autant plus que, si le professeur de sciences comptables de l'Université de Québec à Montréal demeurait une figure publique bien connue des Québécois, il restait cependant un commentateur fort obscur dans l'univers pétrolier calgarien, et ne pouvait en rien être considéré comme un expert en matière pétrolière, même au Québec. Ce seul fait, et la dimension proprement pamphlétaire de son rapport qui n'en faisait pas un objet proprement analysable en termes de science véritablement économique, aurait dû lui enlever toute pertinence comme élément de discussion publique dans le milieu des médias calgariens. Ces données rendaient la vive réaction à son rapport plutôt suprenante, donnant ainsi la mesure de l'hypersensibilité générale albertaine à toute allusion à une fort hypothétique nationalisation des ressources pétrolières. Ce qui n'aurait été l'objet que d'un entre-filet interessant dans la presse québécoise, passant peut-être même inaperçu, était transformé en dogme hérétique par les commenteurs calgariens, et traité comme tel. Le rapport de Lauzon, qui n'aurait fait sourciller que peu de monde au Québec, était promu au rang d'évènement discursif à Calgary. Nous retiendrons deux textes symptomatiques à cet effet, « View of oilpatch may be changing » du chroniqueur économique Charles Frank[32] et « Call to nationalize oilpatch garners heavy criticism : Quebec prof admirer of Castro, Chavez », reportage de Shaun Polczer[33]. Alors que Frank répond directement au rapport, Polczer rapporte plutôt les réponses de plusieurs acteurs du milieu calgarien, consultants, chefs d'entreprise et économistes.

Nous considérerons en premier l'éditorial de Frank, d'où nous tirerons quelques extraits significatifs des modes de réfutations utilisés pour invalider la conclusion de Lauzon.

> Not that there is an issue when you get right down to the nitty gritty. It's [la nationalisation] never going to happen. End of story.
>
> In fact, I doubt even our left leaning friends in the federal New Democratic Party would endorse the kind of radical thinking that would see the nationalization of the energy industry, because even they know: (a) rank and file Canadians would never support such an initiative and (b) it would mean the end of the oil and gas industry as we know it—which of course, no government is ever going to let happen [...]
>
> Which is why when Lauzon again tried to fan the flames of controversy by arguing that we need to be like Venezuela and other socialist countries when it comes to dealing with energy, instead of a chorus of atta-boys from other eastern Canadians, his ill conceived, politically motivated remarks were met with uncharacteristic silence [...]

> For starters, the political landscape in Quebec has clearly shifted, as evidenced by the stunning electoral gains made by Mario Dumont's Action Democratique du Quebec in last month's provincial election: gains which repudiated the separatist machinations of the Parti Quebecois (at least for now) and underscored the new federalist sentiments sweeping the province [...]
>
> More important perhaps, has been the growing awareness of Canada's new, enhanced role in the global energy universe that has been spreading across the nation.
>
> In fact, the very public, horrific mismanagement of the bounteous oil and gas resources that grace countries like Venezuela and Nigeria has clearly underscored just how lucky we are to have a political/economic system that allows for the orderly development of export and profit from our oil and gas resources [...]
>
> But, in light of the response, or we should say, lack thereof, to professor Lauzon's call for the nationalization of our oil and gas industry, it's a fair deduction to make—not to mention a moment worth savouring.

Dans son ouvrage *Rhétorique de l'anti-socialisme*, Marc Angenot a identifié et commenté nombre de stratégies argumentatives propres à certains groupes conservateurs qui y avaient recours pour disqualifier l'ensemble et les détails de l'idéologie socialiste en France au dix-neuvième siècle. Le catalogage de cet « arsenal rhétorique »[34], pour reprendre l'expression du théoricien, se pose comme un instrument fort pertinent pour déconstruire l'argumentation qui nous occupe. La réponse de Frank au rapport Lauzon est une réfutation qui, tout en suivant maintes stratégies relevées par Angenot, déploie à son tour tout un ensemble de thèmes propres aux discours circulant autour du pétrole, constituant une constante sans cesse réitérée dans les débats médiatiques albertains. Se dessine alors avec plus de précision l'univers mental des représentations du monde propres à ces groupes en offrant un répertoire toujours prêt à l'application de l'argumentaire pétrolier. Par là s'énumèrent les termes tabous et fétiches, les obsessions, les prophéties, les répulsions, les révérences, les ridicules, les craintes, par la confrontation de diverses axiologies, de topos et de lieux communs qui vont constituer tout cet inventaire dans lequel puiser pour mettre en branle les possibilités polémiques entourant le pétrole.

Réfutations et assurances idéologiques : On le voit, la position de Frank est établie dès le départ par une assertion qui ne saurait souffrir de discussion. De fait, toute possibilité de débat est d'emblée posée comme inutile et malvenue. La référence ici au cœur de la question, le *nitty gritty*, dont on s'attendrait à ce qu'il soit logiquement la question même de la nationalisation, de sa faisabilité ou de ses conséquences, se révèle en fait comme sa stricte impossibilité non débattue. « Not that there is an issue. » La discussion est morte avant d'avoir été même entamée : elle est l'impossibilité même. « End of story. » Si, bien sûr, ce refus radical de débat est suivi d'un argumentaire qui conforte la prise de position initiale « it's never going to happen », il indique aussi par l'expression d'une prophétie autoréalisante la certitude de la part de l'énonciateur des bases idéologiques avec lesquelles l'idée même de nationalisation sera reçue, certitude qui fait, bien entendu, l'économie radicale du débat. Ayant ainsi éliminé et l'objet et le débat, il ne restera plus à Frank, en termes d'argumentation, qu'à en fait continuer à éviter de discuter l'objet central de son propos en en assertant l'infaisabilité. Là encore, nul besoin n'est de déployer un appareil de conviction, puisque tout est déjà gagné d'avance : « Rank and file Canadians would never support such an initiative ». Cette dernière supposition relevant solidement de l'opinable et du sophisme de l'appel à la popularité, ou plutôt de la non-popularité, renseigne aussi très clairement sur le destinataire supposé de l'éditorial qui est déjà gagné aux vues de l'auteur. Point n'est donc besoin de polémiquer plus avant.

La peur de l'inconnu : « [N]o government is ever going to let [*la nationalisation*] happen ». Si on demeure toujours ici dans la prophétie de la non-réalisation, on voit pointer ici une référence éloquente sur la nature des représentations propres à l'univers pétrolier albertain : « it would mean the end of the oil and gas industry as we know it ». Cet argument fait surgir le spectre de l'inconnu, de l'absence de repères qui est, on l'a vu, une obsession fondamentale de la société pétrolière, la condition qui est invariablement présentée comme la source des terreurs les plus irrépressibles. Ici, on est dans le vertige le plus complet, la vulnérabilité la plus absolue : l'univers familier est en dissolution, et tout doit être fait pour éviter que l'on arrive à cette extrémité. Mais remarquablement, on n'évoque pas ce dont serait constitué ce « nouveau connu », aussi menaçant soit-il, que constituerait la nationalisation. On ne saurait envisager la nature de la différence qui est présentée du coup comme trop radicale pour être même conceptualisée; c'est, tout simplement, la fin d'un monde, presque la fin du monde.

Disqualifications par enchaînement et équations : Le procédé de disqualification ici privilégié est celui de la pente fatale induite de l'énoncé d'une série d'équations et d'enchaînements dont le répertoire est toujours immédiatement disponible dans l'arsenal du néo-libéralisme albertain. La première phase consiste à faire surgir la comparaison, ou plutôt à poser l'équation entre la nationalisation du pétrole albertain avec le même processus effectué au Venezuela, lieu mythifié du mal socialiste et preuve absolue et indiscutée de l'échec éthique de toute nationalisation. Il n'y a pas de moyen terme acceptable : par la pente fatale, la nationalisation ne peut que mener au désordre et à la dictature, en passant par ailleurs par la clownerie chavezienne, Hugo Chavez[35] étant invariablement posé dans les médias calgariens comme le bouffon dangereux et ubuesque de la dérive du nationalisme. L'équation resserre toujours les termes : la nationalisation est présentée comme un agir socialiste, avec les dystopies qui y sont associées, sans pour autant que ce « socialisme » soit clairement défini et analysé dans un contexte historique. Il suffit d'évoquer le terme comme l'inévitable condition délétère dont la nationalisation ne peut être que le germe à éradiquer. De fait, telles qu'elles circulent dans les argumentations éditoriales contre la nationalisation, les allusions au socialisme, ou les accusations de socialisme, illustrent parfaitement la valeur de mythe du concept tel que précisé par Roland Barthes : « une parole dépolitisée, [...] qui abolit la complexité des actes humains, leur donne la simplicité des essences[36] […] ». Par ailleurs, dans le texte de Frank, l'association avec le Nigeria vient aussi à point nommé pour parfaire la disqualification par l'échec en faisant surgir le spectre terminal de l'anarchie irrémédiable : il est dès lors infiniment plus rassurant de l'opposer au développement domestique de l'exploitation pétrolière albertaine, en présupposant son caractère ordonné et harmonieux (*orderly*).

Le sophisme du complot : Un autre facteur que d'aucuns pourraient qualifier d'improbable dans une polémique sur la nationalisation du pétrole albertain reste la référence au Québec, que cette fois-ci Frank prend la peine de contextualiser pour rendre compte de l'absence de réactions médiatiques ou publiques au rapport Lauzon : les résultats électoraux de 2007 sont transformés en preuve qui « repudiated the separatist machinations of the Parti Quebecois ». Cette explication soi-disant politisée s'explique encore par l'enchaînement fatal qui non seulement conduit de la social-démocratie au socialisme dictatorial, mais qui aussi illustre le sophisme du complot, dont on a peine à reconstituer la logique linéaire, mais dont l'équation laisse peu de place à l'équivoque. La nationalisation du pétrole suggérerait une conspiration séparatiste québécoise. Ce sophisme ne peut s'expliquer que par l'argument *ad hominem* utilisé à l'égard de Lauzon, dont les sympathies souverainistes sont bien connues tout comme ses prises de position publiques contre une éventuelle privatisation d'Hydro-Québec. La référence au complot québécois, aussi incongrue puisse-t-elle paraître, nous semble trouver sa logique dans l'effet paradoxal d'une censure signifiante. La nationalisation proprement dite d'Hydro-Québec, fait historique bien connu des Canadiens et dont la proximité constitue plutôt une gêne, car elle se pose comme allant à l'encontre de l'exemple par l'échec cher à l'argumentaire albertain contre la nationalisation. Il est intéressant que dans le débat, ce contre-exemple ne soit jamais mis au jour, mais que la possibilité de son surgissement n'en doit pas être pour autant laissée au hasard. Il faut donc que l'esprit nationalisant soit d'avance associé à un autre spectre cher au folklore politique de l'Ouest et invalidé comme l'habitus inhérent aux « fomentateurs » du Parti québécois. Ainsi est consolidée, selon Frank, la réfutation de l'argument de la nationalisation jouant à la fois surtout sur les lieux communs où s'assoient les sophismes de l'argumentation *ad hominem* (lieu du tout et des parties, ce qui pouvant se dire du Parti québécois pouvant se dire aussi de l'un de ses tenants, en ce qui a trait au complot), celui de la pente fatale par le lieu des inséparables où on associe nationalisation et socialisme et que dès lors, on ne saurait porter des jugements contraires entre les deux termes : si le socialisme est néfaste, donc, la nationalisation doit l'être aussi nécessairement.

Validation du statu quo : Le reste de l'article de Frank va continuer la réfutation de la possibilité de la nationalisation sur un mode plus implicite, par une alternance entre concessions, constats et assertions qui ont la particularité de détourner appréciablement de l'objet central de la discussion. Ainsi, après l'allusion de rigueur aux lieux démoniques du Venezuela et du Nigeria, présentés comme repoussoirs extrêmes de l'Alberta, comme pôles de perdition dont il faut se garder dans l'absolu, il invite le collectif à louer le régime albertain : « how lucky we are to have a political/economic system that allows for the orderly development of export and profit from our oil and gas resources ». On reconnaîtra ici au moins deux présupposés centraux à cette assertion : d'une part, que le développement des ressources s'effectue sans aspérités dans le bon droit et la justice et littéralement dans un ordre réfléchi, et que d'autre part, cet ordre est le fait d'un gouvernement qui l'autorise, et qui donc, logiquement, aurait le contrôle de la régulation sur ce mode d'exploitation. Tout état de choses dont il faut en fait se féliciter, ce qui aussi présuppose que ce régime est donc supérieur. Dès lors, tout soupçon de dysfonctionnement du système actuel doit être évacué, puisque cet ordre est présenté comme harmonieux, d'autant plus que, comme il l'ajoute : « profits, incidentally, that swell both the provincial and federal government coffers to the tune of billions of dollars each year ». Ainsi est désignée la légitimation ultime du régime actuel que l'on se garde bien par ailleurs de mettre à l'épreuve de la nationalisation dont le but, en termes de profit, est pourtant similaire. L'implicite lié à ce portrait optimal du cadre d'exploitation des ressources est que toute modification au régime actuel entraînerait non seulement des effets similaires aux apocalypses vénézuéliennes et nigériennes, mais surtout que les profits à l'État seraient considérablement modifiés, bien entendu dans le sens d'une diminution. Il est cependant pertinent de noter que cet éloge du régime d'exploitation des ressources pétrolières de l'Alberta est énoncé dans un contexte de discussion publique où justement, en ce début d'année 2007, les médias faisaient preuve d'un malaise grandissant face à ce qui commençait à être perçu, surtout sous l'égide des interventions publiques de Peter Lougheed, comme une exploitation sauvage et de moins en moins contrôlée, tout particulièrement en ce qui avait trait aux sables bitumineux. L'argumentaire qui est déployé ici repose sur un topos particulier qui fait partie prenante de la plupart des réponses de l'industrie face à l'éventualité d'une revue—à la hausse—des redevances pétrolières. Il s'agirait du lieu commun particulier énonçant qu'il ne faut pas réparer ce qui n'est pas brisé, ou plutôt ce qui fonctionne bien, la forme anglaise se présentant invariablement comme suit dans l'argumentaire de l'industrie : « if it's not broken, don't fix it ». S'inspirant bien sûr d'une politique de « bons sens » mécaniste[37], il s'agirait, du point de vue de la logique, du constat d'une contradiction dans les termes entre bon fonctionnement initial et réparation aléatoire. Cette expression non seulement valide le statu quo, mais elle le pose comme éminemment préférable à toute modification éventuelle et présente en fait l'avenir comme risque. Évidemment se pose dès l'abord la question au présupposé présenté comme assertion non discutable : le système ne peut que fonctionner parfaitement bien, et nul n'est besoin d'en faire la démonstration. C'est pourquoi toute modification extérieure, telle la nationalisation, ne pourra que conduire aux abus condamnables que l'on observe avec les dictatures pétrolières, dont il est bien connu qu'elles *doivent nécessairement être le fait des gouvernements* et non de l'industrie.

Déplacement de la question : Les propos de Frank se posent alors non seulement comme une dénégation de cette montée des doutes collectifs, mais ils se présentent comme la façon dominante d'interpréter le système d'exploitation des ressources qui doit être ainsi perçue comme idéale d'autant plus que les profits que l'industrie procure sont essentiels à l'économie albertaine. Idéalité et indispensabilité restent les modes fondamentaux d'une cognition de l'industrie, et cela déterminera l'abord de problématiques subséquentes : « Just how far this relatively newfound "understanding" of Alberta's energy industry might extend will become clearer as we move closer to more meaningful climate change legislation: and the rules, regulations and penalties that could heavily impact Alberta's resource industries ». La question des changements climatiques, et particulièrement des émissions de gaz carbonique rattachées à l'exploitation des sables bitumineux, et surtout des législations s'employant à les mesurer et à la limiter, restent un achoppement majeur dans l'assertion de perfection figée du régime d'exploitation, car elles restent difficilement réfutables. De la place de fiction insensée qu'occupaient auparavant les questions relatives au réchauffement global dans le discours pétrolier, on est passé à une acceptabilité scientifique générale dans le discours social qui leur confère figure de dogme devant lequel toute réfutation prendrait figure de disqualification du locuteur même.

Or, ce qui paraît incontournable doit être concédé dans l'argumentation, dont Marc Angenot précise qu'elle est « une tactique élémentaire de la rhétorique éristique : il faut concéder d'abord pour mieux attaquer parce que la concession est un moyen de défense renforcée et vous protège contre les répliques adverses »[38], mais cela, à condition que les opposants s'entendent sur un objet commun de la concession, ou que, plus simplement, on parle de la même chose, ce qui n'est plus le cas à ce point-ci de l'éditorial de Frank. Parce que la question de la nationalisation telle que soulevée par Lauzon ne se pose pas sur le terrain des questions environnementales, puisque la nationalisation ne saurait constituer, sinon de façon très partielle et secondaire, une réponse satisfaisante aux problèmes de dommages à l'environnement que constitue l'exploitation des sables bitumineux. Mais c'est sur ce terrain-là que Frank choisit de placer maintenant le débat, lequel vient de perdre tout à coup sa pertinence première. Nous sommes en fait devant une technique classique de déplacement, où « on intègre dans la discussion un certain nombre de données nouvelles dont on marquera préalablement la pertinence[39] ».

> We are after all, home to some of the nation's heaviest greenhouse gas producers. So far, public sentiment appears to support meaningful, but non punitive environmental legislation. That term may be an oxymoron and odds are we

are headed for some form of carbon tax [...] especially if the federal Tories manage to wrangle a majority government in the next election.

Toss in the energy industry's inherent understanding that we are moving into a "green" period and it's possible to believe we may even be headed for a collaborative—rather than confrontational—time where Canada's oil and gas industry and the government who regulates it are concerned.

Déplacer la question de la nationalisation—pour ne pas avoir à en discuter les fondements et la faisabilité—sur les questions environnementales, c'est d'abord jouir du point de vue de la représentation que l'énonciateur veut donner de lui-même, des bénéfices secondaires de l'acceptation de l'acceptabilité, si l'on peut dire. Par là, nous entendons que Frank montre qu'il peut revendiquer pour lui une image d'ouverture en reconnaissant la validité d'une conversion et de l'industrie, du gouvernement et des citoyens, aux valeurs « vertes », tout comme la convergence de ces divers acteurs vers une préoccupation commune. Que cette convergence se limite surtout au niveau du discours restera une question intéressante à débattre, mais il n'empêche que sa prophétie de collaboration a pour résultat d'exclure la pertinence de tout projet de nationalisation qui ne saurait composer, d'après l'auteur, de façon satisfaisante avec la question essentielle de l'environnement qui, elle, est censée être marquée par l'harmonie. La nationalisation est donc réfutée non seulement par déplacement sur un domaine qu'elle n'a pas pour objet essentiel de traiter, mais elle est signalée par contraste comme le lieu essentiel du combat, de la confrontation, désignée bien sûr comme indésirable, étant donnée l'axiologie particulière projetée sur l'idée de stabilité chère à tous les discours sur le pétrole albertain. On pourra aussi qualifier la fin de l'éditorial de Frank comme un procédé d'obfuscation où est délibérément perdu l'objet du discours, sans toutefois que ce procédé soit le seul modèle de représentation du débat.

Récapitulons que nous avons vu à l'œuvre des sophismes comme l'argumentation *ad hominem* (elle-même tirée du lieu commun des dérivés, comme celui de la pente fatale, qu'Angenot juge partie prenante de toute argumentation de la droite conservatrice), l'argumentation par l'échec, les prophéties assertives et le syndrome du « if it's not broken, don't fix it » que nous appellerons faute de mieux l'assertion de non-perfectibilité du système qui, elle aussi, rend nulle et non avenue toute idée de contestation de l'état des choses, état des choses présenté ici comme littéralement naturalisé. Mais puisque nous parlions au début de *l'arsenal rhétorique* propre à la réfutation, il serait pertinent de compléter cette première étude par l'examen subséquent d'autres traits argumentatifs rattachés au débat sur la nationalisation, cette fois présentés non pas à l'intérieur d'un corpus unifiant tel qu'un éditorial, mais dans le cadre d'un reportage sur les réactions entraînées par le rapport Lauzon, reportage paru toujours dans le *Calgary Herald*, dans la même semaine.

DÉMONISATIONS : L'INTELLECTUEL SOCIALISTE

Cet article, « Call to nationalize oilpatch garners heavy criticism[40] », est un reportage où l'auteur rapporte les commentaires d'économistes et de représentants de l'industrie pétrolière. Si l'auteur n'argumente pas lui-même à proprement dit, en se contentant de citer les différents intervenants, il n'empêche que le titre est doublé d'un sous-titre qui oriente d'emblée la mise en forme idéologique du reportage. Ainsi voit-on immédiatement ces lignes qui s'inscrivent comme le code de lecture à suivre pour le reste de l'article : « Quebec prof admirer of Castro, Chavez ». On relève une fois de plus l'argument *ad hominem*[41] où l'adversaire est d'avance disqualifié en raison de ses affinités personnelles ou tout simplement, et significativement dans ce cas, en raison de son identité, dans cette association entre Lauzon et le président cubain par le recours au lieu commun des dérivés. Car on a reconnu ici cette manifestation de l'obsession albertaine sous la triade idéologiquement chargée du Québec, inévitablement socialiste, du Chavez croque-mitaine favori de l'industrie, et du Castro qui constitue l'étape suprême du régime dictatorial. Allongeons donc encore ici la liste de procédés de démonisations servant à la disqualification de Lauzon.

Une autre forme appréciable de disqualification par anti-intellectualisme s'inscrit aussi dans le trait suivant qui, si on l'examine bien, constitue également un renforcement implicite non négligeable : « Local oil and gas observers are giving short shrift to a Quebec intellectual's calls to nationalize the energy industry. » Le choix ici de désigner Lauzon non pas par sa profession, qui est celle de professeur de sciences comptables, mais par sa qualification d'« intellectuel », est aussi éloquente dans le procès de disqualification par l'argument *ad hominem* où perce la tradition de dévalorisation du savoir rationnel ou technique propre aux idéologies populistes. Dans un entendement fort éloigné de la définition qu'en donnait entre autres Pierre Bourdieu[42], l'intellectuel est représenté comme étant séparé du réel, donc comme étant sans pertinence par rapport au champ où il exercerait son savoir, et suspect par ailleurs d'une intentionnalité déviante. Cet « intellectuel » est ainsi opposé à Frank Atkins, interviewé et cité dans l'article, dont il est pourtant bien spécifié qu'il est professeur spécialiste des économies du pétrole et du gaz naturel. Sans doute, la logique argumentative invite-t-elle le lecteur à en conclure qu'Atkins n'est heureusement [!] pas un intellectuel. Cette hypothèse, dont il faut bien reconnaître qu'elle est assez kafkaesque dans le contexte universitaire de l'économie comme science, développe le processus de réfutation en posant l'économiste Atkins comme argument d'autorité face à « l'intellectuel » Lauzon dont la crédibilité a par ailleurs été d'emblée mise en doute par ses admirations « pro-socialistes », voire « pro-communistes ». Nous ne franchirons pas ici la ligne qui nous inviterait à méditer sur l'ajout dans la balance du lien identitaire avec le Québec, objet alternativement de fascination et d'irritation ambiguë s'il en est pour l'Alberta.

Bousculement de la raison : Quoi qu'il en soit, la première intervention d'Atkins ressort (presque classiquement, devrait-on dire) de l'argumentaire établi par Angenot au sein de sa *Rhétorique de l'anti-socialisme*, où on retrouve la disqualification « inusable » de déraisons, de privation de sens, de non-concordance avec le réel. « This is an idea that doesn't make any sense. » Dès lors, il ne conviendrait même pas de discuter du concept puisqu'il n'accorde aucune pertinence à l'idée même de nationalisation, mais l'économiste continue sa réfutation avec ce qui apparaît d'abord comme la continuation des méthodes de disqualification que l'on a vues jusqu'ici : « Nationalizing the oil industry would have serious negative consequences for developing the oilsands, which rely on foreign investment to generate an estimated 100 billion dollars worth of new projects. Why would anyone develop it if it was a nationalized industry ? » Ce dernier argument, il ne convient pas de l'associer a priori à l'invalidité d'une proposition relevant purement du probable ou de l'opinable, même s'il est desservi par l'accusation initiale d'irrationalité. C'est qu'en économiste, Atkins touche néanmoins ici au principal obstacle réel, démontrable et difficilement récusable de la nationalisation qui est l'inévitable question des enjeux financiers nécessaires à une efficace prise de contrôle étatique. Il faut ainsi garder à l'esprit cette remarque fondamentale de François Houtart : « L'accès à l'énergie nécessite des investissements fabuleux. Vous avez besoin de manipuler des sommes considérables. Les États n'ont plus la capacité de manipuler d'aussi grandes sommes. D'une manière ou d'une autre, elles ont délégué au monde financier cette responsabilité[43]. »

Nous voyons ici qu'Atkins s'approche du point fondamental du débat, et il faut aussi admettre que dans son rapport, Lauzon n'est guère prolixe sur les façons de parvenir à l'étatisation massive des ressources pétrolières albertaines, ne mentionnant pas le détail qui constitue sa principale pierre d'achoppement. Comment trouver le financement nécessaire non seulement à l'acquisition suffisante des parts servant à contrôler les entreprises, et plus important encore, au continuel développement des ressources et à leur exploitation, de même qu'à la recherche de fine pointe exigée par ce même développement ? Voilà ce qui devrait constituer le cœur réel de la polémique sur la nationalisation, en tant que processus rationnel. Mais il n'est pas indifférent que l'économiste calgarien ne semble pas vouloir s'attarder outre-mesure à la validation de sa propre assertion, qui est pourtant, de tous les arguments que l'on a vus jusqu'ici, celui qui est le plus éminemment démontrable. Plutôt, il reprend le lieu des dérivés qui le conduisent aux autres épouvantails, eux aussi également « inusables », de la panoplie de disqualification de toute intervention de l'État dans l'exploitation de ses ressources : « That's an awful thing to do. They believe the ideas of socialism without understanding the economics. These ideas are the main reasons why the Soviet Union doesn't exist anymore. »

Une fois de plus, nous voyons se remettre à l'œuvre la réfutation par la déraison, réfutation privée de sa rationalisation de fond qui rendrait pourtant l'argument convaincant et vérifiable.

Si la validité par le réel économique est démontrable et justifiable, elle devrait aussi être suffisante, si on se place du point de vue de l'économie comme science. Mais on ne peut se défaire de l'impression que pour l'économiste, ce point de vue économique ne peut être longtemps tenable. On a recours donc une fois de plus au procédé du dérivé qui fait l'équation entre nationalisation et socialisme, saut qui conduit inévitablement au totalitarisme communiste. Sans doute faut-il voir dans ce recours une marque d'intégration d'Atkins au cadre discursif ambiant, intégration d'une prégnance qui marque son propre discours jusqu'à lui enlever sa scientificité.

Ainsi l'État canadien ou l'État albertain auraient-ils la capacité financière de procéder à une offre publique d'achat, qui constitue la première phase d'une étatisation ? Au lieu de répondre à cette question essentielle, on observe plutôt que le

> discours argumentatif se construit sur des points d'accords, des prémisses entérinées par l'auditoire. C'est en s'appuyant sur une topique (un ensemble de lieux communs) que l'orateur tente de faire adhérer ses interlocuteurs aux thèses qu'il présente à leur assentiment. En d'autres termes, c'est toujours dans un espace d'opinions et de croyances collectives qu'il tente de résoudre un différend et de consolider un point de vue[44].

Ainsi, l'argument ne peut trouver son efficace qu'à l'intérieur de cet espace d'opinions jouant sur une phobie généralisée de tout ce qui peut se cataloguer, ne serait-ce que très indirectement, sous l'égide du socialisme honni présenté comme ultime dérive, dont on a vu qu'il ne peut s'argumenter dans une conception albertaine que sur le thème de l'échec. La force de cet argument est telle qu'elle peut même faire l'économie, dans ce débat central de la nationalisation, de facteur relevant pourtant du vérifiable, ce qui est bien perdre de vue la nature réelle du concept. Ce n'est pas que la nationalisation puisse être infaisable (encore qu'il soit à remarquer que les conditions de son infaisabilité financière pourraient être elles-mêmes modifiées), c'est qu'elle soit inconcevable sur le terrain dominant de l'idéologie et renvoyée au domaine de l'impensable.

Prophétie autoréalisante : On appréciera encore mieux l'empire de ce précepte d'inconcevabilité de la nationalisation lorsqu'on parcourt le reste de l'article de Polczer, qui se continue par la citation d'autres interviewés, cette fois plus directement rattachés à l'industrie. Une fois de plus, on voit à l'œuvre l'argument de la discordance par rapport au « réel économique » qui contribue à escamoter sa démonstrabilité. Mais cette discordance est qualifiée par une axiologie sans ambiguïté : « But he [Vincent Lauerman, CEO de Geopolitics Central] describes any thought of nationalizing as "ridiculous" in light of prevailing political and economical realities ». La nationalisation continue d'être perçue comme un concept trop hétéronome pour être même discuté : sa relégation à l'en-dehors de la règle, de ce qui prévaut, sa projection comme aliénation absolue épargne donc d'aller plus avant dans le débat. Il reste une utopie dysphorique qui, pour paraphraser Angenot, « tourne le dos au réel[45] ».

Mais plus signifiante encore reste la délégitimation par l'effet lorsque Lauerman ajoute « It [la nationalisation] would instantly make Canada a pariah with our most important trading partner, the United States. Not just in energy, but right across the board [...] this isn't Venezuela, Saudi Arabia or even Russia ». Passons sur le constant sophisme de la pente fatale de l'équation entre le Canada et certains régimes considérés comme, disons, difficiles, équation qui illustre par ailleurs le caractère « contaminant » de la nationalisation perçue décidément comme une métonymie de l'inévitable dictature. Contamination telle que tous les domaines d'échanges commerciaux entre les deux pays seraient touchés par cette mise à l'écart, encore qu'il n'est pas établi que les États-Unis aient cessé leurs relations d'importation avec l'Arabie saoudite ... ni avec la Chine, ni d'ailleurs le Canada.

Pourtant, le terme « pariah » fonctionne à son tour sur deux axes non négligeables pour la compréhension des discours pétroliers albertains et canadiens. D'abord, il implique une dimension de prophétie autoréalisante qui, en fait, décide d'avance de l'échec du processus, projection qui remplit un rôle supplémentaire et appréciable dans la disqualification de la nationalisation en déterminant d'avance la nécessaire lecture des résultats. La réception négative est tout simplement garantie dans la saisie préalable du concept qui assigne sa place à la nationalisation : on l'a vu, elle ne peut être que la métonymie d'autre chose. L'autre axe du terme « pariah » est celui de son présupposé assertant qu'il existe une entité à la puissance supérieure ayant le droit de déterminer notre place, c'est-à-dire de nous mettre à l'écart. Le paria ne fait plus partie de ce qui compte, n'a plus de pouvoir décisionnel. Mais il est logiquement mis à l'écart par quelqu'un d'autre, par celui qui peut le faire, ou dont on accepte qu'il nous assigne ainsi une position défavorable. Nous sommes tentés—et nous cédons à cette tentation—de traiter cette auto-qualification comme un trait central dans la perception de soi albertaine et canadienne à l'œuvre dans le domaine pétrolier. Si nous avons ailleurs commenté la question de la quête de reconnaissance de Soi inextricablement liée à la possession des ressources énergétiques, on peut voir ici à l'œuvre une des variations de la notion de reconnaissance par l'Autre en ce qu'elle s'exprime dans une saisie de vulnérabilité telle qu'elle fonctionne comme négation de Soi. Non seulement la collectivité albertaine se percevra selon un critère venant d'une extériorité supérieure, mais elle accepte d'avance que cette perception ne pourra qu'être celle du rejet et des conséquences—supposées comme nécessairement désastreuses—d'une telle abolition de Soi par l'Autre. Cette abolition ne peut être à la fois qu'inévitable et déterminante : disqualification supplémentaire de la nationalisation en ce que ses effets sont posés comme objectifiants et relativisants plutôt qu'ils n'instaureraient l'Alberta ou le Canada comme sujets déterminant leur propre destin énergétique et économique.

La pente de plus en plus fatale : Le recours à la pente fatale est un sophisme qui permet de représenter linéairement des extrémités calamiteuses. Il est aussi fort utile pour en arriver à des ramifications qui, sans qu'elles soient à proprement parler inattendues, donnent une idée de son potentiel pour susciter le pathos dans un secteur qu'on ne concevrait pas, de prime abord, comme étroitement lié à une éventuelle nationalisation du pétrole albertain. « In addition, such a move would likely break up Canada, he added. "Our politicians have to make it clear to the rest of Canada the contributions resource development make not just to Alberta, but the entire country [46]." »

Force nous est dans ce cas de passer sur la syntaxe fautive de cette phrase et de l'analyser selon ce qu'elle aurait vraisemblablement voulu dire. On pourra déduire qu'il faut rendre les Albertains et les Canadiens conscients de la valeur des revenus tirés de l'exploitation du pétrole par le secteur privé, et que de ces revenus dépend l'unité de la nation canadienne. Ici, même la reconstitution des étapes de cette ultime dérive vers le cauchemar traumatique du Canada ne parvient pas à bien illustrer le rôle de l'exploitation privatisée pour maintenir l'union du pays, à moins qu'il ne faille admettre que les sommes versées par l'Alberta à Ottawa, qui à son tour les redistribue aux provinces, constituent le facteur fondamental de l'unité canadienne. Une telle admission gêne par le peu de prix qu'elle accorde au nationalisme canadien, alors que ce même nationalisme est paradoxalement utilisé pour produire un effet pathétique mobilisateur décisif dans l'argumentation. En posant l'existence même du Canada comme enjeu définitif dans un débat sur la nationalisation, il devient intimidant, au nom d'un patriotisme dont les termes sont singulièrement pervertis (la nationalisation serait en fin de compte non patriotique), d'appuyer un concept aussi néfaste.

L'INSISTANT FANTÔME QUÉBÉCOIS OU LA RÉTORSION

Cette vision traumatique d'une Alberta ou d'un Canada rejetés de l'extérieur, écroulés de l'intérieur par toute velléité de nationalisation associée à ses ressources pétrolières pourrait clore le débat et réduire au silence l'adepte de la nationalisation en faisant vibrer les cordes de son nationalisme pourtant ici réduit uniquement à une question de revenus. Mais Polczer choisit de terminer son reportage par les commentaires de Greg Stringham, vice-président de l'Association canadienne des producteurs de pétrole, lequel, citant une étude de l'Institut canadien de recherches sur l'énergie, concrétise (par une anticipation qui ne tient nullement compte des « aléas de la conjoncture », comme la suite des événements allait le montrer) les revenus en chiffres que l'on escompte tirer de l'exploitation du pétrole albertain : « [...] the federal government would gain additional revenues of $789 billion from oilsand developments by 2020, along with another $102 billion to Ontario and $45 billion to other provinces and territories—including Quebec ». Outre les précisions mathématiques qui ont toujours valeur d'assommoir, car il ne faut pas nier à la rhétorique de l'incommensurable son efficacité dans tout processus de disqualification économique, une telle énumération présuppose que la nationalisation va s'effectuer à vide et qu'elle ne rapportera aucun revenu[47]. Mais plus intéressante encore est la précision dernière de l'énumération qui est une allusion à la source problématique du discours de la nationalisation, le Québec. On a vu également que la référence au Québec était précisée dès l'ouverture du reportage dans un effet de naturalisation des liens entre l'énonciateur et son énoncé. On pourrait être tenté de qualifier cette dernière allusion « empoisonnée » comme une manifestation partielle de cet autre procédé de réfutation qu'est la rétorsion : cette dernière serait « la position ou le polémiste se place, pour conduire son attaque sur le terrain même de l'adversaire[48] ». Si j'indique que la rétorsion est partielle, c'est que Stringham n'utilise pas ses propres arguments exactement contre Lauzon. À cet effet, il faudrait citer le professeur québécois, et le concert d'oppositions à son rapport ne mentionne aucune de ses données ou de son argumentaire, ce qui fait par ailleurs soupçonner que ses opposants ne l'auraient pas lu… Plutôt, revenant à une forme allusive d'argument *ad hominem*, il rappelle que le Québec (et, conséquemment, ses Québécois) bénéficient directement, sous la forme des paiements de péréquations, des retombées financières de l'exploitation privée du pétrole albertain. Cet argument vise à placer en porte à faux le professeur québécois sur les privilèges supposés de la nationalisation, puisqu'il est présenté comme parlant d'un lieu qui bénéficie de la redistribution des revenus tirés de l'industrie pétrolière. Ainsi se clôt le débat par la disqualification finale de l'adversaire reconfiguré maintenant comme manquant d'éthique selon le lieu commun de l'ingratitude où « on ne mord pas la main qui nous nourrit ». Ce topos reste par ailleurs central à nombre de discussions subséquentes au sujet, en particulier, de la Commission de revue des redevances. Si Polzcer choisit de terminer son reportage sur cette note, c'est que la disqualification par l'ingratitude a son poids et, comme on le verra dans la suite, est la marque, entre autres, d'un éthos fortement marqué dans l'univers pétrolier.

HABITUS DISCURSIF

Cette analyse très partielle du débat lui-même fragmenté sur la nationalisation du pétrole albertain ne saurait certes rendre compte de toute la problématique du concept, de l'historique de son application et de l'ensemble des controverses à ce sujet. Cependant, les deux textes analysés paraissent caractéristiques de la polémique autour de la question, en ce que la « nationalisation » en elle-même n'est à vrai dire pas discutée, alors que le gouvernement albertain, sous la férule de Peter Lougheed, a bel et bien été actionnaire principal de l'Alberta Energy Company, fondée en 1975, reprivatisée sous le gouvernement Klein, et est à l'origine de la création de la compagnie Encana, ironie qui n'a pas été perdue par le Parkland Institute, lors du débat sur la revue des redevances[49]. Nous venons de parler de polémique : nous devrions préciser de l'absence de polémique, ce dont on a vu qu'en particulier l'éditorialiste Charles Frank se félicite comme d'un argumentaire supplémentaire. C'est que la nationalisation, et le terme et le signifié, est saisie dans le contexte pétrolier actuel de l'Alberta comme un autre tabou discursif qui est sûr de susciter, du moins dans les médias, un ensemble de réactions allant de la peinture de l'apocalypse jusqu'au refus de discussion en passant généralement par la dérision *ad absurdum* et l'accusation de complot machiavélique. Pour donner la mesure de la nationalisation comme tabou, nous ne citerons que quelques passages d'un autre éditorial du *Calgary Herald* où le député Mark Holland, critique fédéral libéral de l'énergie, doit littéralement se disculper d'avoir selon ses termes, « did express some concerns, shared by notable Albertans such as former premier Peter Lougheed, about the impact of out-of-control oilsands expansion » réserves qui ont été interprétées par le gouvernement Stelmach comme ayant « suggested that a federal government would nationalize oilsands ». Le titre de l'article est encore plus éloquent : « No Liberal plot to nationalize the oilsands ». C'est bien ici un indice supplémentaire de la nationalisation érigée en hérésie, dont il faut pourtant rappeler qu'elle fut un arrière-plan idéologique non négligeable des politiques énergétiques du gouvernement Lougheed. Cette mise sous le sceau de l'inacceptable semble ne pouvoir être saisi dans le contexte albertain de ce début du vingt et unième siècle que sous l'inflexion d'un certain habitus discursif. Ce dernier, suivant le lieu commun de la pente, se comprend à partir de l'enchaînement par contiguïté de termes tels que nationalisation, socialisme, anti-démocratie, tiers-monde, dictature, et que cet habitus est certes hégémonique chez les tenants du libre-marché néolibéral. Il est cependant à remarquer que, pour les tenants d'une plus grande ingérence de l'État dans le marché, ce même habitus discursif par lequel est saisi le terme de « nationalisation » pourrait plutôt évoquer l'enchaînement suivant, qui ne laisse pas davantage lieu à un autre type d'argumentation disons plus structurée : nationalisation, nationalisme, social-démocratie, décolonisation, libération, affirmation. Ainsi, l'hégémonie de ce dernier éthos constitue à maints égards un des facteurs de résistance les plus efficaces aux velléités récurrentes de privatisation d'Hydro-Québec qui surgissent de temps en temps dans le discours social québécois. Mais nul ne saurait nier l'efficacité de ce réflexe discursif qui continue d'assurer le capital symbolique d'Hydro-Québec.

C'est ainsi que ces deux textes, représentatifs d'un discours important en Alberta au sujet de l'ingérence de l'état dans l'exploitation des ressources pétrolières, paraissent illustrer le fonctionnement discursif de la réception de l'idée de la nationalisation à partir de l'argumentaire typique de la rhétorique anti-socialiste qui, précise Angenot, présentait l'alternative suivante :

> « L'idée doit être combattue par l'idée… » C'est ici un principe honorable de débat face à face, le débat qui justement accepte de se situer sur le plan des idées et d'y rester … mais, on le sait, il y a d'autres moyens plus expédients de détruire l'adversaire que le dialogue de pair à pair. En réalité, deux stratégies polémiques ont alterné ou coexisté dans l'anti-socialisme : ou bien argumenter contre les théories et les programmes et les démolir, s'il se pouvait, ou bien démontrer qu'il n'y avait pas matière à discussion, qu'il importait seulement de disqualifier l'adversaire. Je regroupe, dans la catégorie disqualification, tous les moyens qui permettent de faire *l'économie d'un débat.* On peut discuter contre cela, on peut le satiriser, s'efforcer de détruire avec des mots ce système insensé, mais il est vain de discuter avec un tel adversaire. Il est impossible de trouver un terrain pour amorcer la discussion puisque ce terrain pourrait être celui de l'argumentation rationnelle et que l'adversaire se trouve ailleurs[50]. (nous soulignons)

Nous avons vu à l'œuvre le déploiement de ces deux stratégies, dont on constate que l'une était plus également déployée, si l'on peut dire, que l'autre : s'il y a eu argumentation par l'échec et par association à un *exemplum,* cet échec est toujours entraîné par la force irrépressible de la pente fatale, contiguïté qui caractérise l'habitus discursif. En fait, l'argumentation par l'échec reste une forme de non-argumentation, puisque l'exemple est déterminé par l'habitus du discours. D'autre part, l'argumentation par la prophétie chère à l'antinationalisation reste elle aussi limitée par les présupposés associés à ce type d'habitus. Si nationaliser, c'est rendre l'Alberta et le Canada semblables au Venezuela et à la Russie, alors conséquemment, le Canada sera vu et traité comme le sont la Russie et le Venezuela, ce qui veut dire que nous serions écartés des enjeux du marché global. Sans doute faut-il nommer cette conséquence l'inévitable cubanisation du Canada, prophétie qu'il serait intéressant de mettre à l'épreuve des conséquences vécues par d'autres juridictions ayant plus de contrôle sur l'exploitation de leurs richesses naturelles, comme la Norvège, autre exemple-tabou de la polémique, l'argumentation par l'échec paraissant imperméable à son corollaire, l'argument par la réussite.

L'autre stratégie d'invalidation de la nationalisation reste la disqualification pure et simple par le non-sens, qui s'affirme comme un des « prêts-à-porter », si l'on peut dire, de l'argumentation contre la nationalisation. Rappelons ici les accusations de ridicule, d'irrationalité et d'irréalité : il suffit d'opposer le « réel » (en passant outre à son caractère construit, comme ainsi cette indestructible mythologie qu'est celle du *libre-marché*) à cette déraison de la nationalisation, autre effet de l'habitus discursif qui considère d'emblée le système actuel comme nécessairement raisonnable. Rappelons enfin le dernier mode de disqualification, qui reste l'argumentation *ad hominem* contre Lauzon, où sont relevées son origine québécoise et ses sympathies pour Chavez et Castro, lesquelles sont dès lors présentées comme justification et explication de sa position. Une fois encore, ces données sont saisies par un habitus discursif dont nous avons reconstitué plus haut l'enchaînement. À cela s'ajoute la saveur paranoïde du sophisme du complot qui rend compte de toute suggestion de nationalisation comme le symptôme d'une machination élaborée contre le collectif, dont il importe de dénoncer les racines à la source.

Cette récapitulation indique la capacité de collimateur de l'habitus discursif qui subsume l'argumentation ou plutôt la possibilité d'une argumentation. Sa force est telle qu'elle détourne d'arguments concrets qui pourraient, nonobstant toute prise de position idéologique (si toutefois une telle chose est concevable), permettre d'emporter le débat en mettant à l'épreuve de sa faisabilité économique le principe même de la nationalisation. Il est vrai que ce dernier argument, relevant tout autant du démontrable que de l'opinable (il est possible que l'Alberta ait ou n'ait pas les moyens économiques d'une nationalisation pour exploiter de façon rentable et efficace ses ressources pétrolières), relève aussi du lieu commun du tiers exclu. Ainsi, on ne peut concevoir qu'une nationalisation totale des ressources, alors qu'il y a eu dans l'histoire récente du pétrole albertain des exemples de nationalisation partielle, comme Petro-Canada et Alberta Energy Company. Mais ce dernier lieu commun, qui n'offre pas de position intermédiaire, a l'avantage de permettre de dépeindre un tableau totalisant des conséquences dont on a vu qu'elles ne peuvent bien entendu que demeurer dans la logique de la pente fatale, de l'ordre de l'apocalyptique.

Et maintenant, qu'en est-il du rapport entre nationalisation étatique et nationalisation symbolique ? Se limite-t-il strictement à être relation compensatrice symptomatique d'une dépossession réelle, dans l'esprit des Albertains, ou un procédé commode de censure dans l'éthos de l'industrie, procédé qui permet de détourner l'attention sur des données plus questionnables ? Dans les deux cas, c'est supposer entre les deux versions de la nationalisation une symétrie équilibrante qu'elles ne possèdent pas nécessairement dans leur usage par le discours social, tout particulièrement au gré des différents contextes qui y ont recours en tant que concept. Il convient alors de mettre à l'épreuve cette apparente opposition—ou cette supposée complétion—en vérifiant leur fonctionnement dans certaines polémiques médiatisées d'abondance, tout en gardant bien à l'esprit, une fois de plus, leur caractère partiel. Singulièrement, ainsi en est-il dans le cadre de ce moment crucial pour une compréhension du travail discursif au sujet de l'industrie pétrolière qui se sont déployés à l'automne 2007 lors des travaux et des résultats de la Commission pour la revue des redevances repayées à l'État albertain par l'industrie pétrolière et gazifière. En raison de la clarté et de l'univocité des enjeux qui ont été exposés et énoncés, nous considérons cet épisode de la Commission pour la revue des dividendes comme décisif pour une meilleure compréhension des discours à l'œuvre dans l'univers pétrolier albertain. Cette compréhension se pose comme à la fois globale et détaillée en ce qui a trait à la conception de la collectivité albertaine, de son identitaire, de son désir d'affirmation tiré même de la conscience de la possession de ses ressources et de son rapport au territoire, tout cela servi par une rhétorique de la possession illustrée par les traits de la nationalisation symbolique. Mais plus encore, en examinant le discours propre à l'industrie pétrolière dans son opposition aux recommandations de la Commission, on verra aussi le déploiement d'une autre rhétorique utilisant ces mêmes conceptions de la collectivité, de l'identitaire, de l'histoire et du territoire albertains pour contrer les recommandations et inciter les Albertains à les rejeter et à influencer leurs dirigeants à cet effet. Nous voyons dans ce débat un aboutissement remarquable (et inespéré dans sa contingence même) qui permet de voir réellement au travail tous les traits discursifs que nous avons identifiés dans les chapitres précédents de cet ouvrage. Il s'agit maintenant de vérifier jusqu'où il est possible de les valider dans une polémique au sujet d'une Commission dont le but premier n'était certes pas de mettre à jour tant de passion rhétorique, pourtant si riche d'enseignements sur les différentes conceptions de la géodestinée albertaine.

CHAPITRE 5

« AVANT UNE SEMAINE ... » OU LA COMMISSION DE REVUE DES REDEVANCES

> Avant une semaine, vous mourrez de faim : comment ferez-vous ? [...] Je compte sur votre sagesse d'ailleurs, et je suis convaincu que vous redescendrez lundi au plus tard.
>
> —Emile Zola, *Germinal*[1]

> Tout ce que j'ai prédit n'est que trop assuré.
>
> —Racine, *Britannicus*[2]

Dans la logique d'un examen des discours pétroliers albertains, cette citation d'un passage bien connu de *Germinal*, dans lequel Hennebeau, le directeur de la mine, met en garde les mineurs du charbon contre une grève possible, permet de mieux saisir la portée et la valeur stratégique des discours qui seront analysés dans ce chapitre. Cet avertissement, dont les lecteurs de Zola savent qu'il s'est réalisé—les familles des mineurs étant littéralement mortes de faim pendant la grève—paraît condenser le sens des représentations sollicitées par l'exploitation pétrolière et ses aléas, présentées tour à tour par une collectivité voulant rendre tant soit peu concrets les termes de son rapport d'appropriation à cette ressource et par une industrie voulant d'autre part affermir les termes de l'exploitation pétrolière dont elle reste le vecteur obligé.

PÉTROLE ET RHÉTORIQUES D'INTIMIDATION

La menace de grève des mineurs de *Germinal* a certes constitué pour Zola l'occasion de déployer sa maîtrise des discours entrepreneuriaux de l'époque, avec leurs clichés, leurs stratégies, leurs divers procédés pour circonvenir les actions des travailleurs et surtout la menace de la « pourriture socialiste » telle que dénoncée par le directeur de la mine. Une convergence semblable d'argumentaires fut offerte à l'analyse par l'instauration en juillet 2007, par le gouvernement conservateur d'Ed Stelmach, nouvellement élu, d'une Commission de revue des redevances issues de l'exploitation du pétrole et du gaz naturel albertains. On se souviendra que la mise en place de cette Commission était en fait une promesse énoncée par les candidats à la chefferie du Parti conservateur de la province lors de la campagne de l'automne précédent. On a vu également que la simple évocation de la possibilité d'un tel retour sur les redevances versées au gouvernement par l'industrie pétrolière avait déjà suscité des réactions agitées de la part de l'industrie, réactions qui, rétrospectivement, n'étaient qu'un prélude aux réponses et aux argumentations dont allait se nourrir la presse calgarienne à la suite de la publication du rapport de la Commission fin août 2007. La tourmente médiatique culmina à la fin octobre lorsque le premier ministre Stelmach annonça la retenue d'une partie des recommandations visant la hausse des redevances pétrolières à la province, que d'aucuns jugèrent trop timides, voire inopérantes, mais que, par contre, l'industrie estima catastrophiques pour le déroulement de l'exploitation pétrolière et gazifière. N'ayant réussi par ailleurs qu'à faire des mécontents dans les deux camps en raison de ses compromis entre les demandes appuyées par une bonne majorité des citoyens albertains et les fins de non-recevoir de l'industrie, le premier ministre provincial a dû se faire l'effet, à l'époque, d'un apprenti-sorcier ayant provoqué un éventail de réactions dont l'intensité avait certes dépassé ses prévisions.

On peut éprouver quelque sympathie (ou non) pour un homme politique ayant ouvert une boîte de Pandore aux répercussions incalculables et imprévisibles. Cependant, un analyste des discours devrait presque lui être reconnaissant d'avoir suscité cette occasion inespérée de production d'une polémique riche en tous genres de procédés et de stratégies où les opposants s'employaient avec véhémence, d'une part, à assurer l'application intégrale des recommandations de la Commission et, d'autre part, à dissuader les dirigeants albertains d'en même considérer la validité. Si le but de l'analyste est de scruter plus avant le capital symbolique et les formations discursives accolées à la présence des ressources pétrolières en Alberta, un tel débat[3] offre un terrain extrêmement riche d'éventuelles confirmations ou infirmations des hypothèses précédemment énoncées dans cette étude sur toute une thématique liée à cette ressource énergétique particulière. Les thèmes de l'identité, des attentes collectives, des enjeux sociaux, de la territorialité, de la représentation et de la perception de l'Autre, et les stratégies prises pour rendre compte, souvent fortuitement, de ces données, forment le noyau d'un débat qui pourtant a un objet autre. On pourrait définir cet objet comme le fait de rendre l'une ou l'autre des parties plus riche, ou du moins, moins « dépossédée », terme il est vrai tout à fait relatif lorsqu'on parle de la fortune pétrolière albertaine. Il nous importe donc de relever à la fois la dynamique du débat, l'élaboration des stratégies discursives mises en place et le surgissement de l'éventail thématique que nous venons d'énumérer afin de nous rapprocher un peu plus de la nature profondément culturelle de l'énergie qui, dès qu'elle est mise en discours, nous met en présence d'une articulation complexe de forces et de symboles qui vont bien au-delà de la polémique en action.

Cependant, c'est ce rapport polémique qu'il nous faut considérer en premier lieu, c'est-à-dire l'opposition entre deux sujets qui considèrent un même événement, comme un Tort dont la nature est définie de façon radicalement différente selon les deux parties en cause.

Le rapport, issu fin septembre, était intitulé « Our fair share » et commençait par la phrase suivante : « Albertans do not receive their fair share from energy development ». Quoique par la suite, la signification du terme « fair » (juste) fut amplement questionnée dans les médias par les parties opposées à une révision des redevances pétrolières (ce qui constitue en passant un cas d'office d'analyse du discours plutôt impromptu dans un univers qui, traditionnellement, tend à percevoir les discours comme *transparents*), il est clair que l'esprit même du rapport considérait que le régime actuel de redevances constituait une injustice et un abus effectué aux dépens des Albertains, et que le gouvernement Stelmach avait pour obligation de redresser ce tort. La base argumentative du gouvernement restait l'assertion considérée fondamentale selon laquelle, comme nous l'avons vu, « the people of Alberta own the resources » et que, conséquemment, le gouvernement devait s'assurer que les revenus qu'il tirait de l'exploitation pétrolière reflétaient tant soit peu les avantages de cette possession. Nous citons à cet effet une lettre à l'éditeur du *National Post* du 7 octobre 2007, qui formule de façon typique cette argumentation.

> Alberta's own auditor general has recently confirmed that royalties have been below market rates for years and that this has cost Albertans billions of dollars. Corcoran then attacks the principle that Albertans are owners of the resource. If there is one concept that the free market and Albertans hold dear, it is property rights. Albertans own the resource and agree to sell it to oil companies for a fair price[4].

Le déséquilibre clairement indiqué par le rapport et argumenté par l'assertion de propriété collective suscita immédiatement un ensemble de réactions publiées dans les médias, allant de la satisfaction complète à la critique de son caractère insuffisant, de la part de groupes de citoyens ou d'activistes et, à l'autre extrémité du spectre, aux discours dénonciateurs des commentateurs journalistiques et aux réactions horrifiées des représentants de l'industrie. C'est à ces dernières que nous décidons de nous arrêter davantage, les arguments des tenants du rapport et des critiques de son manque d'audace ayant tendance à la répétition, tournant autour de leur argumentation fondamentale de propriété dont on a vu dans le chapitre précédent qu'elle faisait l'économie de bien des distinguos. Les apports de l'industrie et de ses tenants à la polémique des redevances comme à leur représentation des enjeux énergétiques ajoutent une autre dimension au débat en ce qu'ils illustrent un ensemble visant à circonvenir la question de l'insuffisance des redevances. Elle était ainsi reformulée selon l'incontournable perspective de l'exploitant qui dicte en quelque sorte la façon hégémonique de percevoir l'énergie comme transaction, dans tous les sens du terme, selon une construction du réel qui fait un juste pendant aux corollaires de la nationalisation symbolique que nous avons établis précédemment.

Car le moment est venu pour nous ici de prendre en considération ce qui est non pas une condition singulière de l'exploitation du pétrole albertain, mais son mode d'être historique et diachronique, pratiquement perçu comme une condition nécessaire, expliquant d'ailleurs la force de l'opposition à toute idée de sa nationalisation étatique. Le fait que ce pétrole, en dépit de tous les mythes roboratifs et discours d'annexions qui orbitent autour de son existence, soit exploité par le secteur privé multinational et directement soumis aux fluctuations du libre-marché et de la circulation globale des capitaux. Et que ce facteur, considéré comme « naturel », en se faisant partie incarnée dans une polémique aussi fondamentale pour la perception des ressources énergétiques que celle des redevances payées à l'État, se donnait enfin à voir en représentation comme puissance incontournable s'exprimant comme telle. En d'autres termes, comment cette polémique, dont nous croyons qu'elle fera date dans l'histoire albertaine, permet-elle d'observer, par le biais des stratégies discursives et argumentatives qui y sont déployées, la façon dont l'industrie pétrolière est en mesure de répondre aux réclamations des Albertains et de leur État ?

PROPHÉTIES ET PÉTRO-CASSANDRES

Gardons à l'esprit la prédiction finale et avérée du directeur Hennebeau de *Germinal* : « Avant une semaine, vous mourrez de faim ». Si elle sert de conclusion à la rencontre entre le Directeur et ses mineurs, dans notre contexte d'analyse, la prophétie catastrophique sert plutôt d'entrée en matière dans le débat sur la revue des redevances pétrolières. Comme Angenot l'indique pour les modes de disqualification de l'avènement d'un régime socialiste, les prédictions négatives se sont exprimées à partir du moment où on croyait inévitable le passage à ce régime, qu'elle qu'en puisse être sa forme[5]. Il en va de même pour la polémique autour de la Commission de revue des redevances dès qu'elle rendit public son rapport et qu'elle recommanda au gouvernement de revoir le régime et de hausser ainsi les sommes versées par l'industrie à l'État albertain. Comme le rapport était devenu certitude et qu'il articulait une exigence claire et légitimée par son processus consultatif même, il fournissait en quelque sorte une matière établie à une réponse organisée de la part de ses opposants qui avaient devant eux un possible risquant de devenir réel. À partir de la publication du rapport jusqu'au moment où le gouvernement fera connaître sa réponse, les augures et pronostics se bousculeront dans le but avoué d'influencer le premier ministre Stelmach et de l'amener à réfuter les conclusions du rapport, en le ramenant, lui et les tenants de la Commission, « à la raison ». Il s'agit là d'une tâche discursive intense, répétitive, mais non nécessairement ardue (nous reviendrons sur ce point), qui actualise bien des traits de la propagande en tant qu'elle peut fonctionner comme contre-discours, et dont les termes sont véhiculés quotidiennement dans la presse de Calgary et occasionnellement dans la presse nationale anglophone.

Dans le cas qui nous occupe, la prophétie actualise un bon éventail d'arguments dont nous avons vu quelques spécimens à propos des contre-discours de la nationalisation pétrolière, le sophisme de la pente fatale formulant l'équation entre un contrôle étatique accru des ressources et le socialisme-communisme des dictatures sud-américaines, demeurant un des grands favoris du répertoire des prêts-à-porter argumentatifs de l'industrie. Mais la résurrection spectrale du trio Chavez-Castro-Poutine, trop ressassée, risque de perdre son impact, d'autant plus qu'elle reste justement une caricature qui, pour en être efficace dans son opposition aux sûres valeurs du libre-marché, ne convoque pas tant le réel qu'un épouvantail stéréotypé prêtant le flanc trop aisément à la critique ironique laquelle risque à son tour de recaricaturer un argument commençant à fleurer bon la farce maccarthyste … Ainsi, un lecteur du *National Post* soulèvera la question, face à une autre édition du brandissement de la « menace communiste ».

> He [Terrence Corcoran, éditorialiste du *National Post*] has great problems with the province owning mineral rights and he claims the people living here would be better off if the state owned nothing. *To get our attention* he even branded current Canadian regimes Communist in their resource ownership. How many years has this man lived under Communist dictators, I ask[6] ? (nous soulignons)

MISE EN PÉRIL ET PERVERSITÉS

La prophétie, en dépeignant un portrait plus prenant qui la détourne de la caricature dictato-socialiste, a l'avantage d'être difficilement réfutable de par sa nature même de fiction, mais de fiction *possible* : elle n'est ni vraie ni fausse (non falsifiable), mais elle comporte le risque du vérifiable, qui confirme ou infirme sa validité. Cependant, la prophétie a recours à plusieurs stratégies argumentatives qui contribuent à sa résilience et à son acceptabilité comme contre-discours visant à intimider les tenants de la Commission de la revue des redevances. Suivant en cela les traits identifiés par Marc Angenot, qui s'inspire lui-même de la rhétorique de la réaction telle qu'établie par Albert Hirschman, nous mentionnerons d'abord les arguments coexistants de la mise en péril et de la perversité cités par l'industrie. Nous associons ici délibérément deux types d'arguments entre lesquels et Hirschman et Angenot établissent des distinguos plus catégoriques. Ainsi, la mise en péril (*jeopardy*) « consiste à dire que la réforme envisagée *mettra en péril* certains avantages acquis, qu'elle entraînera des "coûts" auxquels le réformateur ne devrait pas vouloir consentir et ce, pour un résultat incertain[7] ». Angenot a raison de souligner que les exemples propres à la mise en péril n'ont pas toujours la clarté des illustrations de la perversité, lesquelles sont indiscutables dans le corpus qui nous occupe.

Nous n'en tenons pas moins à en illustrer au moins un, qui joue sur un point particulièrement sensible de l'identitaire albertain tel que reconfiguré par son rapport au pétrole : la représentation de Soi à l'extérieur, comme l'avait auparavant exemplifié le thème du paria. Ainsi, Peter Foster écrira dans le *National Post* du 26 octobre 2007, donc après l'annonce du premier ministre à l'effet de l'adoption partielle des recommandations :

> Yet another issue that hasn't received much attention so far is how the threatened royalty increase looks from Washington, which has caught on in recent years to just how important a "domestic" source of oil Alberta's oilsands are likely to be. An increase in royalties, which will have an undoubted negative impact on investment and production, is unlikely to be taken as evidence of good neighbourliness in a world in which petroleum is increasingly wielded as a political club[8].

Donc, tout changement au régime risque effectivement de donner une représentation de l'Alberta différente qui modifierait tout particulièrement l'image de la province comme un État offrant stabilité et prédictibilité aux transactions d'affaires. Ceci touche un point lancinant de l'identité pétrolière albertaine en ce qu'elle ne se construit et ne s'énonce, comme nous l'avons vu dans les chapitres précédents, que dans la mesure où elle s'offre au regard ou à la confirmation d'autrui. Les identités de l'énergie se signalent indéniablement par une dimension quelque peu hystérique, sans compter l'obsession de la stabilité (lire l'absence d'opposition régulatrice aux diktats du libre-marché) présentée comme une ouverture à l'Autre, éthos qu'il ne faut certes pas modifier.

L'argument de la perversité a plus d'impact en ce qu'il redessine les tenants d'une revue des redevances en incompétents ne maîtrisant absolument pas les conséquences de leur action. Les exemples en sont fort nombreux et se manifesteraient par des assertions du type : « Increasing tax take via a royalty increase will not produce the royalty panel's simple promise of a $2-billion increase in revenue. In fact, Alberta's revenue stream will decrease[9] [...] » ou encore « Stability of a fiscal regime in a global context is a hallmark of success and will encourage more investments. The proposals as outlined will stifle investments, reduce employment, challenge entrepreneurship and ultimately will reduce our Fair Share for future generations[10]. » Marc Angenot souligne le côté comique de l'argument de la perversité, puisqu'une action ne va que réaliser le contraire de son objectif. Mais ce qui est à notre sens le plus prenant encore est de suggérer les tenants des changements au régime de redevances comme affligés d'une courte vue, de littéralement fonctionner en aveugles, ce qui, par ressac présente ces changements comme le fait d'irresponsables à qui bien entendu on n'aurait pas dû confier le mandat de procéder à une revue du régime, sans compter la revue elle-même qui est ainsi redessinée comme relevant de l'absurde.

Mais outre les arguments de la mise en péril et de la perversité, la prophétie a d'autres modes de remplissage du futur prédictible consécutif au changement de régime des redevances. Que celui-ci ne soit qu'annoncé par la Commission, demeurant donc dans l'ordre du possible, ou qu'il soit confirmé par le gouvernement adoptant ses recommandations, ce qui met ses opposants devant la certitude de sa mise en place, les projections restent de même nature, d'autant plus qu'elles ont le même but en commun : effrayer, ou du moins intimider ceux qui favorisent ou ont imposé ces changements. Nous l'avons dit, la tâche est intense et répétitive, si l'on mesure l'espace médiatique qu'elle occupera. Mais elle n'est guère difficile, car elle s'en tient à la convocation de modes similaires de projection de l'avenir offrant peu de variantes, mais sur lesquelles cependant nous nous arrêterons.

HYPERBOLES ET HABITUS

Un mode d'expression de la prophétie qui rapporte à peu de frais, faisant une fois de plus l'économie de toute argumentation, est celui de l'accumulation catastrophique qui joue sur bien des variantes, tel dans cet exemple tiré du *Calgary Herald*, où il est toutefois clair que le journaliste n'est pas dupe du procédé :

> Oilpatch giants such as Canadian Natural Resources Ltd., Encana Corp., Petro-Canada and Talisman Energy Inc., along with the investment bankers that serve them—Peters & Co. Ltd., First Energy Capital Corp., Acumen Capital Finance Partners Ltd., Tristone Capital Inc. and a host of other supporters—have painted the recommendations from the review panel appointed by Finance Minister Lyle Oberg last spring as a first step on the path to economic Armageddon[11].

Si l'accumulation de noms des compagnies pétrolières joints à ceux des firmes d'investisseurs créent sans conteste une représentation d'un opposant formidable aux recommandations de la Commission, leur énumération, de même que la clausule sur l'hyperbolique Armageddon, les décalent quelque peu de l'objectif premier de convaincre, l'hyperbole, par son potentiel déréalisant, même pouvant perdre de sa crédibilité argumentative.

D'aucuns, opposés aux mesures, préfèrent retourner le processus d'accumulation contre eux-mêmes, de façon à désigner les recommandations de la Commission comme la dernière goutte faisant déborder le vase, l'extrême ajout qui fera chavirer le navire, thématique génériquement traduite par le gros titre suivant du *Globe and Mail* du 26 octobre 2007 : « The timing could not be worse[12]. » Contrairement à l'hyperbole qui peut aisément miner la crédibilité même de son argument en le déréalisant, l'accumulation hyperbolique des aléas renforce la crédibilité de l'argument en ce qu'elle recontextualise les faits dans un enchaînement de relations qui recadrent les recommandations par rapport à d'autres facteurs. Cela nous paraît un argument de type plus éminemment économique, comme le montrera ce commentaire de Pierre Alvarez, tiré de ce même article : « It's the economy, Mr. Premier ».

> A year ago it was income trusts. Then we saw the accelerated capital cost allowance ended, we saw the Alberta royalty tax credit cancelled, we saw four royalty programs either eliminated or reduced, we saw the Canadian dollar go through the roof.... It's not as if the royalty review has been the only thing that has happened this year. It has been another in a series of changes to the rules which will affect the investment climate that people are looking at.

Et notons la conclusion : « We have some of the most challenging and costly oil and gas natural resources on the planet[13]. »

On voit ici comment le principe d'accumulation, cette fois réadressé à l'industrie et non posé comme une prophétie catastrophique visant la population de l'Alberta, prend une efficacité nouvelle en ce qu'elle fait surgir la subjectivité de l'industrie comme personne morale attaquée de toute part et victime d'un complot des circonstances. La question de la revue des redevances n'est plus centrale, et est présentée comme une conjoncture supplémentaire qui s'ajoute à d'autres éléments dont la somme finale produira une fragilité accrue du système. Ce détournement de l'accumulation catastrophique aux dépens (devrait-on plutôt dire au profit) de l'industrie se révèle extrêmement astucieux, et beaucoup plus efficace en fin de compte que l'hyperbolisation précédente qui implique toujours une dimension de réaction punitive. Ce procédé, que l'on peut aussi qualifier de déplacement du problème, fait également appel à la construction du risque. En fait, Alvarez use de cette stratégie qui est d'opposer l'habitus du monde des affaires à la perspective des tenants de la Commission de revue des redevances. S'il est très possible que le président de l'Association canadienne des producteurs pétroliers lui-même exagère l'impact de toutes les modifications précédentes aux régimes des taxes corporatives dont la revue des redevances est posée comme l'assaut final, il est en fait très difficile pour un profane d'éprouver la véracité de ses dires. En dépeignant une industrie accablée de toute part, fragilisée même (et sans doute cela relève-t-il encore de l'argument de la mise en péril), Alvarez soulève le voile d'une autre connaissance qui est d'autant plus imposante qu'elle est non maîtrisable, appartenant à un habitus radicalement différent. Également, en présentant les règles de l'investissement (qui échappent à la maîtrise de la Commission et de ses tenants) comme étant chaque fois un peu plus ébranlées par les décisions de taxation du législateur, la perspective même sur les recommandations de changement au régime des redevances est changée. Du coup, elles ne sont pas perçues comme la cause première de la mise en péril de l'industrie, ce qui confère au public l'impression que, somme toute, ces changements pourraient être potentiellement acceptables, mais comme un facteur additionnel dont les conséquences dépassent de beaucoup l'intentionnalité initiale, ce qui nous ramène encore, mais de façon très indirecte, à l'accusation première d'irresponsabilité des membres de la Commission comme du gouvernement. L'ingéniosité de cette stratégie qui soulève la réalité d'autres habitus, c'est qu'elle ne blâme pas directement la Commission, et ne la désigne pas comme la source de tous les maux. Plutôt, elle la présente comme un accident secondaire dont on pourrait suggérer, dans un meilleur contexte, qu'il serait peut-être acceptable, mais dont on est tenté de dire que « dans la dureté des temps » il ne fait que rompre un équilibre déjà précaire aux dires de l'industrie, laquelle n'attend que ce dernier coup pour s'effondrer, autre traduction d'une représentation pathétique des règles de l'exploitation pétrolière. La Commission, comme le gouvernement, soulagés de l'accusation centrale, n'en sont pas moins invités à pondérer le poids de leurs recommandations, qui font irruption dans un système aux rouages délicats et sans cesse menacé dans ses moindres paramètres. Il s'agit là d'une reconversion sophistiquée de l'imputation d'ignorance qui fait l'économie, dans la polémique, des accusations plus brutales de non-savoir telles que celles-ci : « Making matters worse is that the premier appears not to understand the functioning of the market[14] » ou mieux encore : « It's tried and true: if you really want to hurt your economy, start raising taxes on industries that are basic to the lifeblood of your economy.[...] It is so stupid—I thought *those people* (les Albertains) were more sophisticated than that[15] » (nous soulignons). L'insulte directe, même sous forme de litote, si elle peut jouer le rôle de réfutation, n'en est pas pour autant, on s'en doute, un mode convaincant d'adhésion à un point de vue.

PRÉDICTION, PUNITION ET IDENTITÉ

Cependant, toujours dans l'ordre des prophéties comme stratégie de réfutation, il nous faut maintenant considérer, toujours en sus des gammes hyperboliques, un autre recours rhétorique singulier servi à la population albertaine en réponse à la menace de l'application des recommandations visant la hausse des redevances pétrolières. Ainsi, le 30 septembre 2007, l'entreprise canadienne d'exploitation pétrolière et gazéifère Encana publiait dans le *Calgary Herald* une lettre ouverte intitulée « Alberta is at a crossroads », qui avait pour but avoué de démontrer aux Albertains les trop grands risques économiques que faisait encourir l'adoption des recommandations du rapport. Le 3 octobre suivant, la firme (multinationale) d'investissements Tristone Capital publiait dans le même quotidien une autre lettre ouverte aux Albertains sur une page entière (le texte d'Encana prenait, lui, une demi-page en gros caractères), les enjoignant de communiquer à leurs députés respectifs leur désaccord avec les recommandations de la Commission, au terme d'une démonstration du même type que celle d'Encana. L'hyperbole prophétique y était conviée dans toutes ses variantes pour viser à convaincre la population du caractère malvenu et potentiellement désastreux d'une hausse des redevances. Dans l'ensemble des textes médiatiques (éditoriaux, reportages, interviews, analyses, lettres à l'éditeur) publiés à Calgary autour de l'affaire de la Commission, ces deux textes tranchaient par leur caractère dramatique et leur nature de propagande aisément identifiable par le lecteur moyen, même non averti ou peu enclin à l'analyse systématique des discours. Il s'ensuivit une réception peut-être mitigée, et nous formulons ici à simple titre d'hypothèse que le décodage des stratégies fut peut-être plus explicite que le destinateur ne l'eut voulu, explique vraisemblablement que cet « appel aux Albertains » n'a pas été imité par d'autres entreprises. Quoi qu'il en soit, ces textes singuliers offrent beaucoup d'éléments à une analyse voulant aller au-delà des fonctions précises de sa propagande, si on l'étudie à l'intérieur des paramètres de la polémique sur la Commission.

Puisque nous venons de recourir au terme de propagande, concept duquel il nous faut rappeler une fois de plus la valeur non péjorative, précisons qu'une de ses fonctions premières reste la fonction identitaire[16], et les deux déclarations ne manquent pas d'y souscrire. Randy Eresman, CEO d'Encana, brandit d'emblée son appartenance albertaine « As a fellow Albertan », mais le texte de Tristone, signé de son CEO George Gosbee, s'installe plutôt dans ce type d'ambiguïté qui dénonce le procédé de soi-disant adhésion au destinataire : une fois de plus, on y lit le « we, as Albertans » réactualisé dans le « we » de la firme qui asserte sa déception : « we are disappointed ». Plus loin, on lit les expressions de « our resources » et de « our province » et le dernier paragraphe commence comme suit : « we strongly urge Albertans »; pour des raisons de copyright, il nous est impossible ici de citer plus que dix pour cent des deux textes, mais on peut dégager d'emblée le poids de cette fonction identitaire, maniée plus ou moins adroitement par les deux entreprises. Cependant, dans le cadre de la prophétie comme argumentation contrant les recommandations de la Commission, on retiendra surtout, au sein de deux textes qui eux aussi procèdent d'une construction du risque dont le rôle est de déplacer la problématique initiale, que cette fonction identitaire est également réinvestie grâce à une stratégie de réfutation plus large laquelle, dans son éloquence, permet de tirer des renseignements encore plus marquants sur les relations entre pétrole et identité.

L'orientation prophétique est très clairement déterminée et est présentée comme une certitude plutôt qu'une probabilité. Tristone n'y va pas par quatre chemins : « If the proposals set out in the Report are enacted without changes, the result will be extremely *punitive* to the economic health of Alberta [...] » (nous soulignons). Encana, pour sa part, a les mains littéralement liées par l'inéluctable : « As a consequence, we will have no choice but to reduce our 2008 capital investment by about $1 billion [...] ». Le résultat de telles assertions nous sort à vrai dire de la simple projection de l'avenir, où habituellement l'hyperbole même se décalant du réel laisse place à l'arbitraire et aux aléas.

La prophétie d'usage courant exprime une plausibilité qui peut être encore infléchie dans un sens ou dans l'autre, elle aménage une ouverture, aussi restreinte soit-elle, à l'intérieur des paramètres qu'elle projette, et la cascade prévisible de cause à effet n'est pas nécessairement dotée d'une intentionnalité éthique, malgré le sophisme de la pente fatale qui sous-tend toute réfutation par la prophétie. Dans un tel cadre, cet enchaînement est posé comme naturel, comme provoqué par la force même des choses. Cependant, dans le cas des prophéties d'Encana et de Tristone, on est dans la résolution claire de la réaction prédéterminée à l'action prise. Le terme fortement axiologisé de « punitive » endossé par Tristone se trouve dépouillé de sa valeur métaphorique pour se rapprocher de son intentionnalité immédiate. Les conséquences, peut-être « naturelles » dans le champ économique de l'incertitude au sujet des retombées des recommandations de la Commission sont ici présentées comme châtiment orienté par un Sujet y lisant une revanche, et y participant puisque le Sujet est précisément un investisseur. La prophétie passe alors de statut du risque certain à celui d'une réaction ferme dont les termes ont déjà été mis en place. Car suivant la logique de son objectif *punitif* dans le cadre d'analyse qui nous occupe, la prophétie, on s'en doute, tout en ayant une fonction dissuasive (*si vous ne voulez pas voir ceci, ne faites pas cela*) appelle aussi sa réalisation, aussi potentiellement dommageable soit-elle pour le Sujet qui l'exprime. Il ne faut pas que l'anti-Sujet qui osa réclamer une part supplémentaire de bénéfices reste impuni de son geste, il faut qu'il y ait une conséquence proportionnée à l'audace des recommandations, cette conséquence dut-elle être, en termes de profit réduit, subie aussi par le Sujet. La prophétie courante, dans sa véhémence, relève aussi d'une certaine éthique de la « justice naturelle »; également, on pourrait aussi étendre la réflexion sur toute la dimension de passivité-agressivité qu'elle suggère chez le Sujet. Il y a quelque chose dans la prolepse historique dysphorique qui dit : *voilà ce que* ***vous*** *avez fait aux Albertains, nous nous en lavons les mains.*

Or, il n'en est déjà pas tout à fait ainsi dans les « lettres ouvertes » qui nous occupent. Encana se représente même comme prête à passer à l'action concrète et éminemment calculée; c'est le cas de le dire : elle n'a pas « d'autre choix », et on n'est plus ici dans la prophétie découlant « naturellement » d'une action prise, mais bien dans le domaine de la réaction délibérée, rationnalisée et contrôlée, caractéristique propre à la *menace* qui a pris les moyens de se réaliser. Quelques commentateurs ne s'y sont pas mépris, tel Rick Bell du *Calgary Sun* : « the likes of Encana, who claim they love Alberta so much[17]. »

Parallèlement à la punition déguisée en prophétie, les lettres ouvertes des deux entreprises font aussi appel à un procédé indirectement lié à la prédiction, mais fort utile pour renforcer son pouvoir persuasif : l'évocation du réel ou l'hypotypose qu'Angenot définit ainsi, dans le cadre d'un débat polémique :

> [...] le spectacle concret, et souvent pathétique de ce qui est réellement en cause dans le débat. Le polémiste s'échappe brusquement du champ de l'argumentation, du combat d'idées, en dévoilant une réalité avec tout son potentiel affectif, réalité dont on parlait certes, mais que le débat occultait en *l'abstrayant*[18].

Encana et Tristone vont utiliser ce procédé pour convoquer à la représentation deux facettes de l'identitaire albertain. Pour Tristone, il s'agira de faire surgir le paysage et la territorialité :

> We believe the cuts in activity will be most severe and will resonate through the communities that support Alberta's high impact drilling from Drayton Valley to Edson, to Hinton, to Whitecourt and Grande Prairie, Leduc, Red Deer and Nisku and there will be irreversible consequences.

Pour sa part, Encana met l'accent sur les multiples visages des activités communautaires tournant autour de l'économie pétrolière :

> There will be fewer hotel bookings, vehicle purchases, landowner lease payments and restaurant meals and lower property taxes in the areas where Encana operates, and that is just about every corner of Alberta, from the smallest town to the biggest cities.

L'hypotypose donne corps à la réalité du territoire albertain, principalement sa partie Nord où sont concentrées les réserves pétrolières et gazifières. L'énumération de ces petites villes garde la saveur de l'évocation épique qui contribue à faire, de ce véritable cœur de l'économie de la province, un lieu mythique. Or, c'est précisément ce mythe euphorisant de l'espace pétrolier dynamique qui est présenté comme menacé par la chute dysphorique des « irreversible consequences », promettant au désert et à l'abandon toute cette activité effervescente du Nord, d'où la naissance du pathos. Encana focalise encore plus étroitement sa menace en concentrant l'hypotypose sur l'évocation de la vie quotidienne de ces petites villes dont toute la structure économique et sociale tourne effectivement autour des retombées des activités pétrolières. Ce quotidien fiévreux mais sécurisant par l'assurance des revenus que chaque agent économique, aussi minime soit-il, peut en tirer, prend effectivement le visage d'individualités diverses qui font partie du folklore propre à ces petites communautés : serveuses de restaurant, logeuses, hôteliers, concessionnaires de camions, fournisseurs d'équipement, cantiniers, mécaniciens, et ce qu'on appelle les « pipeline-cowboys », les travailleurs du pétrole, généralement hommes jeunes et grands consommateurs de biens et services. La socialité singulière de ces petites communautés est grande source d'« albertanité », comme l'auteure de ces lignes a pu le constater, en ayant visité plusieurs[19]. C'est précisément cette albertanité qu'Encana choisit d'exposer à la menace et nous attribuons partiellement cette particularité au fait qu'Encana est une compagnie canadienne : par une telle hypotypose, l'identité albertaine est à risque autant que la sécurité économique des petites communautés, ce qui ajoute certes à l'éventuel pouvoir de dissuasion suscité par ces évocations. Tristone et Encana enferment ainsi les destinataires de leur lettre ouverte dans leur albertanité présumée, dont les termes relèvent aussi de traits mythologisés, qu'ils mettent en opposition avec la volonté collective de tirer meilleure partie des ressources pétrolières, volonté incarnée par la Commission de revue des redevances. Le résultat est de poser subrepticement les termes d'une contradiction entre le désir, médiatisé par le politique, de concrétiser tant soit peu le principe de propriété des ressources, et une albertanité mythifiée, dans la mesure où le mythe est dépolitisation, comme nous le rappelle Roland Barthes, déterminée par un habitus de consommateurs joint à la nostalgie d'une ruralité frontalière seule capable, dans l'imaginaire pétrolier, d'incarner les valeurs de l'identitaire albertain. On peut apprécier l'efficacité d'une telle opposition dans le contexte d'un boom pétrolier qui, pour se dire et se représenter en termes de distinctions identitaires, a précisément besoin de tels paradigmes pour rationaliser et légitimer sa « pétro-destinée[20] ».

Ces références identitaires fonctionnent à la fois comme imposition et comme vol. Nous avons déjà asserté que le rapport aux ressources énergétiques établi sur un territoire par une collectivité donnée est hautement producteur de discours identitaires qui sont un mode immédiat de médiatisation de ce rapport. Même, et nous dirons surtout, dans le cas où ces ressources ne sont pas appropriées par nationalisation étatique, la relation identité-ressources reste fondamentale pour établir, légitimer ou déligitimer des interventions de natures variées provenant des acteurs les plus divers au sujet des ressources concernées. Ainsi, n'oublions pas que c'est au nom d'un sens collectif d'appropriation des ressources pétrolières albertaines que la Commission de revue des redevances fut instituée : de même que c'est au nom d'une albertanité mythique et mythifiée que les effets annoncés des recommandations de la Commission doivent être contrés, par leur rejet pur et simple. Nous avons établi plus haut que la nationalisation symbolique, dont les lettres ouvertes d'Encana et de Tristone sont les avatars les plus remarquables, mais aussi les plus plausibles, avait comme corollaire d'arrêter les errances identitaires, de fixer en quelque sorte l'image du « nous » dans un cadre établi. Ce renvoi aux Albertains de leur « albertanité » traditionnelle où sont convoqués folklore, éthique et mémoire[21] leur fournit donc une identité reconnaissable qui cependant est sans alternative; n'est fourni nulle part dans ces textes un autre possible identitaire qui résisterait à la fragilisation et à la précarisation prophétisées par les entreprises. On voit mieux ici comment s'instaure le paradoxe de l'imposition et du vol de l'identité, où nulle autre éventualité ne peut être évoquée pour le ressortissant urbain et scolarisé ne pouvant se reconnaître en ces images folkloriques des lieux évoqués par les annonces relevant effectivement du folklore. Mais en qui, d'autre part, il est bien forcé de s'y identifier malgré tout puisque ce folklore est le premier maillon par lequel toutes les conséquences négatives, non pas tant prophétisées que promises, se feront sentir par enchaînement des lois économiques dont la rigueur ne peut être contrôlée et échappe à la responsabilité des entreprises qui affirment bien « ne pas avoir le choix ». Comme nous le faisait remarquer une étudiante, « C'est malin, ils ne nous laissent pas d'autres identités que celle du pétro-cowboy[22] »—pétro-cowboy dont le mode de vie serait effectivement remis en question par les dystopies prophétisées par Encana et Tristone.

LA MÉMOIRE DU RÉCIT PÉTROLIER

Toujours dans le rayon des apparents paradoxes servant d'outils aux prophéties dystopiques, relevons le recours à ce que Lucien Sfez désigne comme la *mémoire du futur*[23], produite par prolepse historique, laquelle s'avère un outil rhétorique inhérent au discours prophétique en s'alliant à la réactivation des paradigmes mémoriels relatifs à l'histoire collective commune. La prolepse historique consiste à se reporter à un point de l'avenir à partir duquel on se retournera vers le passé pour désigner l'événement nodal qui a déclenché l'état actuel des choses, c'est-à-dire le futur prophétisé, que ce dernier soit positif ou négatif. On en saisira quelques exemples parsemant les débats sur la Revue des redevances :

> Future generations of Albertans will look back at this era as a time of transition. The question is, will the decision made today provide a much sought-after balance between the cost and the benefit of economic growth or will it cause a slowdown in the Alberta economy that sees us failing to generate the returns that our abundant resources can provide[24] ?
>
> Judging from what was tabled Thursday afternoon, it is unlikely anyone will look back on a day when the government put forward the most important economic platform in decades and say that the premier "got it right[25]".

Ajoutons cependant, pour faire bonne mesure, un exemple de prolepse historique « positive » extrait d'une lettre fictive adressée en 2030 au premier ministre Stelmach par un jeune Albertain :

> In fact, the more I read, the more I can see how your decision on royalties came to shape this province's sustainable success. In 2007, you got it right—you listened to Albertans, you solicited quality advice, and you followed through with courage and foresight[26].

De ces trois exemples, nous nous attarderons bien sûr aux deux premiers, qui ont pour objectif d'insuffler à la Commission un poids historique extrêmement culpabilisant pour un avenir décidément dysphorique, lequel aura été déterminé par cette fatale décision. Dans le contexte de l'intention prophétique comme déterminant historique, il s'agit de lier irrévocablement fâcheuse cause et néfaste effet pour conférer à la prophétie sa funeste certitude. Un tel recours à cette technique narrative a un effet rhétorique certain en ce qu'elle donne corps à la prophétie, qu'elle la fait exister avec assez de certitude pour que l'on puisse hypothétiquement en démonter le mécanisme d'arrivée au *réel* ainsi sélectionné. Revenons pourtant à nos lettres ouvertes d'Encana et Tristone : les paysages désolés de l'albertanité qui y sont suggérés relèvent à un premier niveau de l'avenir projeté (et vraisemblablement souhaité) par les entreprises. Mais plus encore, dans les images projetées que les textes font surgir se lit une réactivation du passé, de la mémoire collective d'une autre époque dysphorique de l'histoire albertaine, toujours prête à ressurgir à la faveur des rappels, même les plus ténus. Ces petites villes désolées, ces petits entrepreneurs sans contrats, ces restaurants vides, ces concessionnaires sans clients, c'est le rappel des dépressions économiques qui ont suivi tous les booms albertains du pétrole. Mieux encore, c'est précisément la dernière crise qui est ici offerte au souvenir collectif, celle de 1981–82, dont l'Alberta mis pratiquement deux décennies à se remettre.

C'est en voulant susciter cette impression de déjà-vu d'une désolation économique portant atteinte au cœur d'une albertanité toute aussi construite que les lettres ouvertes Encana-Tristone, comme les prolepses des commentateurs, peuvent avoir un effet certain de dissuasion par la projection de conséquences d'autant plus prévisibles qu'elles ont été déjà vécues, c'est-à-dire réalisées. La prophétie est donc renforcée et rendue plausible par l'appel à l'immanquable mémoire collective et devient alors véritablement la « mémoire du futur ».

LE PÉRIL ROUGE

Une autre technique de réfutation déployée par l'industrie pour délégitimer les recommandations de la Commission de revue des redevances s'inscrit aussi dans le rappel de cette dernière thématique que nous avons effleurée auparavant, celle de l'insulte à partir des accusations de socialisme. On l'a souligné plus haut, ce type d'insulte peut se retourner contre son énonciateur même en raison de son trop grand potentiel caricatural qui la déréalise. Mais on doit tenir compte de sa récurrence même : elle demeure l'insulte la plus courante utilisée dans le contexte des réactions aux recommandations de la Commission et s'énonçait sous la forme de la métaphore consistant à comparer l'Alberta aux anciens satellites soviétiques ou aux régimes socialistes d'Amérique latine, avec une préférence marquée pour le Kazakhstan et le Venezuela. L'Arabie saoudite était aussi convoquée, passant de l'axiologie positive des années d'abondance où régnaient les *blue-eyed sheiks* à l'axiologie négative d'une *Saoudi Alberta*, renvoyant au soupçon général pesant sur tout ce qui s'associait au Moyen-Orient. Ces insultes produisaient des néologismes éloquents pour désigner la province : l'Albertastan, le suffixe « stan » fonctionnant comme le signe de toutes les mythologies, plus ou moins vaguement, mais tenacement associées aux excès « totalitaires » du Rideau de fer. En sus des surnoms enrôlant invariablement le prénom d'Hugo Chavez, l'on pouvait noter aussi la reformulation de l'Alberta en « Bolivarian Republic of Alberta ». D'autres critiques du monde des affaires avaient recours au mépris de classe en renvoyant aux Albertains une image de péquenots (*unsophisticated people*), procédé de dévalorisation culturelle que l'on a déjà vu utilisée dans les expressions de jalousie envers la province.

Dans l'ensemble, ces figures de l'agression utilisées par les opposants aux recommandations de la Commission (représentants de l'industrie, journalistes, commentateurs politiques) renvoyaient par la métaphore à un procès de déterritorialisation et de déplacement figuratif de l'Alberta. Elle était déplacée vers des lieux suspects, sinon honnis, au terme d'une appréhension historiographique marquée du sceau du colonialisme (allusions à l'Amérique latine, au Moyen-Orient, à l'Afrique) ou de la crispation idéologique de la Guerre froide. Le seul fait que l'on se servait d'allusions à d'autres pays ou législations pour disqualifier, railler et ridiculiser les intentions du gouvernement albertain en disait évidemment long sur le mépris profond dans lequel on tenait ces formes d'altérités politiques et idéologiques : pensons à l'expression « Banana Republic » qui a également été utilisée dans ce contexte. Ces insultes illustraient bien entendu l'évidence d'une conception manichéenne du monde, comme elles posaient leur énonciateur dans une position forcément hégémonique d'où se définissait une éthique supérieure, surtout dans les agressions verbales à saveur impérialiste où l'action de l'Autre ne pouvait être perçue que comme étant inadéquate, voire comme étant une faillite : on pense ici aux procédés de nationalisations des ressources pétrolières de plusieurs pays d'Amérique du Sud.

Quoi qu'il en soit, ces insultes par déterritorialisation fonctionnaient aussi par renversement des rôles et appropriation des stéréotypes associés à l'altérité. Ainsi, désigner l'Alberta par l'expression particulière « The Bolivarian Republic of Alberta » ou « Albertastan », c'était figurativement placer l'énonciateur comme vivant sous le joug de ces régimes « fautifs » qui permettent d'évoquer, sous le signe du scandale, un amalgame de traits définis comme atteinte aux libertés. Cela autorisait donc des allusions à l'appropriation de la propriété privée, l'expulsion du libre capital, aux restrictions des libertés individuelles, censures, contrôle du marché, à l'égalité utopique, à la tendance au totalitarisme et à la dictature, à la corruption. En fait, on l'a remarqué auparavant, il serait plus juste de dire que ces traits s'organisaient selon l'habituel sophisme de la pente fatale, un plus grand contrôle gouvernemental sur les ressources, telle une hausse des dividendes ou encore tel le principe de nationalisation étatique, menant *nécessairement* à l'enchaînement que nous venons de décrire. L'équation entre l'Alberta et une République bolivarienne permettait pour sa part de réaliser cette représentation au sein même de la collectivité, où les formulateurs de l'insulte se poseraient comme les égaux de ces victimes des régimes honnis ou qui auraient pris leur place, et non pas les dominants médiatiques ou économiques qu'ils sont en réalité. Mieux encore, les représentants de l'industrie ou les investisseurs ayant recours à ce type d'insulte basée sur la déterritorialisation suggèrent par déduction, en s'appropriant le rôle de victimes, que ce n'est qu'un commencement, que tôt ou tard, d'autres subiront aussi les « tourments » d'un tel régime, qui va menacer en fait l'ensemble de la collectivité, dont l'industrie finit par se poser, tout aussi figurativement, le chien de garde : il faudra donc lui être reconnaissant de tirer ainsi l'alarme.

Ajoutons aussi que le spectre de *socialisme* associée à telle ou telle mesure gouvernementale était également récupéré comme une atteinte des plus fondamentales à l'esprit de la Frontière, autre mythe dont on a vu qu'il se révèle fort utile à l'argumentaire pétrolier, celui de l'individu audacieux prenant des risques dans un espace qui favorise tous les potentiels :

> There are not many places left in the world outside of Alberta that continue to reward these traits: Alberta has been a shining beacon of hope and prosperity for a great many people throughout the years. There are thousands of self-made men and women in this province who have overcome adversity, have worked hard and have managed to thrive in Alberta's economic environment[27].

C'est dans le contexte de telles assertions identitaires que la reformulation de l'Alberta comme une possible « dictature » latino-américaine trouve aussi une utilité qui vient renforcer l'adhésion potentielle à l'insulte, à moins qu'un observateur de l'autre camp n'en vienne signaler la démesure. La reconfiguration du territoire présentée comme une législation où les droits fondamentaux ne seraient pas respectés, ou encore qui ne correspondrait pas à une certaine idée fétiche de la démocratie est ainsi brandie en menace de l'ébranlement des assises identitaires de la Frontière pétrolière comme trait marquant de l'albertanité. Le « péril rouge » prend ainsi figure de menace lancée à la construction d'une subjectivité collective professant l'amour des libertés individuelles qui basculerait ainsi au statut d'objet soumis aux diktats aveugles d'un pouvoir niant l'exercice de ces libertés. Voilà ce qui explique la fonctionnalité de l'insulte « socialiste » redessinée en « péril rouge ». Et rappelons également que la logique de l'appropriation du rôle victimaire par l'industrie fournit un écran à l'efficacité relative mais indéniable, dissimulant la véritable position de puissance de l'industrie et de ses porte-paroles : en vérité, c'est elle qui intimide en signifiant bien qu'elle a le pouvoir arbitraire d'entièrement réaliser ses prédictions.

STUPEUR ET TREMBLEMENTS

C'est sous la forme d'une certaine théâtralité menaçante qu'il faut lire les premières réactions de l'industrie pétrolière au rapport de la Commission lors de la publication de ses recommandations le 18 septembre 2007.

Ces recommandations allaient être partiellement entérinées par le gouvernement le 24 octobre suivant. Nous donnons ainsi un extrait d'éditorial économique qui nous paraît typique de ces réactions :

> Review Stuns Oilpatch: The silence from oil and gas companies Tuesday in response to the release of the provincial royalties review was deafening. "We are not in a position to make any comments" was the common refrain in response to queries about the long awaited report. But it speaks for itself[28].

Nous qualifierons cette réaction première de la part de l'industrie, interprétée par la journaliste, de posture de la stupéfaction que nous rapprocherons de *l'étonnement* dans son sens classique français d'être foudroyé, d'être étourdi par un coup violent, ce qui est par ailleurs exactement traduit par le verbe anglais « stun ». La posture de la stupéfaction est une performance dont la théâtralité est indéniable : l'événement est suspendu dans une attente et un vide qui appellent une intensité anxiogène. Cette anxiété, performée à outrance par les représentants de l'industrie pétrolière doit projeter par ressac chez les représentants du gouvernement le sentiment d'avoir posé une action dont la gravité dépasse même l'objectif initial posé par ses demandes. À partir de ce moment, tout sera possible dans l'ordre des conséquences. Si la stupéfaction est un vecteur particulier du pathos, elle est aussi un mode appréciable de recadrage du Tort par le caractère hyperbolique de la réaction de l'offensé placée sous le signe de l'indicible. La réaction première étant une perte de langage, l'offense originelle doit, elle aussi, relever de l'inconcevable, d'une violation normative telle qu'elle doit tout également échapper à la raison. Ainsi, le CEO d'une importante firme d'investissement calgarienne répondra à l'annonce par le gouvernement de l'adoption partielle des recommandations de la Commission : « I am in utter shock[29]. » Un gros titre d'un reportage de la revue *Oilweek*, établissant la revue de l'année pétrolière, s'énonçait ainsi : « Shock and awe », empruntant au folklore guerrier à la George Bush.

D'autres assertions d'ébahissement font varier le spectre de l'incommunicable, en se doublant cette fois-ci de l'argument qui lui est concomitant, celui de l'incompréhensible. Ainsi : « It is quite amazing what's just happened to the industry and difficult to understand the rationale[30]. » Plus loin, l'accusation de déraison fait par contraste ressortir la rationalité de l'industrie :

> Mr. Calderwood [analyste du marché boursier] singled out the delay in royalty increases until 2009 as a particularly egregious element of the review, calling it an "insult to the intelligence" of companies such as Nexen and Canadian Natural Resources Ltd. that are in the middle of constructing major oil sands projects[31].

Une autre variante peut être aussi identifiée dans l'impossibilité prétendue de la part de l'industrie pétrolière de bien saisir le tort dans toute sa dimension, car il a effectivement dépassé toute attente : en fait, rien ne pouvait préparer à son impact global : « It is obviously really bad, we are just trying to figure out how bad it is[32]. » Une fois encore, l'inconnu et l'inconnaissable sont convoqués pour conférer une plus grande efficacité à l'amplification.

La posture de stupéfaction peut être perçue comme procédé rhétorique en ce qu'elle a recours à l'hyperbole, qui renvoie par retour au caractère inadmissible de l'affront. Mais, dans ce même ordre de conséquences, en relevant de la théâtralité, la posture est aussi un procédé de réfutation en ce qu'elle joue tout aussi de son intensité hyperbolique et sursignifiée pour mieux préparer au déchaînement argumentatif qui suivra. Plus les représentants de l'industrie seront choqués ou affirmeront l'être, plus bien sûr le gouvernement sera dans son tort, plus les conséquences seront redoutables, l'indignation donnant la mesure de la gravité de l'offense et légitimant ultérieurement les mesures prises pour la contrer. Dans le contexte qui nous intéresse, la posture de stupéfaction de l'industrie pétrolière, face à une demande accrue des redevances, a toujours pour effet recherché l'intimidation, car amplifier la portée de ce qui est présenté comme une insulte, c'est ouvrir sous les pieds du gouvernement un abîme menaçant (parce qu'indicible) que le silence outragé et l'irrationalité affichée de l'industrie préparent. En fait, les gros titres des journaux assertant l'anxiété vécue par l'industrie ont plutôt pour effet calculé de projeter l'anxiété chez le public et, bien entendu, tout particulièrement chez les tenants de l'augmentation des redevances. Par la théâtrale perte de langage affichée des représentants de l'industrie, l'opposant doit comprendre que son geste premier lui a échappé et que sont créées devant lui des béances insoupçonnées qui vont appeler un déchaînement de suites incalculables. La posture de stupéfaction se double ainsi toujours de l'intimidation subséquente, montée d'un cran.

Il faut peut-être à ce point préciser une dernière particularité inhérente à la posture de stupéfaction en ce qu'elle suggère une autre possibilité difficile à gérer dans une polémique opposant dominés et dominants. Dans un univers où aucun tort n'a pas été commis, ni même envisagé, les règles d'échanges entre les deux parties sont connues, les termes assurant l'hégémonie du dominant sont prévisibles, et aménagent pour les deux parties un espace familier où les conséquences de tel ou tel geste, telles ou telles demandes, dans la mesure où elles sont estimées « raisonnables », ont une prédictibilité qui offre des points de repère, actions et réactions. En gros, les deux parties savent où elles s'en vont et jouent leurs cartes en conséquence, ce qui reste une condition fondamentale à la survie des dominés. Mais dès que le dominant affirme être forcé dans un état de déraison et d'irrationalité par les demandes des dominés, leur conférant un poids qu'elles n'ont évidemment pas dans le réel, les dominés peuvent craindre : ils viennent de brouiller les balises qui leur étaient nécessaires pour composer avec un dominant qui n'en était pas moins une entité dont on estimait qu'elle était dotée de cette rationalité dont elle affirme maintenant être dessaisie. Passée l'expression de la stupéfaction choquée, juste mesure de l'injure commise, l'industrie pétrolière peut alors procéder à l'étape suivante qui sera de mettre ses menaces à exécution puisque la gravité de la faute aura légitimé les conséquences qui suivront.

RECADRAGES ET MANIPULATIONS COGNITIVES

Nous l'avons dit, la posture de stupéfaction est hyperbolique en ce qu'elle amplifie la portée du tort par recadrage, c'est-à-dire que l'élément considéré comme problématique, « la hausse des redevances pétrolières », est, pour paraphraser Philippe Breton, « réordonné d'une façon telle qu'il (le destinataire du procédé) ne peut guère s'opposer à leur acceptation[33] ». L'acceptation visée chez le destinataire étant qu'une telle hausse portera un coup fatal à l'économie albertaine. Mais le recadrage, qui réordonne la question des redevances dans un autre contexte, va aussi bénéficier d'un amalgame cognitif, lequel « propose le cadrage des faits en y ajoutant un élément supplémentaire dont l'apport sera en lui-même convainquant[34] ». Dans la pratique, il s'agira de démontrer que la hausse des redevances pétrolières, aussi inopérante risque-elle d'être dans le réel, est directement responsable des perturbations économiques qui suivront, en particulier la fuite des capitaux prophétisée et subséquemment réalisée par l'industrie.

Les exemples de cette mise en relation de causalité entre la hausse des dividendes et un « déclin » de l'économie albertaine seront nombreux dans les articles financiers du *Calgary Herald* et du *Globe and Mail* parus dans les semaines suivant l'adoption des nouvelles mesures par le gouvernement. Nous devons en citer un certain nombre ici pour donner l'idée la plus complète possible de l'argumentaire présenté :

> There is one line in the National Energy Board's 123 page report outlining Canada's energy future to 2030 that should send shivers down the spine of each and every Albertan. That line says basically that as a result of rising costs and other operating challenges—like finding enough workers—oilsands companies are reassessing the economics of their projects. [...]
>
> Certainly, Premier Ed Stelmach and his cabinet weren't listening when they sent Bill Hunter and his royalty review panel out hither and yon last spring to discover if Albertans were getting their "fair share" of energy royalties. [...]

What the minister [Ali Al Naimi, ministre saoudien du pétrole] stopped short of saying, of course, is that there are many places in the world where you can produce oil for far less per barrel than it is now costing oilsands producers who are still struggling to decipher what the provincial government's new royalty regime is going to do to their bottom lines.

If those numbers don't add up when the dust clears, you can expect to see more than a few multinationals pull back and look to invest elsewhere[35].

Encana Corp. added to the tally of capital spending cuts Wednesday morning, saying it would spend $500 million less in Alberta than originally planned.

Even though the province's new royalties don't come into effect until 2009, Encana chief executive Randy Eresman said his company's 2008 capital expenditures, which will total $6.9 billion US, are factoring in the impact of the higher rates because of how they will affect future cash flows. [...]

As jarring as these numbers are, companies such as Encana, Canadian Natural Resources, Nexen and others of size won't find their businesses materially compromised by the confluence of low natural gas prices, a persistently high cost structure, the Canadian dollar at close to par and a royalty regime that will affect the returns on growth-oriented projects.

Saskatchewan, it seems, has snatched Alberta's advantage; the rocks might not be as good, *but the province learned its lesson* many years ago on the need to be competitive. [...]

The higher royalty structure—in the current cost and pricing environment—*has effectively eaten* away at whatever return might have been possible.

The current state of affairs is perhaps best summed up by Rick Grafton, a 30-year veteran of the investment banking business [...] who believes 2008 will be one of the worst the energy sector has seen in decades.

"The combination of what the governments—both federal and provincial—have done, low natural gas prices, high service costs and the high dollar are going to make it very tough for companies in 2008, especially the junior players," he said[36]. (nous soulignons)

The Calgary-based company blamed deteriorating economic conditions related to the province's royalty review, higher labour costs and the soaring Canadian dollar.

In September, Eresman threatened to chop $1 billion from Encana's Alberta budget and hinted Wednesday's cuts might have been more severe if the province had chosen to implement the full panel report, which called for an export tax on oilsands production.

Eresman complained Alberta has to "re-establish competitiveness" in the wake of soaring costs and falling natural gas prices. He said the province's economic advantage was already being eroded even *before the government's royalty review panel* released its recommendations in September.

"Alberta was already becoming less competitive," he said. "*It has little to do with the actual royalty rate* and more to do with rewards for investors ... if the government wants more resource capture it has to have the fiscal framework to make it happen[37]." (nous soulignons)

The threat of a bigger government stake is being blamed for a dismal year-end auction of oil and gas rights in Alberta, which saw provincial sales fall behind neighbouring British Columbia for the first time. [...]

The new royalty framework that has been put into place has been chasing the active exploration out of Alberta, said Kwong (from First Energy Capital Corp.). In a risk context, the economy can't compete with B.C. and Saskatchewan. [...]

> But everyone has a chance of where they can drill, geographically. With this new royalty, British Columbia and Saskatchewan are going to be the places where people are going to be redeploying their capital program. Why take a 50 per cent royalty hit in Alberta when you can take a lesser royalty hit in B.C. or Saskatchewan[38] ?
>
> If you're not going to be encouraged because of the royalty structure to keep upgraders in Alberta, people like us will have to start thinking of different alternatives as to where to put that upgrading technology[39]. (Marvin Romanov, Chief Financial Officer, Nexen)

Cette liste des réactions à l'adoption partielle des recommandations de la Commission est loin d'être exhaustive, mais elle reflète avec assez d'exactitude le spectre argumentaire des tenants de l'industrie et de leurs recours discursifs pour recadrer la revue du régime des redevances comme cause fondamentale de ce qui ressemble fort à une « vision crépusculaire » du monde telle que l'avait définie Angenot dans un autre contexte. Mais le tableau ainsi donné est le résultat de manoeuvres plus complexes que la projection catastrophique, et il vaut la peine de les examiner de plus près.

On l'a dit, recadrer est de l'ordre d'une manipulation cognitive qui consiste, entre autres, « à orienter les faits de telle façon que la réalité s'en trouve sciemment déformée[40] ». Le recadrage d'un élément ou d'un fait peut aussi bénéficier de plusieurs types d'amalgames cognitifs que l'on pourrait définir, toujours selon Breton, comme la technique rendant « acceptable une opinion en construisant un message qui est un mélange de cette opinion sans discussion de son contenu avec un élément extérieur, sans rapport immédiat avec cette opinion, mais considéré, lui aussi, comme déjà accepté par l'auditoire[41]. » Cependant, en examinant de plus près les exemples qui nous sont offerts par la presse calgarienne, on observera une *tendance* à ces manipulations plutôt que leur déploiement à l'état pur.

Ainsi, examinons comment est positionnée la hausse des redevances dans la liste des causes d'une baisse (annoncée ou actuelle) des investissements de l'industrie en Alberta. Elle est associée à un ensemble d'autres facteurs qui, logiquement, contribuent à une baisse des revenus de l'industrie : pénurie de main-d'œuvre, exigences salariales élevées, montée subite du dollar canadien qui dépassa, fin novembre 2007, le dollar américain, coûts d'opérations en hausse causés par le contexte particulier de l'exploitation des sables bitumineux, baisse notable du prix du gaz naturel. Cela dit, dans un contexte mondial où le prix du brut avait atteint le prix record (à l'époque) de 94 $ le baril, début décembre 2007. On notera que ces derniers éléments pris en compte dans l'habitus du monde des affaires bénéficiaient sans conteste d'une acceptabilité générale : le pétrole albertain n'avait jamais été économique à produire. Ces causes aux apparentes difficultés de l'industrie—qui n'en continuait pas moins à déclarer des revenus record, telle Encana particulièrement pour l'année fatidique de 2008—consistaient pour le lectorat une opinion acceptée. Mais, soudainement, ce pétrole était devenu encore moins économique du fait de l'annonce de la hausse des redevances dont l'application était reportée dans le temps et dont la teneur était considérablement édulcorée[42]. Les recommandations de la Commission, non effectives au moment des déclarations de l'industrie, étaient insérées dans ce contexte véritablement « crépusculaire ». Ces recommandations étaient contaminées par le statut de causalité qui était accolé aux autres facteurs, rendant tout aussi acceptable le fait que la hausse des redevances devait être considérée comme un élément tout aussi nuisible pour l'industrie. De fait, puisque nous sommes ici dans le domaine des projections, il est très difficile pour le profane de vérifier l'impact réel de la hausse sur les revenus de l'industrie. Il reste admissible, logiquement, que les sommes versées à l'État albertain constituaient certes des « pertes » de revenus pour l'industrie, mais de quel ordre exactement ? Cette hausse entraînait-elle vraiment la ruine, était-elle la cause directe de la fuite des capitaux de l'Alberta, « érosion » définie par le CEO d'Encana ? À partir de quel niveau le profit devient-il vraiment *médiocre* ? Ces hausses furent-elles vraiment le facteur marquant qui aurait pu précipiter les décisions de l'industrie de réduire ses investissements, voire de les déménager ailleurs ? Nous ne croyons pas qu'il soit possible d'obtenir de réponses satisfaisantes et vérifiables à ces questions qui relèvent davantage du journalisme d'enquête que de l'analyse du discours. Mais, c'est à ce dernier mode d'analyse que nous devons nous fier pour essayer de cerner d'un peu plus près ces données incertaines.

Le positionnement de la hausse des redevances comme élément contribuant aux difficultés de l'industrie est une conséquence de l'amalgame avec d'autres circonstances dont nous avons remarqué qu'elles avaient déjà été présentées discursivement, entre autres par Pierre Alvarez, comme un assaut concerté contre les pétrolières, voire comme un complot de l'État. L'accumulation des autres données résulte en une image de l'industrie déjà fragilisée et victimisée, condition attribuable à certaines décisions précédentes des gouvernements, telle l'abolition des *trust funds* au début de l'année 2007. On voit comment l'amalgame cognitif où la hausse des redevances est mise sur le même pied que les coûts inflationnaires des opérations d'exploration (que l'industrie, soit dit en passant, a contribué à créer) est censé produire le même effet. Une autre variante, congruente avec la représentation d'une industrie assaillie, est de présenter cette hausse comme la dernière goutte qui aurait fait déborder le vase, et qui aurait provoqué l'ultime basculement vers le désastre, suggèrant que, sans cette dernière goutte, on aurait peut-être réussi « à s'en sortir », ce qui est de rejeter tout l'odieux des événements sur le gouvernement. L'industrie pétrolière est donc ainsi déresponsabilisée de ses propres décisions et on peut lire à quel point les commentateurs du *Calgary Herald* abondent dans cette direction.

Un autre indice discursif récurrent doit être aussi relevé dans ces discours du blâme : il s'agit du type spécifique de temporalité des événements dont il est fort possible qu'elle ait été présentée par mégarde. Deux commentateurs, Deborah Yedlin et Charles Frank, remarquent que certaines études de rendements ont été effectuées et produites *avant* l'annonce officielle de la mise en place de la Commission de revue des redevances. D'autre part, les tendances inflationnaires ne se sont certes pas concrétisées subitement à la mi-octobre, date de la publication des recommandations, de l'aveu même de Randy Eresman d'Encana qui en fait état dans sa déclaration, ce qui modifie quelque peu le rôle de la Commission, passant du statut de cause à plutôt celui d'un facteur d'accélération. Si on considère l'habitus prévisionnel du monde des affaires, on doit prendre en compte que cet état de choses avait certainement été constaté depuis un certain temps, ce qui explique les ventes accélérées de terrains exploitables en Colombie-Britannique et en Saskatchewan en cette même année 2007. Dans l'hypothèse où nous choisissons de croire les déclarations de l'industrie, *et machiavéliquement nous les croirons*, nous devons en conclure que toute cette évolution aux facteurs multiples était surveillée étroitement depuis un certain temps et que des mesures compensatrices étaient déjà envisagées ou déjà prises avant septembre–octobre 2007, l'industrie pétrolière n'ayant pas coutume d'improviser ses mouvements. Ces considérations placent dès lors la question de la hausse des redevances sous un autre éclairage : la perception de l'amalgame cognitif doit être ici quelque peu modifiée, car il semble davantage consister à faire coïncider dans le temps un ensemble de facteurs dont la manifestation temporelle était en fait graduelle et éparse dans le temps et l'espace.

Le nouveau type d'amalgame qui en résulte donne l'impression que toutes ces causes surgissaient en même temps au terme d'un point soudain d'éclatement, et que leur impact devenait brusquement plus aigu, n'attendant qu'une autre occurrence pour devenir incontrôlable : la hausse des redevances pétrolières et gazifières. On est donc devant l'image d'une constellation arbitrairement diachronique mais synchroniquement mise en place, qui n'attend que l'impulsion finale pour lui insuffler sa trajectoire globale, produisant une téléologie rétrospective de la détérioration.

À cela s'ajoutent deux autres données figuratives, l'une récurrente, l'autre isolée, mais qui jouent en concomitance. Il s'agit, sous la plume de Deborah Yedlin, de la petite métaphore en apparence inoffensive et gratuite de la *leçon* apprise par la Saskatchewan sur les exigences de la compétitivité : « Saskatchewan had learned its lesson ». Si, comme le dit Angenot, toute métaphore est idéologique, celle qui nous occupe est lourde de tout un jugement éthique singulier. Ainsi une instance supérieure a fait la leçon à la province des Prairies, et celle-ci a vraisemblablement été « punie » pour y avoir résisté, mais que, par la suite, elle a « compris ce qu'il fallait faire » et s'est soumise à cette instance. La métaphore de la leçon présume une subjection et un certain type d'imposition soumettant la volonté de la province. On présume ici que la Saskatchewan n'aurait imposé qu'un minimum de redevances, pour répondre à cette abstraction polymorphe : la compétition. L'avantage de la province consisterait donc, en toute logique, à s'être asujettie sans réclamation conséquente à l'industrie pétrolière, qui aurait décidé d'en exploiter les ressources. Ajoutons à cette mise en exemplarité de la Saskatchewan une autre conséquence argumentaire, qui est de rendre à son tour l'Alberta « jalouse » puisque les faveurs de l'industrie vont maintenant à une autre province, traditionnellement négligée, et qui serait désignée comme la nouvelle star énergétique, reléguant au second plan l'Alberta, auparavant si fière de l'envie qu'elle suscitait dans le reste du Canada. Ce procédé a une efficacité indéniable, qu'il convient de faire resurgir dès que l'occasion s'y prête, comme le montrent les titres des éditoriaux subséquents de Yedlin « Bakken steals Alberta's thunder[43] » et de Charles Frank « Head East, young driller : Saskatchewan shines as a land of opportunity[44] », indiquant le double désir de présenter l'Alberta déjà condamnée à la désaffection tout comme (que l'on nous pardonne ce jeu de mots) à la dés-affection. Cette thématique de la rupture affective n'est nulle part mieux exprimée que par Charles Fisher, CEO de Nexen qui, dans une entrevue journalistique, exprimait son ressentiment à la suite de l'adoption des recommandations de la Commission, par une menace sans équivoque :

> But, once they [le gouvernement] got to a conclusion, they've got to live with the consequences. To the extent they've raised royalties, in some cases, to the point where projects become uneconomic or marginal, then we cut capital [...]
>
> If we are going to be fair share and become that great socialist society, government can pay for it all. I am still a philanthropist—I just won't be a philanthropist here. *I'll take my money and give it to the developing world where maybe they appreciate it*[45]. (nous soulignons)

Cette dernière remarque se passerait de commentaires, si elle n'illustrait en sus (si tant est que l'on ait encore besoin de revenir sur les inconvénients de la chose) les risques inhérents à confier le sort culturel ou social de la collectivité au bon vouloir d'un agent privé dont le désintéressement se dévoile en fait comme un vernis fragile, dès que ses intérêts immédiats et *réels* sont perçus comme étant menacés.

DES MULTIPLES USAGES D'UNE COMMISSION DE REVUE DES REDEVANCES PÉTROLIÈRES, OU COMMENT « FAIRE SORTIR LE MÉCHANT[46] »

Force donc nous est de percevoir que l'instauration d'une Commission de revue des redevances pétrolières de l'Alberta s'affirme comme un des catalyseurs discursifs centraux de l'argumentaire pétrolier albertain du début dans la foulée du second boom pétrolier de 2005–08. D'une simple consultation gouvernementale, la Commission devenait, dès son annonce et avant même la mise en place de ses travaux, le lieu d'une polémique grandissante se nourrissant d'un côté de diverses thématiques qui allaient de la récupération identitaire, à la résurrection massive du discours patronal de la révolution industrielle, en passant par une rhétorique de l'insulte coloniale, à l'évocation de la « vision crépusculaire », au pathos de l'abandon, et à l'éthique de la punition. De l'autre était évoqué l'argumentaire de l'appropriation des ressources et du topos de ce que nous nommerons pour l'instant celle « du grand bourgeois s'engraissant de la sueur de peuple », empruntant elle aussi au discours ouvrier du dix-neuvième siècle, double inscription discursive sur laquelle nous reviendrons.

Récapitulons cependant les étapes synchroniques ayant conduit à ce déchaînement discursif afin de bien marquer d'une part la nature de sa productivité argumentaire et d'en mesurer le pouvoir éminemment cathartique pour l'ensemble de la collectivité albertaine, incluant l'industrie pétrolière. Cette récupération devrait aussi permettre de mieux comprendre la multiple fonctionnalité de la Commission, selon les différentes parties qui y réagirent. Nous émettrons au départ quelques hypothèses présidant à la genèse de la Commission, hypothèses centrées autour de sa dimension pragmatique, c'est-à-dire l'ensemble des motivations politiques qui ont pu vraisemblablement conduire à sa création d'abord et à son instrumentalisation ensuite.

En premier lieu, il y a fort à parier que, depuis un certain temps, dans la foulée particulière du boom de 2006 et de la montée accélérée du prix du brut, les technocrates gouvernementaux, les grands fonctionnaires albertains, aient jugé que l'actuel régime des redevances pétrolières était insuffisant et obsolète et devait être remis, en quelque sorte, au goût du jour. Si le gouvernement de Ralph Klein, par ses professions populistes de laisser-faire et de non-intervention dans la marche de l'industrie, a pu être perçu comme non favorable à une telle revue, la course à la chefferie du Parti conservateur a certainement offert un terrain plus favorable à une reconsidération de ce régime. On se souviendra que c'est pendant cette campagne à la chefferie que les candidats émirent la possibilité de procéder à une telle revue, qui dès lors prit l'aspect d'une promesse électorale. La nomination inattendue d'Ed Stelmach, qui devenait d'office premier ministre de l'Alberta, mit sans doute le nouveau dirigeant dans l'obligation de donner suite à cette promesse, peut-être comme stratégie pour prouver qu'il était l'homme de la situation, malgré le caractère aléatoire de sa désignation. Nous retenons l'hypothèse de la stratégie légitimatrice, comme il est fort possible, d'autre part, que Stelmach ait été convaincu de lui-même (ou par ses conseillers) de la nécessité de procéder à une réévaluation de régime. Quoi qu'il en soit, la création d'une Commission indépendante, formée d'universitaires, d'économistes, et d'anciens acteurs de l'industrie et du monde des affaires, avait l'avantage de présenter une telle étude et ses résultats comme venant de l'extérieur, offrant véritablement un discours immotivé et neutre, soustrait aux influences du pouvoir. En demeurant toujours dans le domaine des suppositions, nous envisageons ici deux autres possibles. Soit que la Commission ait confirmé la position initiale de l'administration gouvernementale, et que la Commission ait énoncé les recommandations déjà souhaitées par Stelmach et son gouvernement. Ou soit encore que le premier ministre ait été pris de court par des recommandations de la Commission, qui aient pu dépasser ses prévisions et sa marge de manœuvre initialement prévue. Dans les deux cas, néanmoins, le caractère éminemment consultatif, public et ouvert de la Commission imposait une certaine réceptivité de la part du gouvernement. Si nous admettons la possibilité de la création de la Commission comme stratégie de consolidation de sa position, Stelmach pouvait difficilement reculer, et s'est peut-être retrouvé, nous l'avons déjà mentionné, dans la situation de l'apprenti-sorcier. Il est tout aussi plausible que la Commission lui ait servi d'alibi pour passer à une action déjà souhaitée et déterminée par son gouvernement : nous tendons à opter pour cette seconde hypothèse car, malgré les dommages potentiels à son image à la suite de ce qui ressemblerait à une trahison manifeste de ses promesses électorales, le premier ministre avait adopté, quoiqu'avec certaines modifications, les recommandations de la Commission. Quelles qu'aient cependant pu être les motivations du premier ministre albertain, il faut garder à l'esprit ce facteur fondamental : la Commission de revue des redevances pétrolières, de par son extériorité même, allait fournir au gouvernement un remarquable déflecteur discursif, en ce qu'elle attirait sur elle, plutôt que sur le chef de l'État, une bonne part des imprécations, malédictions et anathèmes qui allaient pleuvoir sur l'Alberta de la part de l'industrie et du monde des affaires.

Si les parties précédentes de ce chapitre permettent de mesurer le catalogue (très partiel) de la variété des discours d'intimidation, voire d'agression, lancés à l'égard de la Commission, du gouvernement et des Albertains en général, il est pertinent de noter que les attaques *ad personam* furent surtout réservées aux membres de la Commission. Nous n'en donnerons ici qu'une illustration, cependant exemplaire, du procédé : « In case you are wondering, that study was carried out last spring, well before the kerfuffle over Alberta's energy royalty panel. Bill Hunter's intemperate statements blew up into a province cause célèbre[47]. »

Outre cette première fonction d'écran stratégique au gouvernement, qui pouvait avoir l'air ainsi d'obéir à un influx extérieur, et de se détacher de ses propres décisions ou des les attribuer à une autre instance, la Commission offrait aussi à la conjonction ambiante d'excellentes occasions discursives qui allaient s'avérer centrales pour un repositionnement des enjeux historiques entre l'industrie, l'État et les citoyens, occasions dont les différentes instances allaient trouver des usages fort variés, selon leurs positions respectives dans le débat.

Ainsi, l'industrie se voyait offrir la possibilité de reconfigurer la Commission de revue des redevances comme l'alpha et l'oméga de tous les obstacles, problèmes, difficultés qui allaient potentiellement marquer l'industrie, et conséquemment la prospérité de la province. L'adoption des recommandations de la Commission pouvait fournir à l'industrie et à ses commentateurs, par un incessant travail de recadrages et d'amalgames, une cause continue et infaillible à toutes les tribulations de l'industrie, en en présentant la volonté populaire et démocratique albertaine comme la coupable incontournable. En cela, on consolidait le discours punitif en faisant poser l'odieux de la punition sur l'Alberta elle-même, présentée dans cette logique comme victime de sa trop grande avidité, et conséquemment punie en vertu d'une certaine « justice naturelle ». Ce détournement éthique vers la victime responsabilisée fut donc une véritable aubaine argumentaire que l'industrie ne se fit pas faute de saisir.

Il en allait par contre différemment pour les citoyens de l'Alberta et pour une partie de ses représentants, et c'est sur cette différence que repose peut-être la plus grande valeur instrumentale de la Commission. Car du seul fait qu'un débat public naquit de l'instauration de la Commission et de ses recommandations est remarquable en soi, dans une collectivité qui avait toujours présenté une unanimité, aussi superficielle soit-elle, quant à son rapport à ses ressources naturelles, et ce, tout particulièrement dans l'euphorie initiale de son second boom pétrolier. Le pétrole demeurait le sang et le cœur de l'Alberta, dans un amalgame émotionnel qui gommait tous les « aléas de la conjoncture ». Mais voilà que les travaux de la Commission et ses consultations publiques procuraient l'occasion de jeter un coup d'œil plus attentif précisément à ces aléas de la conjoncture, et plus particulièrement au fait qu'entre les Albertains et leurs ressources s'interposait un intermédiaire de taille : les grandes pétrolières, dont les mécanismes de fonctionnement financier et d'obligations aux actionnaires étaient tout à coup rappelés à l'argumentation de l'appropriation des ressources, telle qu'exprimée par l'injonction de Peter Lougheed « Think like an owner ». Non pas que la réalisation de cet état de choses s'imposait comme une découverte inédite : depuis la fin des années quatre-vingt, il n'y avait plus, en Alberta, de pétrolières canadiennes nationalisées[48], et les priorités de la libre entreprise étaient des axiomes traditionnellement admis et valorisés dans le discours social albertain ayant intégré les modalités de l'identité frontalière. Cependant, on percevait que ces règles incontournables avaient été plus ou moins reléguées dans l'*impensé* collectif, tant étaient forte leur acceptabilité générale. Parce que justement, elles avaient toujours été prises comme acquises, il n'avait pas été nécessaire de les penser, encore moins de les *repenser*, de même que leurs conséquences sur les mesures décisionnelles des compagnies pétrolières. Ces dernières, dans la logique de leur fonctionnement, se devaient d'établir ou de rétablir leur loyauté première qui était, pour employer les termes du CEO de Encana, Randy Eresman, « the reward of long-term capital investments[49]. »

C'est dans ce travail de retour sur la nature des règles fondamentales d'exploitation des ressources pétrolières albertaines que s'inscrit un des apports cruciaux de la Commission : la mise au jour et l'articulation des réalités du néo-libéralisme qui venaient contrecarrer, voire annuler, tous les mécanismes antécédents de nationalisation symbolique et dévoiler leur dimension illusoire et très justement, purement symbolique. Cette compréhension ne s'avérait pas tant nouvelle que comme nouvellement vécue dans le réel, dans la mesure où les travaux de la Commission dévoilaient un déséquilibre dans les redevances, confirmé d'ailleurs par l'Auditeur général de l'Alberta, qui calculait un manque à gagner précédent de deux milliards de dollars[50]. La réalisation d'une telle faille dans les revenus escomptés ne pouvait être exprimée que par l'argumentaire de la propriété des ressources, dont il vaut la peine de noter qu'il n'a jamais été nié par l'industrie, tant cet argument était lui aussi incontournable. De fait, le débat entre les citoyens albertains et l'industrie pouvait être synthétisé par l'opposition de ces deux axiomes, propriété des ressources pour le citoyen et obligation de profits pour le libre-marché et l'industrie, qui ne pouvaient s'articuler l'une par rapport à l'autre, tant elles appartenaient à des éthos littéralement différents. Sans être exclusives, elles ne pouvaient que cohabiter parallèlement et s'accommoder l'une de l'autre, sans que l'une ou l'autre puisse dominer dans l'absolu. L'expression « We are married to energy » devait se moduler, si on continue dans la lignée de cette métaphore, non pas tant comme divorce, mais certainement comme « séparation de corps » effective entre un groupe important de citoyens albertains et l'industrie pétrolière exploitant leur propriété naturelle. Cette prise de conscience était là pour demeurer, et doit être comptée au rang des conséquences les plus notables de la mise en place de la Commission, comme le faisait remarquer un de ses membres : « The Royalties Review Panel played a role in changing the nature of the political conversation in Alberta[51]. »

Non pas cependant que la Commission elle-même ait directement indiqué les termes de cette scissure entre l'Alberta, État et citoyens, et l'industrie pétrolière, sinon par inadvertance, par le biais des consultations publiques. L'industrie et ses porte-paroles, commentateurs et journalistes, s'acquittèrent paradoxalement de cette tâche discursive de dissociation de façon quasi exemplaire, et c'est en cela, s'il fallait désigner un perdant dans le débat, nous identifierons ce perdant comme l'industrie pétrolière, non pas tant du côté des retombées économiques[52] négatives que du côté de la représentation résultant de leurs discours d'opposition à l'instauration d'un nouveau régime de redevances. L'industrie pétrolière avait intérêt à consolider le mythe d'une osmose entre les Albertains et elle-même, osmose d'où devait résulter une confusion d'intérêt entre les deux parties. Par leurs réactions hyperboliques, les sociétés pétrolières avaient, dans l'impensé croyons-nous, durement mis à mal ce mythe qui leur était pourtant nécessaire. De plus, ce qui doit être noté ici, c'est que la conscience de la scission entre la collectivité albertaine et son industrie pétrolière n'a nullement été le privilège exclusif des citoyens albertains. Dans la foulée des commentaires orbitant autour de la Commission, l'industrie, en réalisant ce qui était pour elle le scandale de cette fracture, trouva remarquablement moyen de la conforter par son argumentaire d'intimidation, ce qui n'était probablement pas le but qu'elle recherchait. Cette dissonance entre ses tactiques et leur résultat fut parfois exprimée par un inattendu recours au pathos comme une blessure narcissique à l'image qu'elle s'était faite d'elle-même comme bienfaitrice de la province. Ainsi cette interrogation posée par un dirigeant de l'industrie : « How did we get into the position where we contributed so much to the province where we're despised? a Calgary oilman asked recently[53]. » Charlie Fisher, CEO de Nexen, exprime le même affect blessé, et pratiquement en termes identiques : « I found it really shocking to see the animosity people had for the sector. It doesn't make you very proud of the sector. I don't get that[54]. »

Cette conscience offensée de telles divergences d'intérêt ne semble cependant pas remonter jusqu'à sa cause plus chargée de conséquences, c'est-à-dire sur l'image d'elle-même qu'avait ainsi offerte l'industrie pétrolière aux Albertains. Par ses avertissements, ses menaces semées d'insultes et ses chantages affichés, l'industrie pétrolière endossait un discours qui illustrait avec une littéralité somme toute désarmante ce diagnostic de Marc Angenot :

> Le néolibéralisme n'est pas chose bien surprenante : il est cette idéologie diffuse de la classe capitaliste et industrielle, ou plutôt cet avatar contemporain d'une idéologie séculaire, qui cherche conformément à sa nature et à sa logique, à profiter de la débandade des réformes et des adversaires du marché, à reprendre le terrain perdu pour parvenir elle aussi *à remonter dans le temps*, à remonter quelque part aux alentours de 1830, au moment où le libéralisme classique encadrait vraiment la progression industrielle, où le grand patron supportant stoïquement la misère des ouvriers, luttait avec conviction et bonne conscience, Adam Smith ou Bastiat à la main, à la fois contre les bourgeois protectionnistes et contre les meneurs plébéiens et leurs « insupportables » récriminations[55].

Cet avatar, l'industrie l'avait endossé avec une exactitude que la collectivité albertaine a pu aisément reconnaître : elle avait montré clairement par ses capacités discursives son potentiel de discours punitif et son désir rageur de matérialiser cette punition, en cela bien proche d'un discours de recolonisation que l'on pouvait effectivement lire dans cette logique.

Ainsi, tout en prenant en compte le risque de caricature inscrit dans la description d'Angenot, nous avons pu voir comment les tactiques discursives mises en œuvre par les dirigeants de l'industrie pétrolière n'ont guère varié depuis Zola, du paternalisme au choc d'habitus, de l'imposition identitaire à la primauté de la « compétition », de l'affirmation d'un monopole épistémologique jusqu'à la prophétie patronale que l'on avait les moyens de réaliser.

Toutefois, il est à noter que ce dernier point ne conforte pas nécessairement la comparaison absolue avec *Germinal*, pour une raison elle aussi somme toute surprenante par sa banalité même en ce qu'elle conditionne tout autant l'industrie que les citoyens albertains. Cette condition était la soumission égale aux lois du marché et aux fluctuations de l'économie, que l'industrie, pas plus que les Albertains, ne pouvait réguler, comme nous le verrons au dernier chapitre de cet ouvrage. Cependant, un examen des avertissements sans équivoques des représentants de l'industrie, conduit à consolider l'avènement de la Commission comme la cause de tous les malheurs économiques qui ne devaient pas manquer de survenir à la suite de l'adoption de ses recommandations, et de leur conférer une téléologie rétrospective.

Cependant, la question se pose : et si le cataclysme économique prévu ne se produisait pas, et si les profits accrus des pétrolières n'étaient nullement modifiés par les redevances, en raison d'une hausse continuelle des prix du pétrole et de nouvelles inflexions de la demande mondiale ? Les Albertains se trouveraient ainsi devant le cas où l'industrie pétrolière, comme l'Agrippine de *Britannicus*, aurait promis « au-delà de son pouvoir », occurrence doublement dommageable pour son image car elle dévoilerait trop clairement son désir hargneux de punition, déjà lourd d'un éthos suspect en soi, en ce qu'il s'accompagnerait de la sanction contraire par les règles mêmes du marché, que défendait pourtant l'industrie. La conjoncture de profits record de 2008 a pu s'avérer un coup majeur à sa crédibilité argumentative dans tout débat subséquent sur la question des redevances. Par ailleurs, la crise économique de la seconde moitié de la même année, et son impact désastreux sur l'industrie et la société albertaine n'eurent rien à voir avec la mise en place des recommandations de la Commission. Quoi qu'il en soit, il y a fort à parier que les deux parties sont pleinement conscientes des risques encourus dans le futur pour l'industrie à discursivement s'exposer davantage sur la question, et que cet épisode où la doxa d'une équation identitaire entre les Albertains et leur industrie (de même que la croyance au caractère bienveillant sinon bénéfique de cette même industrie envers les Albertains) venait de voler en éclats. Certaines positions fondamentales étaient ici fortuitement et brutalement dévoilées.

Mais au-delà de ce potentiel échec de l'industrie dans sa tactique d'auto-représentation n'ayant pas su modérer l'expression de son ressentiment, la logique des discours orbitant autour de la Commission de revue des redevances a permis en définitive de mesurer, outre leur valeur réellement cathartique, un certain désenchantement des Albertains et de leur industrie face aux ressources énergétiques de la province. Que l'on nous pardonne de galvauder un peu plus cette expression du « désenchantement » : elle nous paraît pourtant s'appliquer elle aussi, avec littéralité, à ce contexte des relations entre l'Alberta et ses ressources énergétiques. Quelque chose de ce mariage entre une collectivité et sa principale ressource, le pétrole, cette plénitude heureuse qui permettait historiquement à l'Alberta de se saisir dans l'unicité et de s'offrir telle aux regards du monde, s'était effrité à la lueur des débats autour de la question fondamentale de la jouissance de sa propriété énergétique. Le sentiment d'une perte de contrôle effective et réciproque entre les parties impliquées remettait pour ainsi dire les pendules à l'heure. Ce qui s'était immiscé au sein des arguments variés, d'une rhétorique de l'appropriation à une rhétorique de l'intimidation, était la conscience vague d'une déperdition symbolique de pouvoir sur les ressources mêmes, qui n'appartenaient plus en propre à aucune partie. Ni à l'État ne pouvant les exploiter sans l'industrie, ni à l'industrie qui avait tiré sa légitimité de l'illusion d'une synergie identitaire entre elle et les Albertains, ni à ces derniers eux-mêmes à qui étaient brutalement rappelées les conditions de subordination aux règles du marché à laquelle était sujet ce rapport, auparavant euphorique, à leurs ressources pétrolières.

Au-delà de son instrumentalisation par les diverses parties impliquées dans le débat, nous avancerons qu'en définitive, un des effets les plus durables de l'instauration de la Commission de revue des redevances pétrolières, effet échappant à toute prédictibilité et dépassant de loin son intentionnalité première, a été précisément de remettre en question ce récit pétrolier auparavant motivé par la conjoncture entre l'identité frontalière (individualiste, faisant table rase du passé, insoumise et étant à elle-même son propre ciel) et une ressource énergétique riche elle aussi de ses légendes, de ses gloires, de ses risques et de sa destinée mystique. Cette fusion entre identité et ressource devait aussi compenser l'Alberta de son accessoire obsession de la perte. Pourtant, ce récit explicateur de l'albertanité perdait ainsi quelque peu de sa motivation extatique. Par les rappels à l'ordre des lois incontournables de la libre entreprise et du libre-marché, quelque chose de cette ivresse frontalière était maintenant contaminé, et peut-être de façon irrévocable, par la sourde angoisse elle aussi impensée de cet intermédiaire posé entre les Albertains et la jubilante jouissance de leur énergie : *Big Oil* et ses règles, qui repositionnaient le collectif en potentiel serf de son territoire.

D'autres facteurs supplémentaires allaient aussi être source d'inquiétude pour les tenants de ce récit du Pétrole[56], dont toutes les parties avaient tiré avantage. Il nous en faut maintenant faire un peu le tour pour voir en quoi ces données elles aussi apportent des modifications notables à ce récit, dont le potentiel sera peut-être de le rendre impossible. Et ce, paradoxalement, alors que ce récit légitimateur serait peut-être plus que jamais nécessaire face aux assauts du réel, et aux premières lueurs de ce qui semble être les prémisses d'un certain « crépuscule » de la gloire pétrolière dont la donne environnementale n'est pas la moindre des composantes.

CHAPITRE 6

CONFESSIONS ENVIRONNEMENTALES : DISCOURS ET AVEUX

Soudain, au-dessus du lac l'archange dresse sa puissante stature de sa main droite et de sa main gauche, les flammes repoussées en arrière écartent leurs pointes aiguës, et roulées en vagues, laissent au milieu une horrible vallée. Alors, ailes déployées, il dirige son vol en haut, pesant sur l'air sombre qui sent un poids inaccoutumé jusqu'à ce qu'il s'abatte sur la terre aride, si la terre étoit ce qui brûle d'un feu solide, comme le lac brûle d'un liquide feu. Telles apparaissaient dans leur couleur [...] telles apparaissent les entrailles combustibles et inflammables qui, là concevant le feu, sont lancées au Ciel par l'énergie minérale à l'aide des vents, et laissent un fond brûlé, tout enveloppé d'infection et de fumée [...]

Est-ce ici la région, le sol, dit alors l'archange perdu, est-ce ici le séjour que nous devons changer contre le Ciel, cette morne obscurité contre cette lumière céleste [...] Adieu, champs fortunés où la joie habite pour toujours.

—John Milton, *Le Paradis perdu*, traduction de Chateaubriand[1]

> Energy production means jobs in Alberta: it also means feeding the energy needs of Alberta's booming industry, of Alberta's booming population, the fastest growing in the country. But Alberta has an additional rationale: energy produced in Alberta is cleaner than energy produced almost anywhere else in the world. Canada as a whole is a clean energy country—our energy sources are cleaner than the U.S., and even cleaner than European countries, that do not face the onerous Kyoto rationing that we do.
>
> —Ezra Levant, *Fight Kyoto: The Plan to Protect Our Economic Future*[2]

Il n'appartient pas à cet ouvrage de faire le procès écologique de l'exploitation des sables bitumineux de l'Athabasca, dont le complexe industriel auquel elle a donné naissance est couramment désigné comme l'un des plus vastes désastres environnementaux d'Amérique du Nord et son pire émetteur de gaz à effets de serre.

Cet état de choses est régulièrement soumis à l'attention du public non seulement albertain, mais canadien, nord-américain et européen, à une intensité et un rythme tels dans les médias qu'il a acquis un clair statut d'indéniabilité et d'incontestabilité de la part même des diverses industries qui y participent. Pour simplifier notre commentaire, disons que l'ampleur concrète des dommages au milieu naturel, sans compter les risques encore plus menaçants pour l'hydrographie du Nord de la province, est telle qu'elle ne peut plus être niée, précisément à cause de la visibilité même des activités d'exploitations qui fonctionne comme le pléonasme du désastre qu'on les accuse de causer. Mieux encore, le caractère particulier, et souvent spectaculaire, de ces représentations fait qu'elles ne peuvent rien dissimuler ni atténuer. Leur gigantisme même est en fait leur principale faiblesse représentationnelle.

Ce procès, tant au point de vue social qu'environnemental, nous semble donc amplement établi par diverses sources, que ce soit, en Alberta, par le Parkland Institute, le Pembina Institute, les recherches des scientifiques

David Schindler et John O'Connor, les journalistes Andrew Nikiforuk et William Marsden[3], ou encore le Sierra Club, World Wildlife, Greenpeace, pour ne citer que ceux-là, dont les propos sont synthétisés et rapportés par les médias. Tout particulièrement, dans l'ordre de telles synthèses, le *Globe and Mail* publiait en février 2008 une série de plusieurs articles de fond, tentant de dresser l'état de l'exploitation des sables bitumineux, sous l'angle de leur impact économique global, de leur influence sur les représentations de l'industrie pétrolière canadienne à l'étranger, sur la reconfiguration sociale qu'elle impose aux Albertains et surtout, en particulier, en ce qui a trait aux effets de l'exploitation sur l'environnement. Pour donner une idée non pas tant de la critique de cet impact que plutôt de l'acceptabilité de cette critique, citons une fois de plus le journaliste Eric Reguly qui en fait ne répète que des données connues qu'il convient toutefois de rappeler pour mémoire :

> The economic non-debate is, sadly, matched by the environmental non-debate. The figures are astonishing: oil sands production is two or three times more carbon-intensive than conventional crude production. Parts of Northern Alberta are turning into moonscape as forest and wetland are removed to gain access to the bitumen. It takes two to four barrels of water and 750 feet of natural gas to make four barrels of synthetic oil[4].

À ceci, nous ajouterons cet autre commentaire, tiré de la même série :

> There is no question that extracting, upgrading and transporting unconventional crude leaves a crushing ecological footprint. Based on current mining leases, the oilsands may transform that Florida-sized swath into a massive lunar landscape—much of it unlikely ever to return to its original state. (Existing projects have already stripped roughly 460 square kilometers). As well the mining operations are licensed to draw 349 million cubic meters of fresh water from the Athabasca every year,

> twice the amount used up by Calgary, a city of one million people. Some of the water is recycled, but most of the muddy leftovers, or tailing, wind up in those toxic "ponds" large enough to be seen from space[5].

Ces descriptions, amplement relayées par une série de rapports scientifiques (dont on doit cependant garder à l'esprit qu'ils sont dès lors falsifiables et que l'industrie pétrolière œuvrant dans les sables bitumineux ne se fait pas faute de traiter comme tels, en contestant les chiffres avancés par ces critiques), sont aussi régulièrement doublées des discours des environnementalistes qui, eux, ni vrais ni faux, restent de l'ordre de l'interprétable, en ce qu'ils visent à convaincre et à agir auprès d'un destinataire, tâche en théorie facilitée précisément par le haut degré de montrabilité immédiate des dégâts. Le constat de la problématique environnementale des sables bitumineux de l'Athabasca, répétons-le, jouit d'une acceptabilité générale même auprès de l'industrie, malgré ses régulières tentatives de falsifications qui peuvent être dans une certaine mesure une preuve supplémentaire de cette acceptabilité. Cependant, à la lumière de ce facteur incontournable, nous nous sommes livrés à l'analyse discursive d'un épisode précis de dommage environnemental irréfutable, tel qu'il fut médiatisé par la presse, et circonscrit à la fois par les différents niveaux de gouvernements et par les porte-paroles de l'industrie. Nous avons jugé cet épisode exemplaire de certaines réactions discursives face à la problématique environnementale présentée par la question de l'exploitation des sables bitumineux. S'il s'agit bien sûr d'un évènement spécifique, mais indéniable de la part des parties impliquées, il n'en a pas moins présenté une occasion idéale d'identifier plusieurs tactiques discursives représentatives de l'admission publique d'un désastre écologique, comme des moyens mis en place pour en neutraliser l'importance et la portée. Pour un analyste des discours, l'incident connu sous le nom des *canards de Syncrude* s'offre presque comme un chapitre de manuel sur la façon de reconfigurer un incident négatif pour devancer la critique et désamorcer sa propre culpabilité. Considérons donc ce cas d'école.

TROIS CANARDS

> Il y avait une caverne profonde, monstrueuse, ouverte en un bâillement énorme, hérissée de rocs, défendue par un lac noir et les ténèbres du bois. Nul oiseau ne pouvait dans son vol passer impunément au-dessus; tel était le souffle qui se dégageait de ces gorges sombres et montait jusqu'aux voûtes célestes.
>
> —Virgile, *L'Énéide*

Le 28 avril 2008, un voilier de canards migrateurs d'abord estimé à 500[6] individus se posait sur un des étangs de déversement d'eaux toxiques, connus techniquement sous le nom d'étangs de décantation (*tailing ponds*), des mines de bitume opérées par la compagnie Syncrude. Les oiseaux se retrouvérent immédiatement englués dans des substances chimiques poisseuses, sans compter les émanations toxiques se dégageant de l'étang qui contaminèrent immédiatement leur système vital. Des cinq canards qui furent repêchés encore vivants de l'étang, deux moururent et les trois derniers survivants—il vaut la peine de le préciser pour donner la mesure de l'impact de l'événement—*furent transportés par le jet privé* de Syncrude de Fort McMurray jusqu'à Edmonton pour être traités.

Cet incident déclencha une tempête médiatique dans la province comme dans tout le pays et, par l'attitude subséquente du gouvernement et de Syncrude, fit démarrer la machine à rumeurs et refleurir le discours du complot par des accusations de censure et de retrait de l'information fusant de la presse et des groupes environnementalistes. Les premiers ministres Stelmach et Harper crièrent au scandale et à la tragédie, dans des déclarations qu'il vaudra la peine d'examiner de plus près, et le CEO de Syncrude à l'époque, Tom Katinas, fit publier le 3 mai une lettre d'excuse dans le *Calgary Herald* adressée à la population indignée, lettre d'excuse qui, elle aussi, vaut son pesant d'or discursif, par la rareté d'une telle occurrence dans le corpus sélectionné. Cet épisode, dont la rumeur prétend qu'il n'a pu logiquement être isolé, étant donné le nombre et l'étendue de ces étangs de déversements toxiques, nous a permis de marquer un tournant dans l'articulation des réponses de l'industrie aux questions environnementales, en ce qu'il a permis la mise à jour de manœuvres spécifiques pour rendre compte de ces questions et assumer, du moins du point de vue du discours, l'épineuse question des dommages environnementaux causés par l'industrie pétrolière en Alberta. Nous tenterons ici d'en établir un répertoire, fort partiel, dont nous espérons cependant modestement qu'il pourra peut-être un jour servir de premier inventaire d'argumentaires à tout chercheur qui voudra procéder à une analyse plus exhaustive des réactions rhétoriques des pollueurs pris en flagrant délit d'atteinte à la qualité de l'environnement.

L'indignation pragmatique : Cet éthos se situe, dans le cas qui nous occupe, du côté des gouvernants qui ont à charge de légiférer et de réguler, en principe, et nous insistons, *en principe*, au sujet des questions environnementales, fussent-ils les mêmes qui, quelque temps auparavant, avait disqualifié comme malvenues et non pertinentes les représentations de groupes environnementalistes. Ainsi, les gros titres suivants illustrent très bien la posture rhétorique spécifique prise par les deux premiers ministres provincial et fédéral : « Premier wants oilsands answers[7] », « Duck deaths will hurt Alberta : Harper "It's a terrible tragedy."[8] » Dans le cas du premier ministre Stelmach, il s'agit, par la valeur pragmatique de son exigence, d'évoquer et d'affirmer sa position de pouvoir en homme qui domine l'événement et à qui on doit rendre des comptes. De la sorte, le législateur instaure une distance entre lui et le présumé coupable du délit, à qui est impérativement rappelée sa position subordonnée vis-à-vis de ce qui dépeint l'homme politique comme le pouvoir réel. Cette distanciation entre les deux instances doit s'incrire sans équivoque dans l'esprit des destinataires de cette déclaration. Ces destinataires ne sont certes pas constitués par les représentants de l'industrie, mais désignent plutôt les membres de la communauté albertaine que l'on doit rassurer en contrant toute suggestion de collusion possible entre les dirigeants et les exploitants pétroliers.

En ce qui a trait à la déclaration de Harper et son appel pathétique (et hors de proportion) à la tragédie, la volonté d'établissement de distance est encore plus marquée, permettant l'emploi de l'hyperbole dramatique. Qui plus est encore, ce recul géographique et la domination hiérarchique dont jouit en principe le premier ministre canadien par rapport à son vis-à-vis albertain permettent l'aménagement d'un espace où se déploieront encore plus largement les termes de la représentation de l'épisode et ses conséquences. Incident en Alberta, tragédie à Ottawa, les canards de Syncrude deviennent métonymie de toutes les agressions environnementales qui ternissent l'image de la province. La « tragédie » est renvoyée en miroir par le premier ministre canadien qui, en décrivant l'atteinte portée à la réputation de l'Alberta, vient de la créer de par le pouvoir pragmatique de son énoncé. L'indignation n'est donc ici que la théâtralisation de ces deux pouvoirs distancés, qui se chargent de traduire, pour leur électorat, la façon dont il faut concevoir l'événement, tout en conférant d'une part l'impression de le dominer et d'autre part, par l'éthos de l'indignation, d'illustrer à quel point cet épisode rompt avec l'éthique environnementale revendiquée par les gouvernants.

La causalité comme mystère ou le refus du destin : Ce trait, récupéré par le pathos de l'indignation, relève d'une remarquable entreprise de dénégation générale, que l'on trouve d'ailleurs étendue à presque toutes les parties en cause, le gouvernement, l'industrie, le public. Cependant, elle exclut les groupes environnementalistes, dont la fonction de Cassandre désignée les prive de crédibilité synchronique par rapport à l'événement « fatal ». Pour expliquer ce en quoi le mystère causal est un refuge rhétorique des parties en cause, examinons d'abord ces assertions de Stelmach : « You can apologize for the event, but we will continue to investigate the incident and make sure … to attach the responsibility for obviously a break-down somewhere[9]. » Harper : « We expect better, to be quite honest. This kind of thing shouldn't be happening[10]. » Rajoutons à cela les commentaires de Bruce March, directeur général d'Imperial Oil, à l'époque le second plus grand actionnaire de Syncrude Canada : « Without question, it was not only an unfortunate event [...] It shouldn't have happened, we are deeply upset and we are going to do all we can to change work processes and procedures to prevent it from happening in the future[11]. » En dernier lieu, ces commentaires similaires du ministre fédéral de l'environnement : « Something went wrong here. I am not happy about it and I want to get to the bottom of it. I want to hold those who are responsible to account and we want to make sure it doesn't happen again[12]. »

Si Stelmach est plus assertif au sujet d'une hypothèse de contravention aux règles, March et Harper posent l'occurrence dans le domaine de l'impossible, du non-pensable, qui n'aurait pas dû survenir, mais qui est quand même survenu alors que toutes les mesures nécessaires avaient été prises pour prévenir le désastre. C'est ce que supposent ces déclarations qui accueillent l'incident comme une possibilité exclue du possible. Si toutes les mesures avaient été prises, comment la mort des oiseaux a-t-elle pu se produire ? Qu'est-ce donc qui n'a pas été contrôlé, qu'est-ce qui a échappé à la vigilance ? En fait, face au refus soudain de l'État et des officiels de Syncrude de communiquer au public toutes les données entourant l'accident, y compris les documents photographiques immédiatement censurés par le gouvernement[13], il est justifié de croire que ces mesures nécessaires n'avaient pas été appliquées. On peut alors supposer que l'incident avait une cause endogène (insuffisance des précautions prises) plutôt qu'exogène (le hasard faisant qu'un groupe d'oiseaux migrateurs aient choisi cet étang toxique de préférence à d'autres), distinction que nous empruntons au philosophe Jean-Pierre Dupuy[14]. Cette causalité mystérieuse, présentée comme une infraction face au contrôle supposément exercé sur les activités du milieu pétrolier, est ainsi posée comme une violation de la prévisibilité adoptée et par le gouvernement et par l'industrie. Les canards qui n'auraient pas dû se poser sur les déversements toxiques sont donc suggérés comme ayant échappé au *destin*, à l'ensemble des précautions prises pour les garder de l'empoisonnement : ils ne font pas partie de ce qui leur était pourtant assigné. C'est ce présupposé d'une erreur du destin qu'il importe de débusquer en renversant la proposition de l'industrie et du gouvernement sur l'impossible qui était survenu en dépit de tout. Car ce qui est présenté comme une impossibilité survenue malgré les précautions reste en réalité incident hautement probable, donc précisément un destin lorsqu'on songe à l'étendue des territoires endommagés par les exploitations de bitumen, et au fait qu'à ce temps de l'année, les étangs de décantation étaient les seules nappes d'eau qui n'étaient pas recouvertes de glace, en raison précisément de leur haute toxicité.

> That takes enormous amounts of water when you are an industry that scrapes an estimated 5,000 tons of material, both overburden and sand, off the Earth's surface every single minute of every single day. This scale leads to tailing ponds that cover nearly 50 square kilometers in area, and with a volume that will according to the Oil Sands Tailing Research Facility, reach one billion cubic meters by 2010. Right now, the world's largest man-made dam, in terms of material volume, is the Syncrude tailing pond. Tailings, a mix of water, fine clay and toxins such as amphoteric acids, are a by-product of the process to extract the bitumen from the sand[15].

Étant donné la superficie des étangs résistant au gel de par leur nature chimiquement altérée, les précautions assurées pour protéger les oiseaux indiquaient que la prévisibilité de l'événement n'était certes pas à la mesure de sa probabilité. L'événement était suggéré comme ayant échappé à l'emprise des précautions, comme faisant partie, non pas d'une fatalité prédéterminée au sein de la conjoncture exprimée par l'expression de sens commun « cela devait arriver », mais d'une séquence extérieure à la logique même de la conjoncture, illustrée par le « cela n'aurait pas dû arriver » endossé par l'industrie et le gouvernement.

Ceci pour rappeler en passant que le gouvernement Stelmach avait récemment refusé de poser un moratoire sur les développements de l'exploitation des sables bitumineux, moratoire demandé par des groupes environnementalistes inquiets devant l'étendue et les impacts environnementaux des activités des compagnies pétrolières dans le secteur de l'Athabasca[16].

Attardons-nous un peu longuement sur cette thématique de la causalité comme mystère, illustrée comme imputable à un manquement aux précautions ou à un débordement du hasard, manquements auxquels on pourrait remédier. Elle ne fait nullement appel à un état de haut risque systémique soutenu par les structures de pouvoir, gouvernement et industrie pétrolière, mais en l'examinant de plus près, nous espérons, dans la maigre mesure de nos moyens, pouvoir débusquer pour l'avenir ce refuge rhétorique du « cela n'aurait pas dû arriver ». Face à la menace de déversement massif de déchets toxiques contenus dans ces étangs dans la rivière Athabasca, menace qui paraît *fatale* étant donnée la situation, donc qui ne peut que survenir dans l'état actuel des choses et des connaissances techniques, nous espérons que les instances, industrie et gouvernants ayant toléré cet état de choses ne servent plus à la population ce type de déclaration à la contrition peut-être même sincère, ce qui est l'un des aspects les plus désarmants rattachés à ce genre d'incident.

Comme nous le fait remarquer une fois de plus le philosophe Jean-Pierre Dupuy, face aux effets catastrophiques d'une telle éventualité, il ne serait plus question d'agir comme si un tel déversement était un risque ou une possibilité, donc contre lequel on pourrait se prémunir pour en éliminer les probabilités de réalisations. Plutôt, il faudrait « faire *comme si* on avait affaire à une fatalité, afin d'en mieux détourner le cours. Le malheur est notre destin, mais un destin qui n'est tel que parce que les hommes n'y reconnaissent pas les conséquences de leurs actes. C'est surtout un destin que nous pouvons choisir d'éloigner de nous[17]. »

Cela se traduirait, dans la situation qui nous occupe, par songer non pas à se prémunir contre les risques « improbables » d'un empoisonnement irrémédiable d'une partie importante du bassin hydrographique du Nord-Ouest canadien, mais à les considérer comme certains, et à faire les choix qui s'imposent, aussi radicaux puissent-ils sembler. Reste à savoir si les représentants des lieux de pouvoirs juridiques et économiques puissent se plier à cette idée de destin à annihiler de l'avenir, en lui refusant dans l'absolu les possibilités de se réaliser. Qu'on nous pardonne de quitter ici brièvement le terrain de l'analyse, en ce que nous ajouterons que nous ne sommes guère optimiste à cet effet car, pour ces instances gouvernementales et industrielles, il s'agirait d'adopter cette position du catastrophisme éclairé qui « consiste à penser la continuation de l'expérience humaine comme résultant de la négation d'une autodestruction, une autodestruction qui serait inscrite dans son avenir figé en destin. Avec l'espoir, comme l'écrit Borges, que cet avenir, bien qu'inéluctable, n'ait pas lieu[18]. » Nous avons peine à imaginer les principaux intervenants canadiens et albertains être moralement et intellectuellement capables d'une telle admission d'un destin de désastre pour mieux nous en prémunir.

Cette petite digression éthique faite, revenons maintenant à la liste des procédés rhétoriques réquisitionnés pour faire face à une crise de ce type.

Le coupable ou haro sur le baudet : Cette autre stratégie consiste à réclamer des coupables précis et individualisés. Elle se pose comme une façon de « localiser » la problématique et de ne pas la percevoir dans toute son ampleur, qui est précisément l'ensemble des dommages environnementaux subis par une portion du territoire albertain. Pour citer encore Jean-Pierre Dupuy, nous dirons que les représentants de l'industrie et de l'État « cherchent quant à eux des responsabilités, c'est-à-dire des responsables ou encore mieux : des coupables. N'ayant pas pris la mesure de la nouvelle économie du mal, c'est par des poursuites pénales qu'ils espèrent régler et contenir sa dynamique[19]. » Dans cette culpabilisation déculpabilisante, il y a double bénéfice. Identifier un coupable, c'est rejeter sur lui toute la faute, en la décontextualisant de la conjoncture globale que nous avons décrite plus haut, donc en court-circuitant le rapport de causalité explicitant normalement l'incident qui devient ainsi séparé de l'ensemble de tous ses paramètres causals. Rechercher un coupable projette également l'impression que dès que ce coupable est trouvé et désigné à la vindicte publique, le problème est réglé et ne saurait se reproduire. En sus, on appréciera ici toute la valeur sacrificielle de cette désignation d'un coupable individualisé que l'on offre à la satisfaction de la population ainsi rassurée. Ou non.

Le sophisme de la double faute : Si la position refusant l'idée de destin présuppose que l'on n'y soit pour rien et qu'il doit bien y avoir quelque part un « coupable » individualisé qu'il ne s'agit que de pénaliser, le sophisme de la double faute s'inscrit comme un procédé d'atténuation du délit en arguant qu'il a été commis aussi par d'autres. Ainsi, après sa première réaction scandalisée, le premier ministre Stelmach, soupçonné par la presse de connivence avec l'industrie et de dissimulation de certains faits[20], fit une remarquable volte-face fort éloquente sur ses positions véritables. Ainsi, le *Calgary Herald* reportait que « Stelmach tried to downplay the incident, saying 30,000 birds die each year in wind turbines in the U.S.A.[21] ». Un argument similaire était fait par l'éditorialiste Don Martin « Which is why Harper's "terrible tragedy" designation for 500 unfortunate ducks that picked a toxic Syncrude oilsands sludge pond for their final dip last week—a casualty count that could be inflicted by just 62 hunters in a single day under Alberta duck-hunting limits—was so uncharacteristic[22]. » Le recours à l'argument de la double faute a ceci de singulier en ce qu'il neutralise en quelque sorte la thématique du coupable, en relativisant l'incident par rapport à d'autres de nature peut-être différente, mais à qui on associe la même logique, si ce n'est la même nature. Ainsi les turbines éoliennes sont placées au même niveau de disqualification environnementale que les sables bitumineux, et à l'inverse, le rapprochement quantitatif avec la chasse réglementée confère le sentiment confus que la mort des canards peut être perçue comme étant dans les règles, lui associant ainsi une vague forme d'acceptabilité.

La manipulation cognitive : Nous avons auparavant évoqué ce dernier procédé, suivant la définition qu'en donne Philippe Breton qui le désigne avec plus de précision comme « cadrage manipulateur » dont nous rappelons qu'il consiste à « utiliser des éléments connus et acceptés par l'interlocuteur et à les réordonner d'une façon telle qu'il ne peut guère s'opposer à leur acceptation[23]. » L'exemple que nous allons donner ici nous paraît correspondre à cette définition en tant qu'il invite à considérer le recours à la décontextualisation et à l'assertion dans un raisonnement dont l'acceptabilité des prémisses doit être à son tour fortement interrogée. On voit ainsi comment on peut réussir à faire détourner de l'objet du contentieux, en faisant appel à une argumentation dérivée. Ainsi, à la suite de l'incident des canards, Bruce March, le CEO d'Imperial Oil, fit cette déclaration :

> Imperial Oil stood up for the oilsands industry Thursday in the face of growing tension between the sector and environmental groups, saying Alberta's vast reserves are "critically important" for improving quality of life in the undeveloped world. Imperial's new chief executive described the oilsands as a vital global energy source in a world where millions of people live

> with poor sanitation, unsafe drinking water and inadequate or no electricity.
>
> "About 13 percent of the world's known reserves are right here in Alberta. It is simply unimaginable that the world's energy needs can be met if these supplies are not included in the energy mix," March said in a speech at the company's annual shareholders meeting that drew loud applause[24].

Cette assertion repose sur un présupposé dont le moins que l'on puisse dire est qu'il manque au critère de suffisance. En effet, les conditions dénoncées par March et produisant la responsabilité universelle comme un pathos d'inquiétude apitoyée—millions de personnes vivant dans des conditions d'hygiène insuffisante, buvant une eau impropre à la consommation humaine et étant privés d'électricité—étaient attribuées à des réserves insuffisantes d'énergie. Dans la logique de l'énoncé, l'exploitation des sables bitumineux était censée apporter les quantités manquantes, et ce, ne l'oublions pas, dans un contexte où le baril de pétrole avait atteint à l'époque le prix de 125 $ et n'était donc pas exactement une denrée gratuite que l'on distribuait indifféremment. Un tel enchaînement argumentaire, dont l'objectif était de contrer un ralentissement de l'exploitation des sables bitumineux pour des raisons environnementales au nom de l'équilibre des conditions de vie au Tiers Monde avait recours à bien des raccourcis. En établissant un lien direct entre « problématique environnementale » et nécessité de pourvoir aux besoins des dépossédés, il faisait fi de sérieuses considérations contextuelles sur les raisons à l'état de choses déploré par le CEO d'Imperial Oil. Pour peu que l'on s'en donne la peine, il est facile de vérifier que les explications précises aux pénuries énumérées par March sont d'un ordre autrement plus complexe que de celui de la simple question d'approvisionnement en énergie. Si l'on en croyait cette causalité mystificatrice, il faudrait en déduire que les populations de plusieurs pays producteurs de pétrole ont vu leurs conditions de vie être grandement améliorées du fait de la présence de ces ressources sur leur territoire : les exemples du Soudan, du Tchad, du Venezuela, du Nigeria, du Mexique viennent particulièrement à l'esprit[25]. On pensera également aux populations des États américains du Golfe du Mexique. D'ailleurs, nous ne résisterons pas ici à la possibilité d'y ajouter le cas des membres des Premières Nations de Fort Chipewyan qui boivent l'eau de l'Athabasca, dont les conditions de vie présentent d'inquiétantes similarités avec celles décriées par March. C'est que le dirigeant d'Imperial Oil procèdait ici à une autre forme de cadrage par décontextualisation[26], en censurant, délibérément ou non, les aléas de la conjoncture. On pourrait énumérer ici corruptions politiques (auxquelles nous savons que les compagnies pétrolières ne sont pas nécessairement étrangères, soit dit en passant), inégalités structurelles, elles aussi bien souvent le résultat direct et exact du néo-libéralisme et du libre-marché tant chéris des producteurs de pétrole, pollution des ressources en eau potable, dans bien des cas imputable aux exploitations industrielles des multinationales, au nom de la globalité des marchés, sans compter les sécheresses vraisemblablement attribuables aux effets des changements climatiques eux aussi causés par les émanations de CO_2 dont les sables bitumineux restent, toutes proportions gardées cependant, un producteur assez sérieux. Aller plus loin nous installerait définitivement dans la diatribe[27], mais nous croyons que ces considérations contextuelles invalident sérieusement l'argument altermondialiste qui n'est là, on s'en doute, que pour son effet pathétique à l'efficacité cependant indéniable, puisque les destinataires, actionnaires d'Imperial Oil, y ont applaudi à tout rompre. Ainsi se trouve validée une opinion (la productivité des sables bitumineux l'emporte sur les besoins de l'environnement) grâce à un élément extérieur de l'ordre de l'affect (les conditions de vie précaires au Tiers-monde qui ne peuvent laisser indifférent) dans une relation de causalité, issue d'une décontextualisation qui prend toutes les apparences de désinformation produite par un cadrage manipulateur ou sont « orientés les faits de telle façon que la réalité s'en trouve sciemment déformée[28]. »

MEA CULPA OU L'ART DE SE CONFESSER

Cependant, face à l'indéniable de l'incidence (surtout rendu tel par une couverture médiatique amplifiée), l'ultime responsable de la mort des oiseaux, la compagnie Syncrude, dut se résoudre à présenter des excuses très publiques sous la forme d'une lettre ouverte adressée aux Albertains et publiée dans les grands quotidiens de la province le 3 mai 2008. C'est cette admission de la faute que nous allons examiner avec un peu plus d'attention ici, en ce que, si elle constitue elle aussi une réaction devant le fait, une telle admission n'en instaure pas moins sa propre thématique et sa propre rhétorique produisant une posture spécifique qui aidera non pas tant à s'inscrire dans le débat que plutôt à s'en sortir à moindre coût.

Dans notre culture judéo-chrétienne, la reconnaissance publique de sa culpabilité a quelque chose de fascinant par ce qu'elle exprime, non pas tant le désir de retour sur soi, que le désir de représentation de soi et de ses actes. Nécessaire élément de la doctrine catholique du sacrement de pénitence, qui en principe se déroule sous le strict sceau du secret entre pénitent et confesseur, l'aveu de culpabilité, lorsqu'il doit se faire en public, pose en d'autres termes les éléments inhérents à la démarche confessionnelle en insistant davantage sur les postures de l'énonciateur. Celles-ci sont dérivées des composantes initiales de la pénitence traditionnelle : regret, aveu, absolution, réparation. Mais au lieu d'évoluer dans la conscience même du pénitent où elles n'ont guère besoin d'une mise en discours pour s'exprimer de soi à soi dans la stricte intentionnalité initiale qui préside à l'obtention du sacrement, ces postures de la repentance doivent précisément recourir à cette mise en discours, disons plus clairement à sa rhétorique propre. Cette rhétorique deviendra alors le média d'expression des sentiments du coupable, en somme sa représentation, laquelle doit persuader le destinataire que toutes les étapes usuelles de la pénitence y sont illustrées pour qu'elle soit convaincante.

Nous reproduisons ici le texte de cette excuse, qui constitue comme on s'en doute une occurrence assez rare dans les annales des relations publiques des compagnies pétrolières, d'autre part peu enclines à reconnaître leurs torts, fussent-ils les plus flagrants et portant le plus sérieusement atteinte aux droits humains[29].

> An apology from Syncrude—and a promise to do better.
>
> Syncrude offers a heartfelt and sincere apology for the incident on April 28th that caused hundreds of migratory birds to die after they landed on a tailing pond at our oil sands operations.
>
> We are now investigating the factors that led to this regrettable occurrence and are cooperating fully with government authorities as they conduct their own review.
>
> We understand you expect the best from Syncrude in environmental management and the protection of wildlife. It's a value that we share and we are committed to making the necessary changes to our long-established practices to help ensure a sad event like this never happens again. This is a promise we make to you and all those who depend on our crude oil product to fuel their daily lives.
>
> As we go forward, we will learn from what happened, we will improve our practices and we will meet your expectations for responsible development.
>
> Tom Katinas, CEO Syncrude

Dans cette confession publique, tout prend bien sûr figure de performance par la valeur pragmatique même de ce qui est énoncé. Il ne s'agit pas tant d'être contrit que de le signifier en insistant sur la sincérité de cette contrition, réalité en fait peu vérifiable, ce qui explique le besoin de l'extérioriser en la performant de façon superlative. La reconnaissance de la faute et l'expression de regret ont par ailleurs valeur de prévention de l'accusation, surtout devant le fait accompli, en ce qu'elles court-circuitent le discours de l'accusateur, le privant alors de son objet. Il y a dans le « ne cherchez plus le coupable » une intentionnalité de circonscrire les contre-discours, d'en faire l'économie en quelque sorte, ce qui est une façon paradoxale de les limiter. Reconnaître la faute, et s'en affliger plus ou moins symboliquement, c'est aussi se donner le privilège d'en assurer exclusivement les termes. Cela offre un bénéfice que la réfutation de la même faute, fût-elle véhémente, ne peut certes offrir, en sus du risque d'en être reconnu de toute façon coupable, avec le discrédit éthique qui pourrait s'ensuivre pour l'entreprise. L'admission de la faute, associée au regret, permet de faire d'une pierre deux coups : circonscrire les accusations éventuelles et contrôler le récit de l'événement en des termes qui porteront moins préjudice au coupable.

C'est à la lumière de ce contrôle que le paragraphe suivant prend une signification spécifique. Tout en assurant le public de la mise en place d'une enquête sur les circonstances ayant mené à la mort des oiseaux, on s'empresse également de se mettre à la disposition du gouvernement qui, lui aussi, est censé se livrer à sa propre enquête. Deux impressions doivent être dégagées de ces précisions faites par la compagnie. D'une part celle de la mise en branle d'une tâche, d'une activité d'investigation autour de l'incident qui a pour effet de le décentrer et de le mettre en marge, masqué qu'il est par un « travail » approfondi et absorbant d'examen, au sujet duquel il importe de rappeler qu'il n'est en rien une enquête publique, dont les modes seraient communiqués aux médias. D'autre part est soulignée la subordination au gouvernement pour l'enquête, une complète mise à la disposition d'une autorité supérieure devant laquelle on affirme se soumettre. Cette précision de Syncrude a vraisemblablement pour effet de convaincre le public de l'objectivité présumée de l'opération, si ce n'était que l'on soupçonnait déjà une connivence grandissante en les deux instances[30]. N'importe, il y a ici la mise en scène d'une dépossession du confessant jouant une fois encore le rôle remarquable d'un déflecteur d'un contre-discours qui voudrait interroger l'intégrité ou le sérieux du processus. Agissant de son propre chef, il devance ce qu'on exigera de lui, coopérant avec le gouvernement, il accepte humblement cette confiscation de la mainmise sur les événements. Enfin, Syncrude se présente ainsi de bon gré, pieds et poings liés, livrée à la pénitence.

La suite du texte pourrait s'intituler la valorisation de la valeur, en ce que Syncrude ici affirme la priorité qu'elle accorde aux questions environnementales et à la protection de la faune, produisant ici un éthos de responsabilité. La formulation vaut la peine d'être rappelée ici : « environmental management and the protection of wildlife ». L'impression dégagée de telles formulations est cette fois de contrôle systématique des faits environnementaux, qui sont ainsi vaguement suggérés comme rationalisations et orientations décisives menées à une grande échelle : l'environnement est « géré » et la faune est « protégée ». Là, encore, il y a mise en scène d'un travail méticuleux dont on doit être persuadé qu'il ne laisse nulle place à l'improvisation et aux aléas incontrôlables, alors que nous avons précédemment vu que des incidents comme la mort des canards étaient pratiquement inscrits dans un *destin*. Alors que la plus simple et rapide observation iconographique des sables bitumineux laisse soupçonner qu'une telle gérance et une telle activité de protection ne peuvent être que très circonstancielles, très circonscrites, et survenir par défaut, en ce que les mesures prises ne peuvent qu'être « négatives » : empêcher que les oiseaux se posent sur les étangs de décantation et vaguement espérer que ces mêmes lacs toxiques ne se déverseront pas dans la rivière Athabasca[31].

Après cette assurance d'une gestion rationnelle et extensive de la problématique environnementale, Syncrude va ré-enforcer sa foi en la valeur « environnement », ici présentée comme partagée avec le public. L'effet dégagé par cette protestation de communauté de la valeur est qu'elle doit être logiquement vécue avec autant d'intensité par Syncrude que par le public, autre assertion rassurante. Armée ainsi de cette foi commune, Syncrude en vient à asserter ce que les catholiques de la vieille école évoquaient sous l'expression « ferme propos de ne plus offenser ». Cette fermeté dans la résolution doit entraîner toute une revue critique des agirs de la compagnie, et la reconsidération de toutes les pratiques incriminées doit être vue comme une preuve supplémentaire de cette conviction dans la résolution.

On le voit, la lettre ouverte d'excuses de Syncrude suit assez fidèlement les modalités inhérentes à la confession classique : admission de la faute, regret et contrition, humilité et dessaisissement du Sujet, « ferme propos » de ne plus offenser et promesse de rédemption définitive. Toutefois, on conçoit qu'une telle componction ne saurait être maintenue jusqu'à la fin, car il y a risque qu'elle porte, à moyen terme, atteinte à la représentation globale de la compagnie en l'enfermant trop sûrement dans l'abaissement associé à la repentance, malgré les bénéfices secondaires d'une telle posture. C'est ainsi que la dernière phrase du paragraphe est un rappel clair des véritables enjeux en cause dans les déboires environnementaux de Syncrude. « This is a promise we make to you and *all those who depend on our crude oil product to fuel their daily lives* » (nous soulignons). Le « ferme » propos est ici fortement tempéré d'un appel au réel albertain, qui doit ramener les pendules à l'heure : la *dépendance* de ceux qui ont besoin du pétrole, qui ne peuvent d'abord s'en passer comme ressource énergétique, ce qui serait le sens dénotatif de la phrase « to fuel ». Cependant, en anglais comme en français, le verbe « to fuel » a aussi le sens, à peine métaphorique, de « nourrir », d'« alimenter ». Cette extension très naturelle du terme permet un renversement de sens à toute l'expression. De la sorte, ce n'est pas tant de ceux qui utilisent le pétrole dont il est question, mais plutôt de ceux qui s'en nourrissent, au propre comme au figuré, dont il est précisément le « pain quotidien » ou la vie quotidienne (*daily lives*). Ainsi se dessine le vrai visage du contrit qui vient, par cette allusion à sa condition de pourvoyeur économique de l'Alberta, corriger en rétrospective sa confession éperdue et la reformer en concession stratégique qui ne perd pas de vue ses intérêts dont il rappelle la communauté avec ceux des Albertains. Le pacte faustien reste toujours solidement établi : les atteintes de plus en plus graves à l'environnement de l'Alberta contre sa prospérité économique. Cette idée d'un pacte indissoluble semble un argument à toute épreuve dont les termes paraissent imperméables à la modification. Comme nous le rappelle un éditorial du *Globe and Mail*, en faisant référence à cette affaire : « The cost of oil sands developments to the environment is indisputably high. But its benefits to the economy and the country are also high. Too high to be harmed by such incompetence[32]. » Cette dernière précision laisse aussi songeur : en somme, ce n'est pas tant la mort des oiseaux que l'on reproche à Syncrude que l'image qu'elle a fait naître dans les médias et qu'il s'agit de dissiper à tout prix par la concession et le « ferme propos » de ne plus recommencer. Fort des garanties de Syncrude, qui affirme avoir bien appris sa leçon et promet une amélioration de ses pratiques (ne serait-ce qu'un meilleur contrôle de ses communications et de ses services de relations publiques) jointes aux tragiques effets de toge des gouvernants albertains et canadiens, le public pouvait enfin être assuré que, très littéralement, *on n'entendrait plus parler* d'un incident semblable dans les sables bitumineux. Au pied de la lettre.

FELIX CULPA OU L'HEUREUSE TRAGÉDIE

Le 22 mai 2008, un rapport préparé par l'Institut Polaris, l'Assemblée des Premières Nations et le Congrès canadien du travail faisait état des piètres conditions de vie des Autotochtones canadiens, insistant en particulier sur la qualité douteuse de l'eau que certaines communautés avaient à leur disposition. Le rapport se concentrait sur certains groupes en particulier et, plus singulièrement encore, sur les conditions de santé des Cris de Fort Chipewyan, vivant sur les rives de la rivière Athabasca, en amont des sables bitumineux. Nous en citons quelques lignes :

> The report raises concerns about the impact of development in Alberta's oilsands on water quality and the environment for the Fort Chipewyan community, where local physician John O'Connor was the subject of a complaint from the federal and provincial governments when he spoke out about a rare cancer affecting the locals.
>
> The governments announced Thursday a study into the high incidence of colon, liver, blood and bile-duct cancer in Fort Chipewyan.
>
> "We would like to know what causes these cancers to be so rampant in our nations," said Arthur Noskey, the Grand Chief of Treaty No. 8.
>
> One of the main concerns is water quality, since the community is downstream of the oilsands explorations.

> "The concern immediately is the consumption of fish and waterfowl that our First Nations hunt to sustain them," Noskey said. "We'd like to know what the water is doing to those[33]."

Comparons les faits ici rapportés, et leur relation de causalité soupçonnée mais encore non prouvée concernant les activités industrielles des sables bitumineux, avec l'incident des canards noyés dans un étang de déversement toxique. Passons outre sur les poursuites intentées au docteur O'Connor de la part du gouvernement fédéral (Santé Canada)[34], ce même gouvernement dont le premier ministre Harper avait qualifié de « tragédie » la mort des oiseaux.

Dans le cas des canards, l'évidence a paru telle qu'elle était impossible à nier, rapportée qu'elle était par les médias. Les premiers ministres Stelmach et Harper y allèrent de leur rhétorique du tragique et de la réclamation d'un coupable à punir. Syncrude était ainsi acculée à l'admission de la faute, et aux professions de foi de grands changements, présentés comme une revue radicale de « pratiques environnementales », qui se traduisaient en fait par l'installation d'épouvantails sur les étangs et la mise en fonction de canons à gaz compressés dont les détonations sont censées effrayer et éloigner les oiseaux[35]. Mais l'immédiateté de la réponse et des actions prises (ou affirmées comme telles) par l'entreprise était un indicateur du caractère somme toute facilement manoeuvrable de la situation en raison du fait justement que les victimes étaient des canards innocents qui n'avaient que très peu de faculté de réclamations légales ou civiles devant le désastre, et que leur voix symbolique s'arrêtait avec leur mort. Les canards défunts, circonscrits à leur mort et ainsi réifiables à merci, pouvaient être présentés comme des incidents déplorables certes, mais isolés, séparés du contexte qui avait entraîné leur destruction. Le discours à leur sujet, de même que sur les mesures prises, elles aussi tout aussi localisées, pour prévenir d'autres accidents du même genre, les réduisaient à n'être que des symptômes d'une situation globale plus grave et plus menaçante qui constituait en fait l'objet véritable du débat et sur laquelle on devait agir. Les canards permettaient plutôt un fractionnement de la problématique environnementale et ne demandaient en fait qu'une précaution délimitée d'une nature sur laquelle il valait mieux qu'un observateur un peu sérieux ne s'attarde pas trop. En ce sens, la mort des canards était, pour reprendre Saint Augustin, une bienheureuse faute, puisque son aveu même permettait une représentation hautement fragmentée et partielle de la conjoncture, et comme telle, rassurante. Il est à noter que dans l'affaire, ni Syncrude, ni le gouvernement albertain n'ont voulu remettre en question publiquement l'existence même des étangs toxiques, qui étaient en fait la cause ontologique de la mort des canards. Les trois oiseaux survivants, *transportés par jet jusqu'à Edmonton pour y être traités*, n'en demandaient pas tant. Par un remarquable renversement de figure, ils n'étaient plus métonymies du désastre ambiant, mais preuve de sa circonscription à leur sort individuel.

De nature très différente est la réponse offerte par les instances gouvernementales aux inquiétudes émises par le rapport sur la qualité de l'eau à Fort Chipewyan. C'est que les interrogations que le rapport soulevait ne peuvaient être isolées du contexte global de la problématique environnementale et des enjeux associés à l'exploitation des sables bitumineux. Il y avait d'abord, en face d'une argumentation scientifique, le recours à la réfutation par falsification ou par dénégation des données, qui peut prendre l'aspect de poursuites légales, comme l'illustre la plainte portée contre le docteur O'Connor par Santé Canada. Également, on pouvait comme forme plus douce de réfutation, procéder une fois de plus à un type de déplacement du problème par amalgame affectif. Ainsi Stelmach répondant à un membre de la communauté crie Mikisew de Fort Chipewyan :

> "I am curious why your government continues to dismiss claims made by Fort Chipewyan," he asked. "We are not dismissing any claims" the Tory Leader replies. "Health is very important to my government[36]."

Ici, le souci affirmé pour les questions de santé, domaine sensible s'il en est, mais non précisée comme étant celle des Cris, est une parade qui permet de ne pas récuser directement les plaintes des Cris tout en les détournant vers des généralités sans conséquence qui n'admettent pas un objet particulier. Par ailleurs, on peut voir une autre forme de réponse, d'une autre nature, mais que d'aucuns qualifieraient de typiquement canadienne par l'instauration d'un comité chargé d'étudier les fréquences des taux de cancers rares dans la communauté autochtone. Cette dernière réaction à la situation permet de gagner un temps précieux en renvoyant aux calendes grecques les résultats, et également l'identification des causes et peut-être des coupables, donc les mesures à imposer et les pratiques à revoir.

C'est que la possible relation de causalité entre les activités des sables bitumineux et l'état de santé des Cris, on s'en doute, ne peut être traitée et délimitée de la même façon que l'épisode des canards. S'il suffit d'un épouvantail et d'un canon pour satisfaire le public, ou les besoins de l'image publique, les problèmes vécus par les habitants de Fort Chipewyan ne peuvent être résolus par de telles précautions à haute visibilité. C'est qu'ils renvoient à la source fondamentale de ce qui est en cause dans les sables bitumineux, l'empoisonnement de la rivière Athabasca par des infiltrations toxiques, qui sont toujours niables, jusqu'à ce qu'elles ne le deviendront plus, à la suite d'un incident majeur dont nous croyons qu'il est aussi inscrit dans le *destin*.

Cette éventualité, celle-ci véritablement tragique, ne saurait être traitée par un fractionnement entre effet et cause, comme, pour reprendre les termes mêmes de Syncrude, un *incident* contingent. Et la probabilité de la confirmation indéniable des effets délétères de l'eau contaminée sur la santé des Autochtones comme celle d'un déversement majeur et destructeur s'inscrit certainement dans l'impensé des autorités gouvernementales, en dépit des apparences de collusion avec l'industrie.

C'est pourquoi nous croyons que les réponses singulières du gouvernement et de l'industrie, allant de la falsification scientifique au vague amalgame en passant par ses réactions théâtrales et scandalisées, relèvent de ce qui pourrait être désigné comme une forme singulière de *polypragmosyne* (du grec *poly*, multiple et de *pragma*, travail). Dans le recours à la polypragmosyne, l'insistance est mise sur le travail qu'on affirme mettre en branle pour répondre à la crise, sous forme d'enquêtes et d'études qui, comme nous l'avons dit, repoussent dans le temps tout résultat concret ou toute conclusion par trop incriminante. C'est ainsi que le « dire » prend exactement la place du « faire », en rassurant les destinataires sur la réalité des actions prises. Nous assumons ici que le recours à la polypragmosyne se fonde sur un calcul de la capacité réduite de l'attention du public comme de l'affaiblissement à moyen terme de sa faculté d'indignation.

Dans la même perspective, on peut associer aussi le processus de polypragmosyne, où littéralement on dit que l'on va plus tard dire quelque chose, ce qui sera le « faire » relayant l'action en elle-même, aux formes de ce que le chercheur sur les discours environnementaux John Dryzek désigne comme le discours propre au « rationalisme administratif » qui s'applique, de la part des gouvernants et de l'industrie exprimant une perspective où

> Environmental problems are serious enough to warrant attention, but not serious enough to demand fundamental changes in the way society is organized. Thus the rhetoric combines a mixture of concerns and reassurance, both of which can be drawn upon at particular stages in problem-solving efforts. So government officials can reassure people when a particular environmental risk surfaces [...] The same actors also point out that policy measures need to be taken, though, normally in a way that treats the risk in piecemeal fashion, rather than a manifestation of anything more deeply wrong with industrial society[37].

On voit encore ici à l'oeuvre le principe de décontextualisation (*piecemeal fashion*) pour lequel, tout compte fait, la crise des canards était si précieuse, et qui, s'appliquant aux problèmes de santé des Cris de Fort Chipewyan, installe le destin tragique en contingence à laquelle l'annonce d'une étude (et une fois encore, au fort potentiel de falsifiabilité) devrait à elle seule remédier pour l'instant. Le rationalisme administratif, en tant que polypragmosyne, a certes une fonction thérapeutique en voulant rassurer et en donnant l'impression de l'action par la production de discours.

Cependant, la réduction de l'objet du discours à un symptôme plutôt qu'au mal lui-même que prend la forme de ce rationalisme administratif ne remet pas en question l'aspect systémique des atteintes à l'environnement et de leurs effets sur la nature et la vie humaine. Étant donnée d'ailleurs la gravité croissante de ceux-ci, et leur caractère de plus en plus indéniable, nous avons tout lieu de croire que nous assisterons à une augmentation de cette polypragmosyne en Alberta et au Canada, parallèle à la médiatisation des incidents illustrant les problèmes environnementaux, sous forme d'interventions ponctuelles, presque toujours ramenées au strict discours, colmatant tant bien que mal fuites d'information et révélations par trop scandaleuses. C'est à ce travail au volume toujours croissant que, croyons-nous, semblent servir précisément la plupart des ministères de l'Environnement, quelles que soient leurs juridictions.

Ce présent chapitre a voulu identifier certains traits pouvant caractériser les réponses de l'industrie pétrolière devant un incident de dommage environnemental bien précis, impliquant des sujets-objets, les canards, et ne portant pas réellement à conséquences. Nous avons voulu démontrer, dans le cadre d'une admission publique inévitable habilement transformée en programme environnemental sous-tendu par une implicite menace d'ordre économique, les effets de la décontextualisation des enjeux en cause, décontextualisation qui a certes prouvé, dans le cas qui nous occupe, sa grande efficacité. Nous en voulons pour preuve, au sein de ces discours, le rappel constant du pacte faustien initial qui préside à l'exploitation des sables bitumineux tout en la justifiant, pacte intégral qui rend compte de la réticence canadienne à légiférer sérieusement sur les émissions de CO_2 ou l'impact environnemental de ces exploitations énergétiques, tout en protestant de son sérieux—protestations qui constituent la matière discursive même de la polypragmosyne, matière aussi riche que les ressources en cause. Rappelons une dernière fois encore les termes de ce pacte précisé sous la plume de Deborah Yedlin : « [...] it was clear that Albertans and other Canadians didn't understand the magnitude of the industry nor its contribution to the economic well-being of the country[38] ».

Il nous semble ici que le discours, non pas environnemental, mais sur l'environnement de la part de l'industrie parachève quelque peu logiquement une fracture détectable entre la collectivité albertaine et son industrie pétrolière, où les inquiétudes du public ou des groupes environnmentalistes sont dès lors renvoyés au statut de discours hétéronomes, périphériques, ridicules, privés de pertinence, voire dotés d'un facteur de dissidence hyperbolisé. Nous reviendrons sur cette question en fin de volume.

Ce pacte entre les nécessités de l'économie légitimant les dommages causés à l'environnement a pu instaurer sa permanence et constituer, malgré les aléas et les fortunes diverses, la donnée fondamentale régulant le déploiement des discours sur le pétrole, ses effets sociaux, identitaires et surtout environnementaux dans une nation symbolique que tout a contraint, très tôt dans son histoire, à bien se rendre compte du « prix des choses ». Mais lorsque ce prix des choses, au sens littéral, devient violemment modifié, il convient, pour fermer la boucle, de procéder à l'examen discursif final d'un autre événement aléatoire qui vint soudainement reconfigurer l'euphorie qui avait accompagné le boom de 2005–08 : la crise économique s'amorçant en juillet 2008, laquelle vit s'effondrer les cours du pétrole, et les jubilations de l'Alberta.

CHAPITRE 7

DISCOURS DE CRISE : MANTRAS, PRÉDICTIONS ET PROPHÉTIES

En juillet 2008, le prix du baril atteignait 147 $US. Le 18 février 2009, il chutait à 36 $ le baril, au sein d'une soudaine crise en spirale qui vit la réalisation de toute une série d'impensables : banqueroutes des grandes institutions bancaires américaines et européennes, des prêteurs immobiliers majeurs, scandales d'escroqueries financières, faillite ou quasi-faillite des constructeurs d'automobiles américains, déflation immobilière brutale, pertes massives d'emploi, le tout à une échelle planétaire facilitée et accélérée justement par la globalisation des marchés. Cette crise, en laquelle d'aucuns ont pu voir une des fins du capitalisme sous sa forme actuelle, et qui continue de sévir au moment où sont écrites ces lignes, aggravée par la crise de l'euro, et de l'endettement des nations, a pu être qualifiée de la pire récession économique depuis les années trente. Elle est amplement documentée par les discours médiatiques à l'échelle de la planète, et par les commentaires d'experts, avec leur cortège d'interprétations diagnostiques, de sentences éthiques et de prophéties catastrophiques. Mais elle ne nous intéresse ici que pour ses effets sur l'industrie pétrolière albertaine et sur la mise en discours de ces effets en ce qu'ils sont donnés à comprendre à la collectivité par le biais des chroniques économiques, des éditoriaux journalistiques et des communiqués de l'industrie. Comme il s'est avéré possible de cerner tant soit peu les discours d'un boom pétrolier, nous tâcherons ici d'identifier les formes et les marques que peuvent prendre en Alberta, les discours de la crise, le *bust.* Ce travail qui ne prétend pas à l'exhaustivité, devrait permettre d'établir une base servant à une meilleure compréhension des mécanismes discursifs mis en œuvre pour affronter et rationaliser cette crise. Les discours circulant autour de cette thématique particulière ont pour objectif de rendre compte de cet événement aléatoire qu'est une soudaine dépression économique, en quelque sorte, de le donner à comprendre en le dotant, du moins partiellement, d'une certaine téléologie. Sans une telle téléologie, ce moment spécifique de déséquilibre conjectural, voire de délitement systémique que constitue une crise, resterait incomprehensible et donc parfaitement inassimilable pour un public ébranlé, en état de choc, comme pour des médias brusquement déplacés dans l'imprédictible.

À ce point de cet ouvrage, on aura pleinement saisi la valeur fondamentale pour l'économie et la société albertaine de cet indice fluctuant : le prix du brut. De ce facteur, vérifié et confirmé quotidiennement en Alberta et au Canada avec euphorie, angoisse, inquiétude ou satisfaction, découle littéralement la prospérité potentielle des citoyens albertains et canadiens. Il influe aussi fortement sur la marge de manœuvre fiscale et budgétaire des gouvernements et leur capacité de financer les secteurs névralgiques de l'éducation, des soins de santé, des infrastructures ainsi que sur l'aptitude de la communauté à intégrer son immigration. En gros, et dans un sens, comme pour très peu de sociétés occidentales en raison de l'obligation pour l'Alberta de respecter ne serait-ce que les apparences des exigences de la socio-démocratie, le prix du pétrole et sa rentabilité décidant du sort de son exploitation, est un facteur décisif dans la capacité de se projeter dans l'avenir, phénomène dont on a pu voir qu'il marque son caractère dominant à partir de 2005.

Et pour citer une fois encore le chroniqueur économique du *Calgary Herald*, « oil prices—the emotional touchstone of the industry[1] ».

C'est pourquoi les discours de la crise et ses incidences sur le cours du brut prennent un relief singulier en Alberta, qui fait dépendre sa condition socio-économique d'une relation que les discours identitaires de l'énergie avaient réussi à rendre quasi symbiotique, du moins au niveau symbolique. Nous prenons ici le parti d'analyser quelques exemples de ce type de gérance discursive qui se veulent représentatifs d'un ensemble de stratégies de la part d'hommes politiques, de commentateurs économiques, de chroniqueurs d'affaires publiques, de porte-paroles de l'industrie, en un mot tout le personnel habituel qui se donne pour tâche de faire circuler le discours social autour du pétrole albertain. Ces stratégies visent non seulement à rendre compte de la crise pétrolière, mais surtout, au-delà du constatif, à la présenter au public sous forme de jugements, d'évaluations et de prédictions, qui assurent à leur tour un ensemble de fonctions précises auprès des destinataires de tels discours.

SAVOIRS ET CROYANCES

Il est d'abord à noter que le discours économique en soi peut être catégorisé sous la rubrique de discours de savoirs, dans la mesure où l'on peut admettre que l'économie relève plus de la science que de la croyance, encore qu'à l'issue de la crise de 2008–09, certains chercheurs, tels Gilles Dostaler et Bernard Maris[2], ou André Gorz avant eux, remettent en question la nature scientifique de la réflexion économique. Pour notre part, nous nous bornerons à supposer une certaine scientificité à la dimension constative de l'économique, mais nous attacherons beaucoup plus d'importance à son indéniable dimension de système de croyances, suivant en cela les distinctions établies, outre Marc Angenot, également par Patrick Charaudeau, en ce que les

> savoirs de croyances visent à porter un jugement sur le monde. Ils ne concernent donc pas la connaissance du monde mais les valeurs qu'on lui attribue. Les connaissances sont un mode d'explication centré sur le monde et sans dépendre du jugement de l'homme (comme la Terre tourne autour du Soleil) alors que les valeurs procèdent d'un jugement, non pas

> sur la connaissance du monde (la question n'est pas de savoir s'il est bien ou mal que la Terre soit ronde), mais sur les êtres du monde, leur pensée et leur comportement (la question est de savoir s'il bon ou mauvais, raisonnable ou fou d'aller sur la lune, de se rendre à telle manifestation, de se montrer solidaire de telle action, etc.) Les savoirs de croyances procèdent d'un mouvement d'évaluation au terme duquel le sujet détermine son jugement à propos des faits du monde. Cette fois, c'est le sujet qui va vers le monde, et non pas le monde qui s'impose au sujet. Il doit donc être admis qu'existent plusieurs jugements possibles à propos des faits du monde, jugements parmi lesquels le sujet parlant fait un choix selon une logique du nécessaire ou du vraisemblable dans laquelle peut intervenir autant le raisonnement que l'émotion [...]
>
> Ainsi, les savoirs de connaissance et savoirs de croyances structurent les représentations sociales. Les uns en construisant des explications classificatoires du monde, les autres en axiologisant les rapports de l'homme au monde. Mais la frontière entre ces deux types de savoir est poreuse, et ce d'autant plus que bien des sujets jouent de cette porosité, à des fins stratégiques, présentant un type de savoir en lieu et place de l'autre, et réciproquement[3].

On peut concevoir comment cette porosité conditionne le discours économique, dans ses deux faces de savoir et de croyance. Et ce, tout particulièrement en période de crise où s'imposent les sentiments d'inquiétude, d'urgence, ou de dévastation face au simple constat des enchaînements consécutifs à une modification notable à ce qui est considéré comme l'équilibre jusque-là souhaitable ou optimal de la donne économique. Cette rupture d'équilibre a donc pour conséquence la dépréciation des stocks boursiers, la dévaluation des épargnes, la chute des taux d'intérêt et donc des rentes et revenus de pensions, la baisse subite de la consommation et des activités industrielles, comme elle entraîne des pertes d'emplois. Plus particulièrement, en ce qui concerne l'Alberta, les risques de baisse du prix du baril de pétrole sont perçus comme l'indicateur permanent modulant la prospérité et la promesse de future prospérité de la province.

C'est à partir de cette fonction du prix du brut comme indice de la position économique de l'Alberta et de ses fluctuations que nous pouvons proposer l'identification de quelques caractéristiques discursives des réactions à la dévaluation du prix du pétrole, que d'aucuns pourraient qualifier de spectaculaire. Nous proposons ainsi une typologie toute expérimentale de ces réactions médiatisées qui ont pour ainsi dire servi de modèle orientant la compréhension de la crise et de ses implications pour l'Alberta. Énumérons pour l'instant, dans le catalogue de ces divers argumentaires, les discours de *normalisation*, de *constat dévasté*, de *réitération*, de *référentialité historique* et de *prédictions multidirectionnelles*. En fait, dans tous les cas, en dépit de distinguos qui s'imposent, il s'agit généralement de rationaliser plus ou moins heureusement ce qui est perçu comme l'aléatoire, de contenir la contingence, de bloquer l'incontrôlable, bref, de rappeler à l'ordre l'indéterminable qui préside aux modifications des prix du baril. Une fois encore, nous ne prétendrons pas épuiser l'identification de ces réactions discursives, ni poser par ailleurs leur imperméabilité mutuelle. En écrivant du sein de cette crise pétrolière singulière, nous avons plutôt le sentiment de noter les différentes phases du déploiement d'une série de phénomènes qui ne saurait refermer sa boucle événementielle.

LE DISCOURS DE NORMALISATION

Nous n'avancerons pas non plus que ce type de discours a un caractère d'universalité face à la crise économique et pétrolière : plus simplement, on note son occurrence dans ce laboratoire singulier qu'est le discours social sur l'énergie en Alberta. Il s'inscrit en toute logique dans un éthos de réassurance où, comme on l'a vu dans les précédents chapitres de cet ouvrage, la sourde angoisse associée à l'impression d'être en équilibre précaire sur la crête vertigineuse des prix pétroliers de la première moitié de 2008 appelait un certain soulagement dans une baisse d'abord perçue comme simple autocorrection des marchés. Le discours de normalisation se révèle aussi chronologiquement comme le premier à accueillir une modification initiale vers la baisse des prix du brut.

Il trouve également sa motivation profonde dans l'attribution d'une téléologie et d'un mécanicisme à un système qui en soi n'est doté ni de l'un ni de l'autre. Comme nous le rappellent Gilles Dostaler et Bernard Maris :

> Keynes pense que le marché est aveugle. Il ne voit rien, ne prévoit rien. À quoi se raccroche la foule, la masse fuyant l'angoisse et la mort dans l'incertitude radicale de son avenir ? À l'opinion, à la foule elle-même certes, dans un processus autoréférentiel, mais aussi, c'est sa seule lueur—à l'idée que l'état des choses va à peu près se perpétuer. Que demain le soleil se lèvera. Qu'il y aura encore de la croissance. Que le taux de croissance ou le taux d'intérêt d'aujourd'hui seront à peu près le taux de croissance de demain, que les choses vont continuer [...][4]

Cette croyance en une orientation, une stabilisation ou une recontinuation du marché et des prix rend donc plausible une reconfiguration d'événements erratiques en réajustement somme toute souhaitable et doté d'un rôle précis : celui de calmer la fièvre spéculatrice, de faire une pause, de consolider les bases acquises avant de retourner à son parcours ascendant. En fait, cette réaction accueillant la baisse comme une manifestation désirable se veut embrasser le principe de réalité d'un cœur pour ainsi dire consentant. La normalisation est la forme « raisonnée » de l'aléatoire qu'elle veut reconfigurer comme allant dans une direction elle aussi toute raisonnable. Nous donnons ici deux exemples de cet exercice de rationalisation, l'un tiré d'un éditorial du *Calgary Herald* du 14 septembre 2008, réagissant à une baisse du prix du baril, qui passait de 147 $ à 100 $, texte intitulé par ailleurs « Irrational Pessimism ». L'autre était une chronique de l'économiste Todd Hirsch, parue deux mois plus tard dans le *Globe and Mail*, au moment où le prix avait chuté à 62 $, et avait comme titre « Snap out of it Alberta ». Les deux textes s'inscrivent comme des appels à la raison par recontextualisation des données conjoncturelles et par appel aussi au passé historique. Citons d'abord le *Calgary Herald* :

> But it is helpful to keep the gyrations in perspective, especially as oil hovers around $100 a barrel. After oil broke $70 per barrel, a CIBC World Market report made headlines three months later when oil was at $75 with CIBC's predictions of $80 a barrel sometime in 2007, and then $100 at some point in 2008. To some, that prediction seemed fanciful.
>
> Now, with a $100 barrel of oil a reality but down from a lofty height, the fact of "only" $100 has been to send energy stocks into the investment equivalent of the woodshed this past week and to start a general panic in resource stocks [...]
>
> Let's not panic over "only" $100 a barrel of oil [...][5]

Ici, on veut présenter le prix maximal atteint par le brut dans un passé récent comme ayant été de toute façon au-delà du prédictible, comme d'emblée échappant à la raison et au concevable. Dès lors, les réactions des investisseurs à cette baisse qui est suggérée comme un retour au réel (ou plutôt un intervalle de retour au réel, car l'ensemble du texte reste néanmoins soutenu par l'espoir diffus d'une réinstauration des hausses) sont qualifiées d'irrationnelles par évaluation avec une situation passée qui, elle, avait franchi les limites prédites. Le passé se pose donc comme le lieu de l'aléatoire et de l'imprévisible, même dans une conjoncture favorable à laquelle la communauté d'affaires albertaine se serait habituée comme à une fausse norme, la véritable norme étant ici le présent empirique. Il s'agit d'un retour en arrière dans le temps où est rétrospectivement projeté le déraisonnable, envers qui on n'en aurait pas moins développé une dépendance inquiétante. On voit toute la dimension éthique qui sous-tend cette position où le présent pourrait s'inscrire comme le sobre rappel d'un certain réajustement face aux excès du passé. Cette position d'une normalisation comme rappel à l'ordre est encore plus clairement établie dans le texte de Todd Hirsch.

> Fast-forward to 2008, and Alberta is getting a similar smack, a big bucket of cold water dumped on a white-hot economy that has caused a collective loss of good sense.
>
> Perhaps that could be forgiven for the temporary insanity that started around 2005. Consider what we've been through.
>
> House prices were skyrocketing and real estate was being snapped up online, sight unseen, for above list price. People were bribed with iPods and other crazy perks to work at doughnut shops. Bentley dealerships couldn't keep up with demand. The Bank of Canada came up with a new category of economic indicator—"Canada excluding Alberta"—because Wild Rose Country was skewing the national averages.
>
> As a result, Alberta built up a delusional superhero persona, a false sense of invincibility that permeated the mood and expectations of ordinary citizens.
>
> Reality is crashing in. Oil and gas prices have snapped back to something closer to their historic norms (though they are still higher). Houses sit on the market for weeks, not hours. Some high-end condo projects in Calgary have been put on hold. Even a couple of oil-sands projects have been scaled back.
>
> [...]
>
> For one thing, Alberta is still a commodities-based economy, and commodity prices have always been extremely cyclical. Up and down and up and down. This isn't new nor is the current slump in energy prices unexpected. Younger players in the industry may be thinking the end is nigh, but the veterans roll their eyes. They've seen this all before—it is just what commodity prices do.
>
> [...]
>
> Alberta is a great province and has a great future, and its economy remains the envy of much of the world. But the

> market turmoil of 2008 has given Alberta a good slap in the face. "Snap out of it," the market says, "you're no superhero." Albertans are hoping that a simple smack is the worst the market has planned[6].

L'interprétation des mouvements du marché comme surgissement du principe de réalité s'avère ici en outre plus manifeste, en ce qu'on peut encore y relever la lecture rétrospective du passé comme déraison fermement posée. Mais plus encore, on voit se déployer l'allégorie d'un marché présentée comme l'entité s'acquittant de la mission de ramener brutalement la communauté albertaine à une plus juste perception des choses, l'égarement passé étant cette fois associé au collectif et non pas au marché, qui est plutôt perçu comme un autre type de « main invisible » servant ici une certaine justice normative. Le marché est de la sorte intégré dans une intentionnalité éthique, quasi punitive, et nécessaire au rétablissement d'un certain équilibre moral. Littéralement, il « parle » le langage d'une déontologie en l'imposant avec une violence justifiée par les excès précédents. On constate aisément ce que peut avoir de rassurant ce parti d'encadrer le marché—dont il faut toujours garder à l'esprit qu'il est ontologiquement *aveugle*, et nous rajouterons aussi *sourd* et *muet*—dans un projet éthique qui se charge de rétablir l'équité. L'Alberta, s'étant pour ainsi dire trop enivrée de sa persona d'invincible gagnant des hausses des prix du brut, se doit maintenant de cuver son vin. En fait, on relève sans peine ce que cette interprétation doit à l'éthique protestante d'une certaine ascèse qui demande plus de discrétion dans la jouissance et l'accumulation. Ainsi donc sont motivés les mouvements aléatoires d'un marché malgré qu'il soit absolument dénué de projet, et *a fortiori* de projet moral. L'insupportable contingence est donc repoussée par cette réinvention des variations du marché comme modèle doté d'un dessein concomitant avec des idéologèmes éthiques de la pénitence qui ne circulent dans le discours que pour doter les événements d'une certaine prédictibilité. Après la punition reviendront certainement les temps d'abondance, et on n'est pas loin ici du substrat additionnel d'une méritocratie liée à (que l'on nous pardonne ce néologisme) sa dé-méritocratie.

Ce discours de normalisation opposant le « bon sens » du présent par rapport à la démesure du passé en réaction aux baisses du baril de pétrole, du moins dans le corpus que nous avons assemblé, ne paraît pas toujours tenable jusqu'au bout dans les textes. Ce mode d'acceptation du principe de réalité et de retour au standard de correction joue le rôle, on le conçoit aisément, d'anxiolytique dont l'efficacité reste néanmoins inégale. Ainsi, l'éditorial du *Calgary Herald* n'en termine pas moins son commentaire par cette réassurance qui va en fait à l'encontre de l'entreprise de normalisation qui marquait les débuts du texte : « Let's not panic over "only" $100 a barrel. Let's just make sure Alberta and federal policy is encouraging and not discouraging investors. The market will then, one day at least, come back to its senses. » Et Todd Hirsch de conclure pour sa part, au moment où, rappelons-le, le brut était à 61 $: « Albertans are hoping that a simple smack is the worst the market has planned. »

Si ces conclusions semblent en apparence en contradictions mutuelles vis-à-vis de leur reconfiguration du marché, l'une supposant un état de déraison momentané (ce qui suggère à son tour que le marché est doué de raison), l'autre projetant une intentionnalité punitive à des manifestations essentiellement aléatoires, elles ne s'en présentent pas moins comme des indices indéniables d'une forte angoisse devant ce qui reste foncièrement inconnaissable et échappant à toute règle du connu. La normalisation est bien ce que nous avons posé : un simple discours, une réaction intellectuelle qui confère l'illusion momentanée de rendre intelligible l'insaisissable et de l'insérer dans le connu, et surtout dans un récit devant se dérouler selon une certaine logique qui ne saurait faillir. Toutefois, les énonciateurs laissent paraître la conscience qu'ils ont de l'insuffisance du procédé. Ils ne peuvent contenir le profond sentiment d'alarme ressenti devant l'obligation soudaine de penser l'impensable, anxiété qui confirme quelque peu une de nos prémisses : à savoir que l'économie, de même que les décisions et politiques qui en découlent, tendent plutôt à se présenter comme croyance plutôt que savoir, alors que ce dernier jouit pourtant clairement sur l'autre de l'avantage de la prévisibilité rassurante.

LE DISCOURS DE RÉITÉRATION OU LA MÉTHODE COUÉ DU PÉTROLE

Ce type de réaction paraît se manifester plutôt en début du constat de crise et, tout en relevant partiellement de la logique de normalisation précédemment décrite, présente la singularité de paradoxalement confronter deux types de réels empiriques, dont l'un viendrait pourtant contredire l'autre. Les premières manifestations de baisse des prix, tout inquiétantes puissent-elles être, suscitent chez certains commentateurs le besoin de récapituler deux paradigmes. D'une part, la position quantitativement enviable de l'Alberta en termes de ressources énergétiques et, d'autre part, le besoin de replacer ce facteur dans la logique de certaines données fondamentales attribuées à l'économie. Ainsi, la valorisation quantitative de ces ressources jointe à un rappel des règles élémentaires des échanges de marché est brandie comme viatique supposé invincible face à la réalité de la crise. Pour le chroniqueur Charles Frank, cette réaction prend la tournure d'une réitération presque mantrique de l'importance des réserves pétrolières albertaines, et ce, en concomitance avec les manifestations mêmes de la crise :

> Trying to get around the fact that the oilsands are worth 1.5 trillion to us?
>
> [...] Perhaps you're feeling somewhat less than euphoric—even non-plussed—about this revelation? Don't fret. You are not alone.
>
> But with the price of oil in free fall—it dropped into the $50 this week, which is well below the cost threshold needed by most of the new plants under construction in the Fort McMurray region—and people all around the world saying nasty things about so-called "dirty oil," it's hard to feel too pumped about one of the biggest pools of recoverable oil in the world.
>
> That's too bad.

> Especially after the Energy Agency pointed out this week that if we are to meet future global demand for oil (once we get beyond the looming recession) the world will need the equivalent of four new Saudi Arabias.
>
> For the record, the oilsands contain some 173 billion barrels of recoverable oil, second only to Saudi Arabia[7].

Deux jours auparavant, Deborah Yedlin du même journal servait une prédiction similaire, en tenant cependant un peu plus compte de certaines règles du marché concernant les impacts paradoxaux des prix élevés de l'énergie auprès de cet autre socle inébranlable sur lequel repose tout l'échafaudage des croyances économiques, la croissance.

> Still, the IEA message is simple and stark: the world's energy companies—and producing countries—need to reinvest in the order of $26 trillion between now and 2030 to meet future energy demand, but at the same time, progress must be made towards decreasing the carbon footprint [...]
>
> The impact of tight supply, of course, will be to send prices soaring to the point where total energy expenses could make up as much as high as [*sic*] seven per cent of gross domestic product in the non-OECD countries, while the developed world stabilizes at five per cent [...]
>
> The implications of higher energy prices are two fold: first, they are inflationary, and second they take away dollars that could be spent elsewhere in the economy. In other words, high energy prices are a constraint on economic growth [...]
>
> It's tough to shrug off the current negative sentiment and the seemingly endless stream of bad news but that is exactly what is needed. The world is not going to stop. It is going to continue to use energy, but as companies stand on the sidelines, afraid of spending, the existing fields will continue to decline at a rate of nine per cent, pushing the world closer to a supply

shortage that will undoubtedly wreak havoc of a different sort. We are indeed in uncharted, unsettling territory[8].

Yedlin a recours ici à la même stratégie, qui consiste à rappeler les bases fondamentales de la situation des ressources en énergie dans le monde. Toutefois, elle est en mesure de mieux jauger les effets pervers de la baisse des prix qui ne pourront qu'amener une hausse consécutive de ces mêmes prix. Les taux bas du brut limitant les investissements créent une circonstance qui, à son tour, va réduire l'exploration et conséquemment les réserves futures, ce qui conduira obligatoirement à une éventuelle explosion des prix et à leurs potentiels effets chaotiques à long terme s'ouvrant sur un horizon inquiétant. Mais au premier niveau du texte, si cet horizon est posé comme angoissant, au second niveau, il s'efface rétrospectivement au profit d'une future promesse de prospérité pour l'Alberta, qui est ici immanquablement soumise au conditionnement de la méthode Coué fonctionnant par l'autosuggestion répétitive marquant le texte précédent de Frank : *ils auront besoin de pétrole, nous en aurons à leur vendre*. La complexité des impacts globaux d'une chute/hausse des prix et la menace d'une crise encore plus complexe que le ralentissement économique de l'Alberta trouvent ainsi leur issue dans une forte et répétitive recontextualisation de la situation albertaine. Dans une telle perspective, les autres juridictions productrices de pétrole sont tout simplement présentées comme des repoussoirs, tout particulièrement sous la thématique de cette dichotomie état stable / état instable dont nous avons mesuré les implications dans les chapitres précédents. On voit mieux ainsi comment se dessine cette opposition de deux réels qui, sans qu'ils s'excluent, échouent à s'articuler l'un dans l'autre. Ainsi, les problématiques de la globalisation confirmant les avantages de la localisation tout en s'opposant à eux, dans un horizon qui assume la continuité du cycle des prix du brut, et de ses avantages/désavantages pour les acteurs du marché. Nous dirions ici qu'une des caractéristiques de la méthode Coué comme réaction albertaine à la crise du pétrole est que l'on ne s'en sort pas. Dans cette réaction particulière, le présent, au lieu d'avoir une fonction éthique de correction des excès, se signale plutôt comme valeur de démonstration d'un mécanisme impeccable qui devrait garantir la répétition du cycle, dans la mesure où on s'attarde peu sur le potentiel explosif d'un trop grand déséquilibre du marché[9]. Les titres suivants des chroniques de Yedlin sont assez éloquents à cet égard, en dépit de cette prise en considération des effets aléatoires du prix du brut sur les marchés : « Oil prices set for strong recovery » (9 décembre 2008) ou « Business must go back to basics » (31 décembre 2008).

LE RAPPEL HISTORIQUE OU LA FORTITUDE

Outre son recadrage en correction éthique et en réitération simpliste des avantages de la position albertaine, la réaction de normalisation à la crise peut s'exprimer également par un retour sur l'histoire comme récit de l'épreuve surmontée garantissant la capacité de l'industrie pétrolière à affronter victorieusement les soubresauts du marché tout en assurant la réitération des événements sous une forme balisée et assimilable. Une fois encore, Deborah Yedlin nous offre un titre programmatique avec « We've been through worse : Energy sector no stranger to adversity[10] ».

> On a day the S&P/TSX Energy Index plummeted 34.36 points, losing 10.6 per cent of its value, it's tough to find solace in the fact that oil at $95.60 US per barrel is better than oil at $15.98—which is where it was a decade ago.
>
> As everyone wakes up this morning wondering how Monday's carnage will affect the oilpatch, the key thing to keep in mind is, unlike a decade ago, when oil was struggling to push through $15 US per barrel, the sector is generating enough cash to finance its activities […]
>
> The good news—if there is any—is the oilpatch has been through worse. Much worse.

Whether it was the early 1980s and the collapse in oil prices, the 20 per cent interest rate environment or prices hitting the low of $10.72 US a barrel in December 1998, the sector has managed, and learned, through adversity. Even better, much of the grey hair that steered companies through the previous challenging times is still active in the business—whether as board members or in the executive suite [...]

The tough part right now as Gobert[11] points out is the market is moving in a direction that is contrary to the positive long-term fundamentals for oil and natural gas.

What's going on today has nothing to do with fundamentals, he said [...]

[...] but it has to be said that less oil and natural gas today—even with slower economic growth around the world—means higher prices down the road. The question is how long that road might be—and what the hill profile looks like along the way[12].

On remarquera au passage l'appel renouvelé à ce que l'on assume être les bases fondamentales du marché à l'encontre desquelles semblent évoluer les événements. Mais plus singulièrement ici, c'est la mémoire du passé qui est réquisitionnée en concordance avec ce que nous avons auparavant désigné comme le récit pétrolier albertain. Ce récit ressuscite vaguement la silhouette stoique du pétrolier de la Frontière et pour qui la crise actuelle peut être lue comme une autre tempête à affronter, avec la certitude d'une victoire à la mesure de la résilience de l'industrie. Nous ne pouvons nous empêcher ici de faire remarquer à quel point la capacité de résistance de l'industrie est valorisée par opposition à ses protestations de grande vulnérabilité lors de l'affaire précédente des redevances pétrolières.

Quoi qu'il en soit, l'expérience du passé sert de vecteur à une conception de la crise comme hiatus qui sera surmonté grâce aux expériences antérieures et au stoïcisme du pétrolier de la Frontière. Une telle position induit bien entendu une conception de la crise comme événement cyclique ne pouvant trouver sa résolution que dans un juste retour à la « normale », qui n'est pas ici la normalisation du rappel à la réalité des réactions précédentes, une normalité correctrice à valeur éthique, mais la promesse de prix du brut plus élevés encore (« higher prices down the road »), comme compensation aux chutes actuelles. Inutile de préciser ce qu'une telle présentation de la crise des prix porte en elle de retour sur un état qui ne peut être que mélioratif et suppose d'obstacles intellectuels à penser autrement les soubresauts du marché et de la croissance, et *a fortiori* à en interroger les prémisses. Ce qui est confirmé d'ailleurs par la perplexité devant les malfonctionnements des « fundamentals » qui, eux aussi, ne sauraient être remis en question malgré l'évidence.

DOUTES ET PANIQUE

Retenons la date du 18 février 2009 : ce jour-là, le prix du brut chuta à son plus bas, soit 34,93 $US pour la période qui nous occupe, allant de juillet 2008 à juin 2009. En juin 2010, le baril semblait vouloir se stabiliser autour de 75 $US, soit au même prix qu'il était en octobre 2005; en juin 2012, période marquée par la crise européenne, le prix du baril tournait autour de 90 $.

Toutefois, l'auteure se doit ici d'admettre que son analyse de ces données est redevable au confort de la rétrospective qui permet la distance nécessaire à l'évaluation globale de la crise des prix, distance critique qui aussi invite à l'ironie dans l'interprétation des réactions aux fluctuations des prix de l'énergie. Cette ironie inévitable, mais dont il faut en réduire les effets autant que faire se peut, doit ainsi tenir compte de sa dette envers la supériorité conférée par la position privilégiée de l'observateur qui a eu le loisir de dominer les événements du haut de la connaissance de leur relatif *eschaton*. Cette connaissance—encore une fois bien relative—d'un dénouement quelconque fournissant une fin somme toute artificielle à une série de phénomènes nous oblige à convenir que nous leur attribuons, en les objectifiant comme corpus d'étude, une forme et une articulation tout aussi artificielle et arbitraire. Dans cette chronique des réactions à cette crise, notre propre rapport chronologique au temps de son déroulement est tout aussi de l'ordre de la contingence. Ainsi, non seulement faut-il se prévenir de trop de distance condescendante vis-à-vis des réactions discursives que nous allons ici tenter de décrire, mais faut-il également garder à l'esprit la dimension transitoire et instantanée de ces réactions tout en respectant leur caractère de non-concordance avec la suite des événements angoissants qui allaient sans cesse remodeler leur sens.

Cette précaution prise quant à une certaine « malhonnêteté » de notre propre rapport à la chronologie de la crise invite donc à considérer les analyses qui vont suivre comme très littéralement un *essai* de classification ponctuelle des réactions médiatiques de malaise vis-à-vis des premières manifestations de la chute des prix, telles qu'elles semblent s'offrir dans un véritable mais fugace laboratoire des discours de la crise pétrolière.

Retournons ainsi au commentateur Charles Frank, dans sa chronique du 3 octobre 2008 intitulée « Fear comes to a full boil », dont nous citons quelques extraits caractéristiques :

> *With the heart-stopping fall in oil prices, and with uncertainty mounting over the stability of the global financial system, confusion is the order of the day.*
>
> As recently as 10 days ago, top energy and financial analysts such as CIBC's Jeff Rubin were confidently calling oil prices to settle in around the $100 US mark for the next few months before resuming an upward trajectory in 2009.
>
> While undeniably optimistic, those sentiments weren't too far off what most of the number crunchers in the industry were finding in their own calculation. More important, they offered enough wiggle room for company executives to feel they could proceed with their budgeting with a reasonable degree of confidence about what the future might hold.

> Today, it's a new game. In fact, with shares at bargain basement prices, more than a few oilpatch employees are wondering whether they have become "overnight" takeover targets.
>
> With no obvious end in sight to the unprecedented roiling that has gripped North American markets—and a growing fear that U.S. President George W. Bush's much talked-about plan for the struggling U.S. financial sector may not be enough to keep the global economy from short-circuiting—it is likely to be white knuckle time in the oilpatch for some time to come.

Ces commentaires furent rédigés au moment où le prix du pétrole baissait jusqu'à 50 $. Nous y notons en premier lieu l'expression d'angoisse causée par cette perte de repères particulière qu'est le constat d'incohérence entre ce qui était prévisible par les initiés de l'industrie et le réel qui va à l'encontre de ces prévisions. Cette désorientation est à la mesure de l'autorité qui est traditionnellement reconnue à ceux qui se présentent comme les initiés du système, en l'occurrence ici l'économiste médiatique Jeff Rubin, au point qu'ils sont perçus comme *sachant* plutôt que *prédisant* la suite des événements et donc les cours futurs du pétrole. Tout autant que de la baisse accentuée des prix du brut, la peur trouve aussi sa source dans le premier soupçon de la faillibilité des autorités prédictives, à qui était pourtant attribuée la fonction de fournir des balises traditionnellement considérées comme presque sûres. Ce garde-fou discursif qu'est la prédiction pétrolière vient de montrer une faille qui menace toutes les règles du connu et du connaissable. À cet égard, Frank utilise cette expression éloquente : « a new game » où, effectivement, les règles du jeu sont en train de changer sans que l'on puisse les prédire. On remarquera d'ailleurs que l'aveu de la peur devant les inconnus du marché se pose en contradiction avec le discours génétique du récit pétrolier qui accueillait le risque d'un cœur enthousiaste, signe supplémentaire de l'effritement des mythologies identitaires ayant présidé aux représentations antérieures de l'industrie pétrolière albertaine. Lorsque les règles du marché semblent s'enrayer, le pari n'est certes plus de mise : le retour au principe du réel conforte bien le caractère fictif de ces récits qui, auparavant, jouissaient d'un fort potentiel de légitimation.

Le 19 novembre 2009, Frank commentait une conférence de presse donnée par la ministre albertaine des finances annonçant un surplus budgétaire réduit pour l'Alberta, en raison justement de la baisse du prix du brut. Sa chronique est marquée par un pessimisme croissant qui semble avoir renoncé aux réassurances habituelles :

> At the end of the day, that all translates into lower resource revenues and lower corporation taxes for Premier Stelmach's government.
>
> Hence the biggest budgetary forecast revision in recent memory.
>
> The hope—not just in government office, but everywhere that Albertans gather—is that the current economic crisis will pass in due course and that we will return to the halcyon days of 2006–07, a time where vast surpluses roamed the province and commodity prices soared at will.
>
> The best analytic minds we know insist the future for Alberta's energy industry is bright—that commodity prices will indeed rebound, and then some. And that our unique geo-political location all but ensures our future economic well being.
>
> That's what we all want to believe. But what if the events of the past 10 weeks are not the perfect storm to blow across our path? What if the oil and gas industry doesn't bounce back the way the soothsayers say? In other words what if our economic future turns out to look more like 2002 than 2007—year in and year out?

> At the very least, we'll need an attitude adjustment that might prove easier said that done[13].

Ce qui ressort de ces extraits exprime clairement la croyance ébranlée face à ce que nous appellerons pour l'instant le discours prédictif économique et pétrolier qui, quelle que soit sa source, joue traditionnellement pour l'industrie le rôle d'oracle incontournable dessinant le paysage plus ou moins assuré du court, moyen et long terme pétrolier. Si on mentionne toujours la foi en une conception cyclique de l'économie, conception hégémonique dans le discours social de l'Alberta, dont l'histoire n'a pu que se nourrir de ces cycles, cette foi se module maintenant sous la tonalité plus assourdie de l'espoir assailli par un doute croissant. Le ton assuré habituel à ce type de chronique abandonne le domaine du savoir où il pouvait inlassablement ressasser la certitude des conjonctures, une chose menant à l'autre dans l'organisation rassurante d'un récit qui ne saurait décevoir. On passe ici à un retour inquiet sur l'hypothèse de ce récit toujours accepté comme savoir, mais qui est maintenant recadré comme croyance privée de certitude : « we all want to believe ». D'autres possibles ne correspondant pas au scénario promis sont maintenant évoqués et qui ne sont pas sans susciter une désorientation majeure. Frank en vient à admettre que l'affrontement de ces éventualités sur le point de se réaliser et qui correspondraient globalement à l'implosion économique de l'Alberta exige une capacité de rationalisation qui reste pour l'instant fort lacunaire. La réaction de panique à la crise se traduit bien dans ce double mouvement de conscience de la nécessité d'un réajustement face à la perte des repères, mais la conscience aussi d'un déficit d'imagination et de savoir pour la compenser dans la réalisation même que les « savoirs » précédents n'avaient pas l'infaillibilité qu'on leur accordait. Ce que Frank évoque est bien de l'ordre d'un « scénario de l'inacceptable[14] » (à sa mesure, convenons-en) qu'il soupçonne être en demeure de devoir accepter tout en pressentant qu'il s'agit là d'une adaptation malaisée parce que rien ne vient plus même baliser maintenant les formes que devrait prendre cette adaptation.

Pour illustrer enfin une dernière forme de réaction de panique à la chute des prix, nous examinerons la chronique de Frank publiée deux jours plus tard, soit le 21 novembre 2008, où la baisse des prix avait franchi le « seuil psychologique » (autre expression riche de promesses herméneutiques, s'il en est) des 50 $. À lui seul, le titre était programmatique de l'éthos du rédacteur économique : « We are in free fall now », mais le texte présentait des formes d'ébranlement tout aussi éloquentes :

> Batten down the hatches, gang, we're in free fall.
>
> And now that oil prices have slammed through the $50 US mark—they fell another seven per cent to close at 49.62 Thursday, their lowest point since 2005—all bets are off as to where we're going to land.
>
> Suffice to say, it is not going to be a soft landing either.
>
> If you are keeping tabs, oil prices have fallen about $100 a barrel, in a little over four months, or since the middle of July when they topped $147.
>
> That might explain the sick feeling in the pit of your stomach. Of course, the ongoing carnage being visited on local energy stocks, which continue to be decimated by the market's negative response to sliding oil prices and questions about companies' abilities to operate successfully as a result of the global financial crisis, isn't going to help you sleep easier, either.
>
> What has become readily apparent is that nobody knows. As Michael Wittner, head of the Société Générale, told Reuters, the de-leverage taking place in global markets is making it all but impossible to call a bottom price in oil.
>
> That's technical talk for nobody knows [...]
>
> About the only thing we do know is that it's probably not the "speculators" who are to blame. You might recall that when oil was racing towards the $150 mark last summer, nobody seemed to know exactly what was driving prices upward at

> a time when everyone—including global producers—wanted them to stop climbing [...]
>
> Now, prices are going the other way, and again, nobody seems to know why.
>
> Ironically it wasn't all that long ago the consensus among prognosticators was for prices to firm up between \$90 and \$95 through year end and then move back above \$100 when the worst of the global financial crisis has passed.
>
> Then the magic number fell to \$80. Then \$75.
>
> There was a lot of *emotional energy* expended as we approached the \$60 mark. OPEC officials, for example, insisted that they would support that price (as coincidentally they promised to support \$90 oil) proving as we have said repeatedly that the cartel has no sway over prices no matter how much oil it promises to pump, or as the case may be, to not pump. [...]
>
> That oil prices—*the emotional touchstone of the industry*—are in free fall doesn't help[15]. (nous soulignons)

Le style indéniablement populiste du chroniqueur s'adaptant à ce qu'il estime être les réactions de son lectorat à l'accentuation de la crise, rend difficile à démêler ce qui dans son discours relève du spectacle, voire d'une hystérie feinte, comme on peut le noter dans la métaphorisation des réactions générales prenant l'allure de pathologies. Cette mise en spectacle n'est pas sans procurer, et au destinateur et au destinataire, cette forme subreptice, mais bien connue, de jouissance clandestine devant la catastrophe quand on n'a pas encore bien mesuré de quelle façon elle peut nous atteindre. Cet indéniable plaisir à être témoin du malheur, relevable dans tous les discours de crise, suggère que l'on n'en est encore que justement le témoin. Cependant, lorsque le désastre englobe le témoin et lui indique qu'il n'est pas immunisé face à l'effondrement général, la gravité même du cataclysme devenu global sert d'alibi à un sentiment de fatalité collective qui exclurait la nécessité d'une action. Une telle conception de la crise fait l'économie d'une culpabilisation individuelle, d'autant plus que

Frank insiste dans son texte sur son aspect « inconnaissable » en flagrante contradiction avec les prévisions rassurantes des instances insistant sur une conjuration rapide de la chute des prix, ces « best analytic minds » qu'il mentionnait dans le texte précédent.

Car ce que le texte fataliste de Frank exprime avec une théâtralité accessible à ses lecteurs, c'est aussi le sentiment dramatisé d'une déception totale face aux discours de prédiction des prix du pétrole, qui ont logiquement un impact sur les facteurs potentiels présidant à l'exploitation pétrolière. Il est vrai que ces divers effets sont très souvent de nature autoréalisante, mais n'en restent pas moins empiriquement constatables et mécaniquement prévisibles, du moins dans le court terme. Le sentiment de s'être trompé autant que d'être trompé vient de la conscience d'avoir de plein gré et fort rationnellement embrassé un discours toujours considéré comme rationnel, mais qui se révèle soudainement à l'encontre de ce qui se manifeste dans le réel, le sentiment d'un abus de confiance étant toutefois atténué par la conscience d'une ignorance partagée maintenant par tous. Cette dernière précision est importante : car Frank n'en est pas à proprement accuser les auteurs de prédictions rassurantes, il ne fait que constater leur faillibilité, alarmante et vertigineuse par les horizons qu'elle soulève, constat qui rend compte de ce fatalisme singulier qui est la marque programmatique de son texte.

LA QUESTION DES FUTURS

La liste des réactions à la chute des cours du brut en cette période 2008–09 ne s'arrête pas ici, tant s'en faut, mais telles que décrites, elles peuvent donner une bonne idée de leur manifestation dans le discours social albertain et de leur prégnance comme objet central dans les préoccupations de cette société. En quelques mois, la province la plus riche du Canada allait devenir celle où le taux de chômage allait être le plus accéléré : proportionnellement parlant, la chute économique de l'Alberta se révélait à la mesure de son ascension des années précédentes.

Dans un tel contexte de sensibilité socio-économique aiguë aux variations des prix du pétrole (qui restent toujours la base d'un discours explicatif des crises cycliques vécues par la province), on voit mieux comment, en période de boom comme en période de crise, la question des projections des prix du brut et des coûts généraux de l'énergie—à la hausse ou en baisse—devient fondamentale pour l'orientation du développement de l'Alberta. À la lumière de la crise économique de 2008–09, cette question des prédictions du cours de l'économie prenait une signification singulière, surtout dans la prise de conscience stupéfaite de leur mise en défaut radicale et de la désorientation générale qui en résulta.

Dans l'esprit du présent ouvrage, la question de la prédiction des cours du pétrole doit être rattachée au champ plus général des discours sur l'énergie, dans la mesure où la communauté albertaine a un besoin essentiel de ces projections pour « voir » son avenir, aussi incertaines ces prédictions puissent-elles être. De fait, plus nous avançons dans ce siècle, plus on peut noter dans le champ très large du discours social occidental la montée des discours de prédictions générales[16], dont l'environnement reste bien sûr l'objet privilégié auquel viennent se greffer les angoisses de moins en moins répressibles au sujet du caractère fini des ressources de la planète et de sa capacité à soutenir sa population. Ces prédictions peuvent prendre plusieurs formes, de la prospective à la prophétie, comme elles peuvent prendre le couvert de la fiction utopique ou dystopique. Elles cherchent en général à trouver une légitimisation en extrapolant sur le discours scientifique, qui lui-même se voit ainsi tiré à hue et à dia dans les médias en servant à l'argumentation des positions diverses et parfois opposées, comme en fait foi le discours médiatique actuel sur le réchauffement global ou sur le pic de Hubbert sur le pétrole. Elles sont pour la plupart non falsifiables, en ce que par nature leur véracité appartient à l'avenir et que seul l'avenir peut littéralement les prouver vraies ou fausses, sauf dans les cas manifestes où ces prédictions sont déjà scientifiquement vérifiables, et dès lors ne font plus partie des possibles du futur mais de ses certitudes. Ces prédictions peuvent assurer dans le discours social une position hégémonique, dans des cas où, une fois encore, les prémisses à la situation projetée sont indubitablement observables, telle la désertification de l'Afrique ou l'explosion démographique en Asie, et dès lors sont jugées comme étant de l'ordre du vraisemblable, voire du probable. La prédiction trouve en fait son hégémonie dans son acceptabilité générale, du moins à un premier niveau. Plus précisément, comme l'indique Marc Angenot, on pourrait comprendre la position hégémonique de certaines prédictions comme

> ne correspond[ant] pas à une idéologie dominante mais (ce vocabulaire est inadéquat) à une dominance dans le jeu des idéologies. Dans l'hégémonie, il entre des intérêts d'appareil, de traditions (car l'hégémonie est toujours un moment de réadaptation d'un état hégémonique antérieur) des positions acquises et défendues, de la « paresse » intellectuelle et des besoins de *convivialité doxiques*[17]. (nous soulignons)

De même, une prédiction peut être affligée d'un caractère hétéronomique, donc considérée comme marginale ou périphérique, dans la mesure où, quoiqu'elle puisse se révéler après mûre réflexion tout aussi bien de l'ordre du vraisemblable, elle pose la probabilité d'une situation dotée d'un caractère insoutenable pour ceux qui habitent le présent. Ainsi, telles sont la possibilité posée d'un renversement radical des pouvoirs Nord-Sud ou Est-Ouest, ou de la réduction draconienne et obligatoire du niveau de vie et de dépenses énergétiques telle que cette réduction fut posée par les penseurs du mouvement de décroissance, avec à leur tête le philosophe André Gorz, ou encore d'une catastrophe technologique majeure (nucléaire ou pétrolière) comme celles envisagées par Jean-Pierre Dupuy[18]. On voit que de telles prédictions, pour autant qu'elles puissent appartenir à l'univers des possibles, n'activent pas aisément ce phénomène de « convivialité doxique » dont parle Angenot, d'autant plus que leur reconfiguration mentale exigerait de se départir de la « paresse intellectuelle » ci-dessus mentionnée. En fait, certaines prédictions hétéronomes, lorsqu'elles sont reçues comme telle par les milieux politiques ou industriels qui exercent les véritables pouvoirs, sont marquées d'une irrecevabilité telle qu'elles prennent le statut de ce que Marc Angenot a désigné comme étant les tabous discursifs[19]. Le simple rappel énonciatif de prédictions considérées comme source d'inconfort ou de malaise peut susciter une hostilité indignée qui donne la mesure de l'angoisse créée par le seul soupçon que ce type de prédiction puisse se réaliser. Tel est tout particulièrement le sort actuel des prédictions sur la nécessité d'en arriver à une décroissance drastique en Alberta et au Canada. On ne s'en étonnera guère.

On pourrait analyser bien sûr plus longuement la nature de ces prédictions, mais ces quelques remarques préliminaires ne visent en fait qu'à nous permettre d'envisager le fonctionnement de ce que l'on pourrait appeler le marché discursif des prédictions, économiques, environnementales, énergétiques ou autres, leur mise en circulation dans le discours social, leurs usages, leurs fonctions, comme leurs destinateurs et leurs destinataires, c'est-à-dire ceux qui assurent le travail discursif permettant de faire circuler projections, prévisions et prophéties.

LES DISCOURS SUR L'AVENIR : MARCHÉS, ÉNONCIATEURS ET USAGES

En une telle période de désarroi économique, on conçoit que les discours prévisionnels et prospectifs jouissent d'une forte demande, indépendamment de leur validation plutôt incertaine par les événements. Dès lors, comme dans toute situation de marché, il se trouve bien entendu de nombreux fournisseurs énonciatifs à une telle demande, créant eux aussi un marché interne homologue à celui plus large des discours sur le pétrole albertain et sur les ressources énergétiques canadiennes.

C'est ce marché singulier des discours de prévision et de projection des prix du brut que nous allons maintenant examiner d'un peu plus près. Cette période d'ébranlement des certitudes albertaines concernant leurs ressources en énergie se pose comme le révélateur imprévu mais logique de l'importance essentielle et toujours croissante que la collectivité nord-américaine accorde à ces énoncés des possibles, présentés selon des degrés variables de certitude et d'autorité et reçus aussi à des niveaux variés de légitimation et de crédibilité. Mais la montée de ces discours, aussi opportunistes peuvent-ils souvent paraître, exige maintenant que nous les considérions comme un phénomène discursif à part entière, jouant un rôle devenu essentiel à l'évolution de l'industrie pétrolière albertaine tout autant que canadienne.

La question d'un marché des discours prédictifs au sujet des prix du pétrole pose d'emblée la question de leurs énonciateurs, car ce sont ceux-ci qui, dans un mouvement dont nous ne nierons pas la circularité, établissent le cours propre de leur discours et leur réception au sein de ce marché mouvant. La production des discours de prévisions assimilables à des projections prospectivistes en est arrivée à un point où il serait grand temps d'établir la structure précise de ce champ particulier qui est constitué par les ouvrages de prédiction de l'avenir environnemental et énergétique, et ce, tant dans le monde anglophone ou francophone de la « recherche ». Un tel projet aurait pour objet déterminé ce que nous pouvons constituer maintenant comme le champ des littératures de l'énergie-environnement, et suivrait le modèle de la socioanalyse bourdieusienne. Il n'appartient pas au strict cadre de la présente étude, mais il n'en serait pas moins fort utile pour déterminer avec plus de précision le cours particulier de tel ou tel destinateur de ces discours dont la réception est justement redevable de la position singulière de leur auteur dans le champ.

Même à l'état d'esquisse, cette éventuelle étude qui, suivant le modèle proposé par Bourdieu au sujet de l'Homo Academicus pourrait s'intituler *Homo petraoleus vaticinans,* n'en autorise pas moins à distinguer au sein de cette collectivité particulière au moins deux catégories d'auteurs se livrant à de telles projections sur l'avenir des ressources énergétiques en général et sur les prix du pétrole en particulier. Ces deux catégories minimales ne sont pas mutuellement exclusives, et le même agent producteur de discours peut fort bien chevaucher ces catégories selon la nature des propos qu'il fait circuler et selon les stratégies de légitimation discursive auxquelles il choisit d'avoir recours. D'autre part, il se trouve des cas où, selon son allégeance professionnelle et intellectuelle, un énonciateur refusera (ou se verra refuser) la possibilité de circuler d'une position à l'autre, soumis en cela aux règles, peut-être mouvantes mais assurées, de l'hégémonie. Comme nous l'avons précisé précédemment, il y a des prédictions hégémoniques et des prédictions hétéronomiques, et il y a des auteurs dont les discours sont réquisitionnés par ce principe de dominance qu'est l'hégémonie et d'autres auteurs dont le type de projections ne sauraient correspondre aux critères dominants d'acceptabilité. Précisons que cette dernière remarque pose, dans une logique encore une fois toute bourdieusienne, la question de l'objectivisation même du sujet évaluant ce champ, ce qui risque pour l'instant d'être simplement l'auteure du présent ouvrage.

L'économiste français Bernard Maris[20] s'est penché sur cette question de la légitimation des discours économiques, concept dont on n'a aucune difficulté à mesurer l'importance quand il s'agit de projections sur l'avenir dans le milieu de l'industrie pétrolière. Ainsi, à l'intérieur de ce qu'il englobe comme le groupe général des experts-économistes, il désigne les deux catégories dont nous parlions plus haut selon les classes des *savants* et celle des *experts non-savants.*

Le savant, en termes plus bourdieusiens et qui ne sont pas exactement ceux qui sont privilégiés par Maris, est d'abord celui qui, issu du milieu de la recherche universitaire ou du moins institutionnelle, se doit d'avoir d'abord des comptes continuels à rendre à ses pairs par le biais de publications spécialisées et arbitrées.

Chaque proposition émise par le savant doit découler des avancées précédentes dans son domaine d'étude et doit en tenir compte; s'il se croit justifié de ne pas en tenir compte, il est toujours sommé d'expliquer pourquoi. Le discours du savant, en économie comme ailleurs, doit porter en lui toute la recherche précédente comme la capacité de la mettre à l'épreuve de ses nouvelles théories et hypothèses. Ce qui exige, on le conçoit, un investissement considérable de temps en termes d'investigation, de vérification et de définition de ses vocables, autre obligation dont l'effet est surtout compris sous l'entendement péjoratif de *jargon* pour le public général, pour lequel, n'ayant pas la formation nécessaire, toutes ces précautions relèvent de l'inaccessible, donc de l'invérifiable. Tout cela impose bien sûr la prudence et la caution pour celui qui sait qu'il ne peut rien avancer que ce qu'il peut argumenter en demeurant dans les règles strictes de la logique et de l'empirisme. À cet égard, on peut dire que la science du savant se doit d'être à la fois sûre mais aussi consciente de ses incertitudes et de la nécessité de ne pas trop s'aventurer dans le domaine de la contingence lorsque ses instruments ne sauraient en mesurer les risques avec un degré satisfaisant de prévisibilité.

Maris est un peu plus cynique, lorsqu'il décrit le produit de la sollicitation par la presse des savants et de leurs discours :

> Leurs propos se réduisent à quelques conseils normatifs du genre « il faut un peu plus de marché et de flexibilité ». Ces conseils, plus qu'une volonté apologétique, montrent plutôt la difficulté de passer du discours académique au discours vulgarisé. En fait, toute leur expression est « contrainte » par le substrat savant et formel destiné à d'autres lieux. La naïveté des propos tenus marque la quasi-impossibilité, pour eux, de passer d'une langue « réservée » à une langue normale[21].

Mais la simplicité embarrassée des économistes savants tient également aussi, on le conçoit, à l'obligation de présenter, non seulement en termes assimilables, mais aussi en temps assimilable, leurs réflexions sur telle ou telle manifestation économique, temps que ni leurs destinataires, et encore moins les médias, ne sauraient leur accorder. La nécessité de précaution se traduit donc par une généralité de propos qui ne commettent rien et prévoient très large, et ce, avec un sentiment d'énonciation malaisée devant l'impression confuse de trahir la nécessité d'une certaine rigueur intellectuelle : peu de véritables savants en fait passent avec succès les feux de la rampe.

Il en va par contre autrement avec ce que Maris décrit avec sévérité comme les « experts non-savants » :

> [...] les experts non-savants (économistes d'entreprises, prévisionnistes, experts auprès des banques, des sociétés de Bourse, parfois hommes d'affaires). Ils ont beaucoup plus de facilité et ont une créativité étonnante concernant la langue économique, n'hésitant pas à fabriquer des néologismes.

> L'expression « nouvelle économie » par exemple a été fabriquée par les médias et les experts non-savants, avant que les savants ne s'y intéressent à leur tour, pour montrer que la « nouvelle économie » était tout simplement de l'économie (Arthus, 2001). Les experts non-savants utilisent les concepts de l'économie traditionnelle de manière tout à fait approximative. C'est pourquoi ils ont la « *créativité des sous-usagers* » (Hagège, 2000, p. 120). L'expert non-savant n'a d'autorité que celle que lui donnent les médias. Il n'est que lire la presse spécialisée [...] pour découvrir le caractère purement incantatoire et en général grotesque de ces « avis d'experts » que l'on peut résumer en un : demain il fera beau, à moins qu'il ne pleuve, mais parions qu'il fera beau. Le fait que n'importe qui puisse s'affubler du titre d'expert économiste suffit à discréditer une « science ».
>
> Mais l'économie experte, où tout le monde peut apporter sa pierre plus ou moins fausse, n'est pas une menace pour l'économie savante drapée dans sa rigueur et son invérifiabilité (*pour le non-savant, s'entend*[22]). Personne ne peut pérorer sur la terre centre du monde, mais quiconque peut expliquer la chute de la Bourse ou sa hausse vertigineuse et les plus savants, évidemment, se sont aventurés à prédire la croissance éternelle des valeurs, comme Irving Fisher en 1929 ou Patrick Arthus en 2000 [...] : mais ce n'est plus le savant qui parle, c'est l'expert[23].

Cette distinction de discours d'usage et d'énonciateur, facilement relevable pour un lecteur tant soit peu attentif qui aurait en sus pris la peine de rassembler un solide corpus de ces déclarations prédictivistes aux court, moyen et long termes, ne s'en perd pas moins dans la masse de ce qui circule dans les médias au sujet des futurs de l'économie et de l'énergie. Confusion d'autant plus aisée que, comme l'indique Maris, un certain nombre de savants n'hésitent pas à jouer de la légitimation que leur confère leur statut de chercheurs reconnus par leurs pairs pour se faire experts au gré des conjonctures ponctuelles et au gré des sollicitations médiatiques variées[24], lesquelles en arrivent à être de plus en plus considérées comme des accomplissements dans les dossiers d'évaluation universitaire aux fins de promotion. Il y en aurait long d'ailleurs à dire à ce sujet de la « médiatisation professorale », mais nous laisserons, une fois de plus, ce champ à l'observation circonspecte d'un disciple de Pierre Bourdieu. Inversement, des experts toujours/déjà médiatisés, car faisant une carrière avant tout médiatique, vont recourir à l'appui plus ou moins direct et explicite de chercheurs universitaires afin de bénéficier du potentiel de légitimation dans le discours public que leur procure une telle association. Dans ce type d'exogamies, parfois surprenantes[25], voire spectaculaires, mais toujours intéressantes du simple point de vue de l'analyse de ces champs spécifiques que sont les littératures environnementalistes et économico-énergétiques, on pourrait supposer que le savant y trouve son compte. Ce type d'association avec l'expert non-savant offre l'occasion pour lui de faire circuler le résultat de ses recherches et observations chez un lectorat plus élargi, tout particulièrement quand ces résultats préconisent des prises d'actions politiques ou des réajustements comportementaux qui devraient potentiellement décider de quelque futur plus souhaitable parmi les possibles qui s'offrent. On voit sans peine que c'est le cas électif ici des prédictions économiques et énergétiques.

On conçoit alors comment le champ formé par les prédictions discursives crée aussi une estrade qui signale plus avant la visibilité de tel ou tel agent, des savants légitimés dans le milieu universitaire (chercheurs, professeurs, administrateurs des *business schools*) qui seront peu réticents à se lancer dans le jeu, peut-être parce qu'il est plus stratégique pour eux de signaler leur potentiel prophétique au moment précis de la crise, et donc leur utilité immédiate pour le bien public. Cette avancée plus franche dans le domaine de la prédiction est davantage le fait d'économistes plus ou moins purs qui bénéficient d'emblée d'une autorité dans le monde des affaires ou qui veulent se doter de cette autorité. Ainsi jouiront-ils d'une certaine légitimisation pour circuler plus avant dans le champ moins spécialisé de la finance et des grands réseaux d'influence de l'industrie pétrolière.

Donnons ici un exemple de ces tournures spécifiques qu'adopte la prédiction de l'économiste-savant glissant vers un statut hétérogène auquel il semble pourtant aspirer, celui de l'expert non-savant, et essayant de jouer sur les deux tableaux. Nous nous pencherons brièvement sur un communiqué publié sur le site Web de notre université, le 3 octobre 2008, alors que le prix du pétrole allait baisser sous la barre des 100 $ le baril, autre *seuil psychologique* significatif. La page Web de UToday publiait donc les interventions de deux professeurs de Haskayne Business School, Philip Verleger et Bob Schulz, interventions qui étaient présentées en réponse au titre de l'éditorial de notre organe universitaire : « Are oil prices poised to plummet ? »

Nous donnons ici l'essentiel des propos des deux universitaires :

> *Verleger:* A serious recession, combined with financial problems and problems at OPEC could send prices plummeting [...] When the price of oil drops, people start shutting in reserves. But they don't shut in immediately. And unless OPEC cuts production, it could go significantly lower. It could go well below $50 a barrel.
>
> Verleger says the current situation in the U.S. has been triggered by the decline of housing, where prices are falling by about 10 percent per year in many regions. And it creates a downward spiral.
>
> "Banks, observing the decline in prices impose stringent lending requirements, thus adding to downward pressures in prices" he says[26].
>
> *Schulz:* People in Calgary are affected by the money markets through the stock that they hold, so if the stocks in the U.S. go down, that will impact local investors. To a certain extent it will impact the Canadian market because some people will have to sell their shares because of margin calls.
>
> Schulz says the bigger issue remains what it will do to oil and natural gas markets.
>
> If there is a worldwide recession, then the demand for oil goes down and the price of oil goes down with it.

> He says that the key will be whether the spreading financial crisis impacts the burgeoning markets of China and India.
>
> "If there is a domino effect from the U.S. economy to the Chinese and Indian economy, then that would reduce demand and likely cause a drop in the price of oil, probably down to about $70 a barrel[27]."

Certes, ce n'est pas exactement un cas de « Voilà pourquoi votre fille est muette », car en fait la prédiction passe d'abord par le constat de l'évidence consensuelle en établissant un diagnostic que le grand public était aussi capable de faire, surtout en ce qui avait trait à la chaîne des causalités. On a donc ici plutôt un cas patent de « convivialité doxique » où aucun risque n'est pris dans l'établissement des causes de la situation que tous peuvent identifier de la même façon. Mais la position de l'expert et sa valeur dans le champ des prévisions se marquent dès qu'il évoque un nombre, ce fameux prix du pétrole qui est l'indicateur le plus attendu du public, lequel exige cette spécification, et c'est vraiment sur ce point que l'auteur de la prédiction joue son va-tout. Un chiffre trop conservateur, et dans les limites du vraisemblable, et la prophétie perd de son impact, car elle s'inscrit dans une orientation qui découle de l'ordre naturel des choses, elle n'est plus une prédiction, mais le terme d'un enchaînement causal et elle perd ainsi de son mérite « magique ». L'expert trop prudent est redevenu comptable, et perd de son prestige dans le champ. Le 70 $ de Schulz était du moins logique et dans l'ordre du plausible, dans le paysage de chute générale des prix, tout en se signalant bien sûr comme une perspective peu réjouissante mais qui n'en conservait pas moins une plausibilité acceptable[28].

Le 50 $ de Verleger est, dans l'ordre du champ des prédictions, beaucoup plus percutant, formidable, dévastateur, mais potentiellement le plus rentable, par l'audacité même qu'il inscrit comme horizon possible. Si nous admettons que les deux économistes ont dû se livrer à des calculs précis et avoir recours à des formules mathématiques pour en arriver à leurs conclusions, les nombres fixés auraient dû être en toute logique beaucoup plus rapprochés. Mais nous avancerons aussi que les prix annoncés ont pu être arrêtés de façon plus ou moins aléatoire, selon les requêtes des médias, auquel cas nous conclurons effectivement à un très précis *effet de champs des prophéties pétrolières* qui cherchent ici à se positionner les unes par rapport aux autres.

Une baisse aussi majeure ainsi prédite s'avérait un enjeu risqué en cas de non-réalisation, et elle aurait pu porter atteinte à la crédibilité de l'économiste en se voyant qualifiée elle aussi de purement aléatoire. D'un autre côté, le risque était à la hauteur du rendement symbolique susceptible d'être obtenu en cas de réalisation de la prédiction, aussi peu vraisemblable a-t-elle pu paraître. Mais plus précisément parce qu'elle était invraisemblable, une telle réalisation aurait consolidé davantage la position de l'expert pouvant ainsi prétendre à dominer le champ. La réalisation d'une prédiction à première vue improbable fait appel à l'ordre supérieur d'un savoir qui échappe au commun des mortels, lui conférant la dimension d'une voyance et assimilant son énonciation à une véritable « théodicée » qui transforme toute référence à son énonciateur comme un incontournable argument d'autorité. Cet argument sera alors effectivement recyclé dans l'ensemble synchronique des discours pétroliers, jusqu'à la prochaine validation d'une prédiction encore plus radicale avec une éventuelle promotion comme position dominante dans le champ prophétique qui l'accompagne.

Il est vrai que le 7 septembre 2008, un mois avant la prédiction du prix du brut à 50 $, ce même Verleger avait annoncé un baril à 70 $, alors que le prix du brut avait clôturé à 106 $ le 5 septembre, en chute de 40 $ depuis son pic de juillet 2008. Ici, les gros titres du *Calgary Herald* traduisaient pleinement le rôle de démiurge qui lui était attribué, tout en prenant note de la façon dont les antécédents « prédicatifs » de Verleger sont donnés :

> *Where oil is headed, according to Philip Verleger: U of C analyst says we're going back to $70 crude.*
>
> Philip Verleger, Jr., who joined the faculty of the U of C's Haskayne Business School this week told a Calgary audience he believes $150 US oil was totally "preventable" in the context of misguided government decisions that contributed to oil's meteoric rise.

> Consequently, oil prices are headed to a "$50 to $70 world" for the foreseeable future.
>
> "I think we've turned and we've turned because the global economy is slowing down" he said in an interview. "We should never have gone much above $70 and we're going back there...."
>
> Verleger, who has advised several presidents, including Jimmy Carter, has a long track record of assuaging paradigm shifts in the petroleum industry.
>
> When oil was $35, he predicted it would climb to $60. Then he correctly predicted $150.
>
> At the time he blamed bad luck and incredible inattention to market details by certain officials [...]
>
> "When I said we could hit $200 in early April, I was talking about it with all these policy mistakes," Verleger said. "Someday we'll have $200 oil, I'm sure, but not so soon[29]."

Ces précédentes prédictions soulignent encore mieux le statut privilégié de l'activité prédicative tout en dégageant simultanément sa dimension stratégique. Les prévisions de Verleger sont considérées comme des décrets parce qu'elles ont été validées par les événements : il a donc fait ses preuves. Mais si on examine un peu plus attentivement le contexte de la prédiction (surtout vers la chute des prix), on s'aperçoit vite que la prédiction va dans le sens de la tendance. Elle suit le mouvement déjà amorcé de la baisse ou de la hausse qu'elle confirme en lui fixant tout simplement un horizon « ferme » plus ou moins hardi, dont l'audace fait partie de ce que nous pourrions nommer le spectacle prophétique qui transforme comme tel une simple étude de la tendance, aidé en cela par l'expérience professionnelle. Cette particularité est encore plus patente si on considère que le 12 novembre 2008, semaine où le brut allait clôturer à 65 $US, Verleger, recueillant la même audience, allait maintenant évoquer l'éventualité d'un baril dans les vingt dollars.

> I think probably in the first quarter the average price will be below $50, it is possible if this recession is as bad as it is

beginning to look, it could be a lot lower than that" he said. "We could be in the twenties."

On a year-over-year basis, GDP being down three or four per cent in the fourth quarter will lead to much lower oil consumption both in the United States and the rest of the world[30].

Ici, le réajustement à la baisse joue sur l'interface entre l'activité prophétique qui doit continuer à s'exercer afin de ne pas perdre son capital symbolique de discours démiurgique que rien ne doit faire taire et l'irruption du principe de réalité. On observe indéniablement dans ce dernier contexte une accélération vers la baisse, sinon l'effondrement des cours, pour des raisons incontestables même pour le profane, si toutefois on s'entend pour considérer la règle de l'offre et la demande comme une explication linéaire et englobante des fluctuations du marché. Dans ce cas-ci, la prédiction, se basant sur l'évidence, n'en doit pas moins tâcher de la devancer en en poussant le plus loin possible les implications qui ne réalisèrent pas dans le cas qui nous occupe. À cet égard, l'endossement du risque peut donc inversement se solder par une démotion de la position dans le champ, la prédiction dans sa prise en compte du réel, ayant trop voulu en surpasser les manifestations plausibles dans une tentative supplémentaire de hausser son observation de l'observable au niveau d'une parole infaillible et donc quasi sacrée.

Le recours à ce petit exemple vise surtout à démontrer l'existence d'un véritable champ institutionnalisé de la prophétie. Nous n'avons voulu qu'examiner la dynamique particulière sous-tendant l'activité de prévision pétrolière de la part des économistes savants dès qu'elle est médiatisée en ce qu'elle illustre bien son statut singulier dans les discours de l'énergie. Elle trouve à la fois sa genèse explicative dans la poursuite logique de l'évidence et son prestige dans le pari demeuré mystérieux du chiffre précis et magique, à qui est demandé d'évoquer le destin flou des activités pétrolières.

Si l'économiste-chercheur peut encore maintenir un équilibre délicat entre prophétie, prédiction et plausibilité, et tirer son épingle du jeu au sein de l'institution en conservant ce même statut entre divers modes de légitimation réciproques, il faut maintenant tenir compte du dernier avatar des prédicateurs du pétrole, qui relève plus distinctement de la catégorie du prophète selon l'entendement général du terme. Le prophète pétrolier se caractérise par le fait qu'il se livre à fond, et sans la précaution et la caution scientifiques, à l'activité de prévoir, de projeter, d'annoncer et de prophétiser, dans un mouvement dont l'ampleur médiatique génère, justifie et légitime son discours. Et cette réponse médiatique n'est possible que parce que le prophète a justement laissé loin derrière lui l'obligation d'inclure les présupposés nécessaires à son argumentation, pouvant aller dans toutes les directions imaginables selon de multiples acrobaties logiques qui ne peuvent que laisser le grand public, destinateur préinscrit dans ces discours, parfois choqué, mais toujours admirateur. Nous aurons ici reconnu l'espèce singulière de l'expert non-savant, telle que définie par Bernard Maris, pour lequel les prophéties pétrolières en particulier et les prophéties sur les questions énergétiques en général sont un terrain d'élection pour la construction de leur image de « connaisseurs » en la matière.

Le monde de la publication canadienne et québécoise dans le domaine de l'énergie compte un certain nombre de ces experts, que nous distinguerons des authentiques prospectivistes qui pratiquent la science des projections et des scénarios avec une rigueur justement scientifique. Cette rigueur se manifeste, entre autres, par la capacité à envisager la possibilité d'événements aléatoires comme perturbateurs des modèles projetés et par la faculté de pouvoir développer, pour ces mêmes modèles, l'inclusion de multiples effets systémiques qui ont le potentiel de se modifier réciproquement. Le prospectiviste est ainsi tenu de rendre compte de facteurs complexes qui produisent une image nécessairement fragmentée et mouvante des futurs envisagés. Ainsi, les prédictions sur le réchauffement global présentent le terrain typique de ces coefficients de variabilité qui obligent le scientifique à aller au-delà du strict « effet-chaleur » dans l'établissement de ses projections. Mais l'expert n'a pas, comme le scientifique, de comptes à rendre à sa communauté de pairs, si ce n'est que sous le régime de la polémique, résultat qui par ailleurs n'est pas nécessairement évité de sa part puisque ce genre de débat est un facteur pouvant favoriser les cotes d'écoute et les ventes de ce qui de toute façon est rédigé avec l'objectif obligé de devenir un best-seller, risque rarement encouru par un ouvrage véritablement scientifique.

Puisque notre réflexion aborde le domaine de la rentabilité et que l'avenir, *a fortiori* l'avenir pétrolier, se vend bien, on voit sans peine comment la prédiction pétrolière, qui est un facteur de légitimation non négligeable pour le savant, s'inscrit comme un domaine d'élection pour l'expert. Celui-ci, comme nous le rappelle Maris, est doté de ce sens de la formule qui permet de synthétiser et de rendre accessibles les difficultés conceptuelles les plus résistantes. Il jouit aussi de cette créativité narratrice qui est exprimée dans sa capacité à récupérer les récits divers pour les ériger en *exemplum* éloquent aux fins d'une argumentation circulaire basée sur l'analogie qui s'ajoute à sa faculté cognitive de sauter immédiatement à la conclusion d'une problématique en faisant l'économie d'une démonstration par trop ardue. Mentionnons également cette obsession de sa propre persona qui se traduit par des interventions massives du narrateur et de ses idéologies, et le tout couronné de cette aisance sous les feux de la rampe promotionnelle qui convainc sans peine le grand public de la nature remarquable et exclusive de la prophétie[31]. Comme parfois de la séduction de son prophète.

Dans cette optique, si on en juge par la qualité des innombrables ouvrages d'experts non-savants sur les questions énergétiques au Canada ces dernières années et répondant au modèle pré-cité, nous avons à préciser que la plupart ne se comparent pas favorablement à certaines excellentes parutions de journalistes d'enquêtes réputés tels Andrew Nikiforuk ou William Marsden, qui ne prétendent pourtant pas au titre d'expert.

Ainsi, dans le contexte de la crise des prix du brut, était publié en mai 2009 le livre de l'économiste en chef de la banque CIBC, Jeff Rubin, volume immédiatement promu au rang de « bestseller », du moins en puissance. Intitulé *Why Your World Is About to Get a Whole Lot Smaller*[32], l'ouvrage démontrait, au terme d'une analyse simplifiée des cycles des prix du pétrole, la probabilité d'une hausse prochaine des cours du brut à 200 $, voire plus élevée. Tenant compte des « cycles » économiques, des montées inflationnaires historiquement observables et surtout du fameux pic de Hubbert, qui d'ancienne hérésie fut intégré dans les discours des experts comme un facteur de moins en moins discutable, Rubin en venait à la conclusion d'une raréfaction rapprochée de l'offre pétrolière qui allait nécessairement causer un sérieux choc économique. La conséquence de ce choc était que les termes de la globalisation et des marchés internationaux ne pourraient plus être reconduits selon les paramètres que nous connaissons actuellement. De cette dernière observation, l'auteur en arrivait au bilan d'un monde futur rapetissé à la mesure d'une Amérique du Nord réduite à l'autosuffisance, sans toutefois qu'il puisse envisager directement la réalité d'une décroissance comme telle, conclusion qui demeure toujours une hétérodoxie chez les prédicateurs anglo-américains et anglo-canadiens. Suivant la logique de ses prévisions, Rubin envisageait quelques tensions sociales en ce qui a trait à l'immigration, par exemple, mais ne déployait pas ses réflexions jusqu'aux conséquences systémiques du réchauffement global sur les mouvements de populations, incluant la nôtre ou de l'implosion des anciennes puissances mondiales tels les États-Unis.

Quoi qu'il en soit, le tableau prophétique de Rubin, fort bien rendu par ses indéniables talents de vulgarisateur, ne doit somme toute que peu de choses à un don réel pour la prédiction ou pour la formule mathématique permettant d'anticiper les variations des coûts du brut. Comme le faisait remarquer Todd Hirsch :

> Yet, Rubin's talk of peak oil and depleting supply isn't really new. In some ways most of this book has been written dozens of times already. No serious economist would deny the premise of "peak oil" or, at the very least, that "plateau oil" is upon us, save for the vested interests in the energy patch with share prices to protect[33].

L'auteur du compte-rendu, outre qu'il ne croit pas si bien dire en ce qui concerne les antécédents prospectifs sous-jacents aux prédictions de Rubin[34], repère avec beaucoup de justesse la dynamique présidant à ce que nous nommerons l'effet prophétique de l'expert. Cet effet favorise l'extrapolation de ce qui est déjà infailliblement prévisible, voire avéré, et le développement de la tendance amorcée en l'amplifiant par un tableau narratif où domine la séduction des formules-chocs à l'emporte-pièce. Les interventions idéologiques de l'auteur s'efforcent d'autre part de pas trop manquer à cet autre effet de « convivialité doxique » qui s'assure que, pour que la prophétie bénéficie d'une acceptabilité qui lui assurera une réception positive (et lucrative), elle aille dans le sens du discours social préexistant. Rien n'exprime mieux cette convivialité doxique que le compte-rendu du même ouvrage, cette fois par Deborah Yedlin, sous un titre éloquent, par son effet de lapalissade où l'évidence acceptée de tous est très littéralement présentée comme une révélation :

> [...] The other piece of his analysis also makes a lot of sense. As a result of the high prices for crude, and the fact that 40 per cent of the world's oil is supplied by the Organization of Petroleum Exporting Countries, an enormous wealth transfer has taken place [. . .] from the western oil. The impact of the dollars flowing into the hands of those that are better at saving than those countries that comprise the OECD inevitably resulted in the huge amount of cash looking for a home. This drove down interest rates to historic lows and caused an underpricing of risk of historic proportions. And that's one of the reasons the financial sector as we knew it effectively self-destructed.
>
> The reason for the dramatic rise in oil prices has to do with what *everyone seems to be writing* about these days—that the oil reserves are dwindling while consumption, particularly in the industrializing world, is rising[35]. (nous soulignons)

L'effet de prophétie joue donc pleinement sur la chroniqueuse qui garantit le statut crédible de la prédiction, non pas du fait qu'elle soit d'une nature inédite, mais plutôt par sa caractéristique de déjà circuler dans le discours social ambiant tout en bénéficiant d'une autorité nouvelle du fait qu'elle soit ré-énoncée par Rubin. Ce qui avait déjà été observé plutôt ironiquement par Hirsch est asserté très sérieusement par Yedlin qui, se soumettant à l'autorité énonciatrice de Rubin, confirme plus avant son statut dont nous serions tenté de dire qu'il est « évangélique ». Mieux encore, Yedlin avait déjà prédit, dans ses chroniques précédentes commentant la crise actuelle, la même hausse des prix du brut, dans un avenir indéterminé il est vrai, l'arrêt d'une date étant la pierre d'achoppement majeure des prédictions, ce qui peut vous faire ou défaire un prophète. Des textes comme « Oil surge a matter of when, not if[36] » ou « Crude's fall at odds with future crunch[37] » énumèrent en termes quasi identiques les facteurs qui, malgré la chute précipitée des prix, devaient logiquement à moyen terme ramener les cours du pétrole à un niveau plus appréciable, du moins dans la perspective albertaine. On cherchait ainsi à prévoir une demande accrue dans un contexte où les réserves manifesteraient de plus en plus leur finitude. Citons de nouveau :

> The impact of tight supply, of course, will be to send prices soaring to the point where total energy expenses could make up as much as high as [*sic*] seven per cent of gross domestic product in the non-OECD countries, while the developed world stabilizes at five per cent[38].

Ce qui est une prévision plausible chez l'une devient prédiction sensationnalisée chez l'autre, l'effet de prophétie ne jouant apparemment pour les textes mêmes de Yedlin qui, comme Charles Frank, assume plutôt le rôle de coryphée du prophète, malgré ce qui nous semble un degré de compétence égale avec Hirsch en tant qu'expert non savant.

FONCTIONS DISCURSIVES DES PROPHÉTIES PÉTROLIÈRES

Il y aurait plus à dire sur l'expert-prophète du pétrole en tant que son statut révèle un état de champ particulier au sujet des discours de prédictions énergétiques. Mais le statut singulier du prophète pétrolier demeure l'indicateur de l'importance accordée à ses déclarations, ce qui a pour corollaire leur place centrale dans le marché général des discours. Les prophéties pétrolières assument des fonctions précises, tout particulièrement dans les climats de crises qui restent leur terrain privilégié. On attend tout d'elles et le potentiel de faillibilité s'inscrit comme l'aspect le plus déroutant pour les commentateurs qui constatent pourtant à répétition et avec un inlassable sens du scandale le caractère supposément imprévisible de la tourmente.

C'est donc à une tentative d'identification des fonctions du discours de prophétie pétrolière au sens large que nous nous livrerons ici afin de rendre compte du rôle central que ces prédictions jouent dans le paysage des discours divers sur le pétrole, qu'ils soient de nature strictement économique, politique ou sociale. Les prophéties répondent à des besoins déterminés imposant et demandant à la fois des réponses directes à telle ou telle situation perçue comme étant une « crise ». Nous proposons donc ainsi les fonctions suivantes propres aux prophéties pétrolières, particulièrement dans le contexte canadien, dont il faut également remarquer qu'elles se chevauchent souvent à l'intérieur d'un même acte énonciatif et existent de façon concomitante, l'une découlant souvent de l'autre, dans la logique même de leur rôle global.

Fonction légitimante : Nous avons plus ou moins explicité l'effet de positionnement dans le champ des discours pétroliers que procure la prédiction (surtout si elle est validée par la suite des événements) pour son énonciateur, ce qui explique l'« offre prophétique » de la part des divers acteurs, universitaires, chercheurs, savants et experts divers. Sous cet angle, parce que la forte médiatisation est pratiquement une condition *sine qua non* de la parole prophétique, elle a aussi une indéniable fonction de valorisation de soi, qui est d'ailleurs manifeste dans le texte de Rubin[39]. D'autre part, une prédiction ne sera reconnue comme telle que si elle est prononcée par un énonciateur bénéficiant déjà du statut de prophète, comme c'est le cas de Rubin, par opposition à celui de Yedlin qui assure plutôt la fonction de commentateur. Ainsi, il faut qu'un prophète ait fait ses preuves pour légitimer ses prophéties, d'où les fréquentes précisions sur les antécédents des prophètes dans les textes médiatiques qui accompagnent leurs déclarations. Inversement, cet effet de légitimation joue aussi sur le contenu de la prédiction, qui se voit ainsi doté d'un statut de régulation crédible de l'événement, spécialement en période d'incertitude critique.

Fonction de réassurance : Il se peut que la prophétie pétrolière, même si elle semble à l'analyse procéder d'une simple extrapolation des événements déjà observables, réussisse selon le chercheur Michel Armatte à « sélectionner une figure de l'avenir qui soit à la fois souhaitable (politiquement et socialement), praticable (c'est-à-dire réalisable) et probable (comme prolongement du présent)[40] ». Le prophète pétrolier prédisant une hausse des prix à plus ou moins court terme annonce un état de fait fort engageant dans une perspective quasi exclusivement albertaine, faut-il le préciser. Cependant, une telle hausse entraîne à son tour des effets sociopolitiques moins désirables qui peuvent devenir un facteur non considéré, voire censuré dans la prophétie. Cette dernière est ainsi tronquée pour pleinement assumer sa fonction de réassurer le public et les investisseurs sur le retour éventuel des beaux jours pour l'industrie pétrolière. On voit que Deborah Yedlin tire le maximum de réconfort dans la promesse des prix élevés pour un avenir presque proche, la crise actuelle étant tout simplement perçue comme étant en porte à faux (*at odds*) par rapport au rétablissement logique de l'équilibre des prix. La prophétie, en réassurant sur l'avenir des prix (cette réassurance dut-elle être obtenue au prix d'une censure des conséquences globales plus négatives), attribue par rétroaction une dimension temporaire à la crise actuelle ainsi réduite au statut plus gérable de « mauvais moment à passer ». Ainsi, on ne pourra que déboucher sur une amélioration radicale des conditions du présent et de ses difficultés, lesquelles sont dotées d'un caractère encore plus passager.

Fonction de dépassement de la conjoncture : Cette fonction va de pair avec la réassurance en renforçant l'effacement du présent et de ses difficultés. La prophétie pétrolière, par nature, ne s'attarde pas sur les facteurs complexes dont résulte la crise, pas plus qu'elle ne cherche à circonscrire la même complexité qui devrait logiquement présider à la hausse promise des prix. Généralement, l'argument prophétique pétrolier vers une augmentation des prix du brut base son argumentation sur le principe linéaire de l'offre et de la demande, enrôlant à son service la théorie du fameux pic de Hubbert, ce qui est le cas chez Jeff Rubin d'où l'effet tautologique de la « prévisibilité » de la prophétie. La prophétie, telle qu'elle se présente chez les experts non-savants ou chez les savants médiatiques, a tendance à présenter la crise du présent comme une configuration d'événements problématiques qui trouveront d'eux-mêmes leur résorbtion dans l'avenir, et qui ne *devraient* plus resurgir.

Fonction de limitation de l'aléatoire : Cette fonction, elle aussi, découle de la précédente, en ce que le dépassement de la conjoncture est souvent associé, dans les stratégies discursives de l'évocation du futur, à un travail d'élimination de l'aléatoire, qui va rendre la prophétie unidirectionnelle. Revenons ainsi à la règle de l'offre et la demande, qui n'a pourtant pas la linéarité simpliste que beaucoup d'experts lui accordent, du moins dans le jeu de la prédiction. Comme le fait remarquer Damien Broussolle : « Dans la théorie, tout peut arriver, la conception causale de la loi de la demande *cherche à empêcher cela* en introduisant des restrictions sur la rationalité des agents[41] » (nous soulignons). La prophétie pétrolière s'appuie fortement sur cette loi en ce que justement elle permet de se concentrer sur une série de facteurs limités présentés comme pouvant « nécessairement » rendre compte d'une hausse future des prix. Dans cette optique restreinte, les soubresauts géopolitiques, les catastrophes technologiques ou environnementales comme celles évoquées par Jean-Pierre Dupuy, la possibilité de ratés majeurs du marché global et du système économique, tous paramètres qui auraient un impact sur les prix du pétrole, ne sont jamais évoqués parce qu'ils sont justement imprévisibles tout en restant des éventualités fort plausibles. La prophétie pétrolière n'a que faire, par nature, des contingences incontrôlables à l'intérieur d'une théorie prônant une convergence de facteurs : de la sorte, elle se dote aussi d'une *fonction conjuratoire* devant ce qui est impossible à déterminer. Adhérer à une prophétie et y croire, c'est procéder exactement comme le prophète à cet égard : écarter l'imprévisible. Le futur du prophète n'est donc pas le futur aristotélicien « domaine qui fait mentir la logique des faits et les déductions impérieuses[42]. »

Fonction de reconfiguration : Peut-être faudrait-il préciser d'emblée que cette fonction est propre au contexte albertain, quoiqu'elle ne lui soit pas non plus nécessairement exclusive. Insistons donc sur la nature *inversée* de la crise des prix du pétrole pour la province : la hausse des prix assure la prospérité albertaine, alors qu'ailleurs, au Canada et dans le monde, elle peut s'avérer inflationnaire et peut effectivement freiner l'essor économique, causer une autre crise ou accentuer celle qui est déjà existante. Or la prophétie, en prédisant une hausse des prix, peut certes agiter le consommateur, l'homme d'affaires, ou le chef d'industrie, comme le fait celle de Rubin, mais peut être aussi reconfigurée en excellente nouvelle pour l'industrie pétrolière albertaine, qui va y trouver son bénéfice. C'est ce dernier aspect de cette autre forme spécifique de l'« avantage albertain » qui est donc retenu dans la prévision pétrolière, alors que l'impact négatif des hausses ne fait pas l'objet de considérations quelconques et ne consiste plus en une donnée inhérente à la prophétie. Nous pouvons voir un exemple typique de cette reconfiguration dans ce commentaire de Charles Frank, émis au plus fort de la crise :

> Then when the International Energy Agency issued its long-awaited annual forecast, the oil bull took comfort in IEA chief Nobuto Tanaka's insistence that not only would prices firm up, but that ultimately the growing differential between supply and demand would push prices through the $150 level and toward the $200 mark by 2030. *In other words, all would be well*[43]. (nous soulignons)

Fonction préconisante : On pourrait aussi la désigner comme la fonction exhortative qui se présente aussi comme une autre forme de légitimation, mais cette fois-ci, de l'action à prendre. Cette fonction est surtout rattachée à l'usage que l'on fera de la prophétie, de la prévision ou de la prospective, lorsqu'elle offre une argumentation de base servant à motiver une série d'actions à prendre. Dans le cas de la prophétie de Rubin, qui valide la théorie du pic de Hubbert, la fonction préconisante se manifeste dans l'exhortation à penser dès maintenant à réduire sa consommation générale d'énergie et de s'adapter à un mode de vie en conséquence. Mais on peut facilement relever des occurrences où la même théorie du pic de Hubbert sera isolée au sein d'une prophétie prévoyant une hausse des prix du brut, comme thèse validant de nouveaux projets d'exploration et d'exploitation des ressources pétrolières. Un exemple patent de la fonction préconisante accolée à une prédiction est manifesté dans un communiqué spectaculaire émis par la compagnie française Total au sujet de ses futurs investissements dans les sables bitumineux. Le *Globe and Mail* en fit un événement dans ses cahiers économiques :

> The French energy giant thinks conventional oil production will top out in a decade at 95 million barrels. The long term plan is to diversify into nukes and other sources. But for now, its eyes are squarely on oil sands. [...] Total, in other words, is preparing for the day when conventional oil will no longer dominate its energy production. If it's wrong, it will have spent billions on fantastically costly projects—heavy oil extraction, nuclear, solar—at the expense of profit margins. But if it's right, Total has a good chance of emerging as the energy company of the future, one with heavy Canadian content[44].

Un esprit dubitatif pourrait percevoir dans cette annonce de Total une stratégie de justification d'exploitation intensifiée des sables bitumineux utilisant, grâce à l'acceptation tactique des prévisions de Hubbert, l'argument de la finitude des ressources qui viendra de la sorte primer sur l'argument environnementaliste. On peut voir par ailleurs dans cet exemple un autre mode intéressant de reconfiguration de la prophétie, qui est toujours à risque d'être récupérée à des fins qui s'éloigneraient de l'éthos initial dans lequel elle aurait été formulée. Sous cet angle, la fonction préconisante a aussi une indéniable dimension manipulatrice.

Fonction eschatologique : Ce n'est pas la plus évidente des fonctions en ce qu'elle est aussi escamotable, puisque la prophétie pétrolière a tendance à être reçue de façon quasi-schizophénique par l'industrie qui sait identifier surtout la « bonne » nouvelle au sein des implications d'une prédiction. Si l'eschatologie fait partie prenante de la prophétie dans son sens large, l'eschatologie pétrolière pose plusieurs problèmes aux exploitants des ressources pétrolières en ce qu'elle leur annonce plus ou moins directement leur fin éventuelle : il faut donc lui conférer une certaine acceptabilité, si possible financière. Dans la littérature des énergies, il ne manque pas de publications sous ce thème devenu presque éculé, où les auteurs se répètent les uns les autres, n'en déplaise à nos prophètes professionnels. Dans les champs canadiens, québécois, anglo-américains et français, citons pêle-mêle : Peter Tertzakian, The *End of Energy Obesity : Breaking Today's Energy Addiction for a Prosperous and Secure Tomorrow* (2009) et *A Thousand Barrels a Second : The Coming Oil Breakpoint and the Challenges Facing an Energy Dependent World* (2006); Gaëtan Lafrance, *La Boulimie énergétique : suicide de l'humanité ?* (2002) et *Vivre après le pétrole, mission impossible ?* (2007); Normand Mousseau, *Au bout du pétrole* (2008); Jean-Luc Wingert, *La vie après le pétrole* (2005); Francis Meunier et Christine Meunier Castelain, *Adieu pétrole ... Vive les énergies renouvelables* (2006); James H. Kunstler, *The Long Emergency : Surviving the End of Oil, Climate Change, and Other Converging Catastrophes of the Twenty-First Century* (2006); Yves Cochet, *Pétrole apocalypse* (2005) et *Anti-manuel d'écologie* (2009); et surtout André Lebeau, *L'enfermement planétaire* (2008). Ces ouvrages sont de qualité variable, mais nous mettrons ceux de Lebeau, de Cochet et de Mousseau au-dessus de la mêlée par leur niveau de scientificité et par leur critique informée de la nature réelle des énergies dites renouvelables et des conséquences systémiques du réchauffement global, ce qui leur permet d'assumer intellectuellement jusqu'au bout cette fonction eschatologique liée à la prophétie pétrolière. Et d'en envisager les résultats probables : économiques, sociétaux et environnementaux, ce qui n'est pas à la portée de tous les prophètes, comme en fait foi la conclusion du livre de Rubin : « We may be energy poor, but we are innovation rich and necessity is the mother of invention. I wouldn't write our economies off just yet[45]. » Car cette fonction comporte des intermittences dès qu'il s'agit de l'interpréter dans un contexte de crise pétrolière où l'on n'espère que la reprise, c'est-à-dire un retour à des prix élevés. Ce retour est bien sûr prévisible si on suit toujours les règles de l'offre et de la demande ou plutôt son discours, en mettant toujours à contribution le bienheureux pic de Hubbert qui vient à point nommé pour restreindre les réserves, jusqu'à ce que l'irruption de la technique des « renouvelables » vienne prendre le relais pour nous conduire aux lendemains meilleurs et sélectifs. Car ces projections ne laissent pas place à ces contingences et à ces événements arbitraires, indéterminés mais qui néanmoins restent des conséquences éminemment concevables de la fin du pétrole, tel que l'a bien exposé Yves Cochet en particulier. L'eschatologie pétrolière, telle que plutôt pratiquée par Jeff Rubin et Peter Tertzakian, repose sur la présupposition que le passage des carburants fossiles à d'autres sources d'énergie se fera en douce : c'est pourquoi elle semble surtout promettre la prospérité pour les exploitants pétroliers en attendant que l'on passe à autre chose, un « autre chose » dont la représentation utopique est soigneusement expurgée de tout facteur vraiment inquiétant et incontrôlable. Comme l'explique bien André Lebeau :

> L'un des critiques acharnés du rapport Meadow, Wiliam D. Nordhaus est allé très loin dans l'exploration d'hypothèses subjectives susceptibles de réfuter la perspective d'un effondrement socio-politique. Il introduit ainsi, pour évacuer la question de l'épuisement des ressources énergétiques, la perspective « d'une technologie complètement propre, puisant dans des ressources infinies pour produire de l'énergie et sa génération complète sous cent cinquante ans. Il la nomme *backstop technology* ». Moyennant cette hypothèse qu'aucun argument technique ne vient étayer, la perspective d'une récession globale s'efface, mais le modèle s'apparente à une

vaste tautologie où on est parti des conclusions pour formuler les prémisses[46].

La fonction eschatologique des discours de prophétie pétrolière fonctionne ainsi par éclipses commodes où la question des véritables conséquences de la fin du pétrole sont opportunément évacuées, conséquences dont l'impact environnemental de l'usage immodéré des carburants fossiles que suppose cette « fin » n'est pas la moindre. S'il y a une fin, elle ne peut se révéler que favorable à l'industrie, et ce, pour un bon moment : elle se révèle aussi, en quelque sorte, comme une eschatologie en suspens.

RETOUR À LA CRISE

On pourrait certes identifier d'autres fonctions à cette métaphore de la prédiction pétrolière comme prophétie, les contextes différents orientant la diversité de leur impact et de leur usage par les destinataires. Mais on peut être assuré d'une chose, c'est que la projection dans le futur, qu'elle soit assumée par un prophète médiatique, un expert savant ou non-savant ou un chercheur, correspond à un besoin en situation de crise immédiate comme celle en Alberta fournie par la dégringolade des prix du brut en septembre 2008, et dont la lente remontée fut menacée à nouveau par la crise de l'euro du printemps 2010. Cette nécessité de se trouver une orientation, un espoir, une marche à suivre a donc créé un milieu propice à la production d'un champ des discours de prévision de l'avenir dont les règles du jeu rendent raison de l'envergure de la crise telle qu'elle est elle-même mise en discours par la presse et les commentateurs.

Nous l'avons dit, la crise pétrolière de 2008, telle qu'elle fut discursivisée en Alberta par les médias et les commentateurs, relève d'abord d'un état latent de déséquilibre qui n'attend que de pouvoir être identifié et reconduit dans une certaine direction. En cela, la crise comporte une bonne dose d'autoréalisation, favorisée par ailleurs par sa mise en scène dans la presse calgarienne. Des titres comme « A day for the history books[47] », « Earnings to reveal the extent of the carnage[48] », « Armageddon in the oil patch[49] », et « Stock market's sea of red leaves oilpatch battered[50] » témoignent bien d'une representation proprement théâtrale jouissant pratiquement de sa propre mise en spectacle, comme le fut le boom des mois précédents. Il faut admettre que, dans une certaine mesure, la crise peut se comprendre comme une mise en représentation probablement assez consciente de la part des commentateurs qui, en tant que journalistes, vivent de son récit, et qui servent dans une certaine mesure les intérêts de l'industrie pétrolière albertaine pour qui la chute des prix doit être amplifiée dans le discours afin de justifier des mesures restrictives de paiement des dividendes ou de mises à pied massives : il ne fait jamais bon pour l'industrie de se présenter comme trop prospère.

D'autre part, cette crise, dont on ne peut nier les effets réels, se signale indubitablement aussi comme le symptôme de la grande vulnérabilité de l'Alberta à ces renversements aléatoires, de ces espèces de bégaiements des marchés que sont les variations imprévisibles des prix, et les avancées technologiques, telles l'extraction des pétroles de schistes aux États-Unis, qui auraient le potentiel de rendre l'exploitation des sables bitumineux complétement obsolète. En quelques mois, la province la plus riche du Canada allait présenter le plus gros déficit de la Confédération, le plus haut taux de chômage et la chute la plus marquée de son marché immobilier. De fait, le *Globe and Mail* du 9 février 2013 en venait à publier un dossier initulé : « Twilight of a Boom : With its oil selling at a steep discount, Alberta's energy fuelled fortunes are fading. As the province's pain spreads and Ontario's industrial engine sputters, Canada finds itself in need of a new growth story. » Dans une telle situation de *statu variabilis* de la Fortune, on peut en conclure aussi à la position de l'Alberta toujours instable, toujours sur le point d'être renversée vers un autre excès, dans l'abondance comme dans la pénurie, variations dans l'extrême, où les citoyens bien sûr paient les pots cassés. Un baril de brut à 160 $ (ou plus), et c'est l'inflation des prix, l'engorgement des services et des infrastructures, la pénurie de main d'oeuvre et de logements, et l'intensification des abus environnementaux dans les sables bitumineux. Un baril à moins de 60 $, c'est un ralentissement économique marqué, des pertes d'emplois massives, la dévaluation de l'immobilier, et les coupures budgétaires faites aux services publics, lesquels avaient déjà été fort mis à l'épreuve par les hausses précédentes d'usagers en période de boom.

En fait, il en va des Albertains comme des paysans de *Maria Chapdelaine* : il n'y a jamais d'« année ordinaire » et la crise menace toujours/déjà. Aux termes des prédictions que l'on a pu faire au sujet des prix du pétrole, nous nous en tiendrons à une seule par laquelle nous sommes à peu près sûre de gagner notre pari : il y aura d'autres crises en Alberta.

CONCLUSION : L'ALBERTA AUTOPHAGE

L'analyse des discours autour de la question des ressources pétrolières en Alberta, entre 2005 et 2008, ne peut certes qu'offrir un tableau très partiel de ce qui a pu se dire au sujet du pétrole dans la province. Nous avons délibérément ciblé la presse calgarienne pour constituer notre corpus central en ce que, nous le répétons, les affaires du pétrole, les sièges sociaux de l'industrie pétrolière, et les institutions financières qui orbitent autour des ressources pétrolières sont regroupées à Calgary. Ce qui ne veut pas dire que la cité bénéficie de l'exclusivité de ce qui peut s'énoncer sur l'énergie pétrolière dans la province et au Canada. Les journaux calgariens, et parfois nationaux, n'en n'ont pas pas moins conféré une lisibilité particulière au phénomène du boom pétrolier, dont le Canada n'est posé en fait que comme l'observateur fasciné mais éloigné. C'est cette lisibilité, porteuse en elle-même de traits éloquents sur l'identité albertaine, que nous avons tenté de dégager et d'illustrer pour d'éventuels lecteurs situés hors de la province.

En ce sens, pas plus que l'histoire sociale et économique du Québec ne saurait être confinée à celle d'Hydro-Québec, quoique la société d'État ait voulu l'orienter dans le sens de cette correspondance au sein de son discours de légitimation, l'histoire de l'Alberta n'est pas que celle de son pétrole. Si nous tenterons à notre tour d'établir une correspondance, c'est précisément à titre d'*essai*, dans tous les sens du terme, dans l'hypothèse où il serait possible de construire une théorie des discours de l'énergie ayant valeur symptomatique d'un état de société donné.

Nous avons avancé que la possession de ressources énergétiques sur un territoire déterminé offre la possibilité d'élaboration d'une « identité de l'énergie », Hydroquébécois pour les uns, Pétro-Albertains pour les autres, et qu'une telle formulation réorganise et reconfigure la donnée identitaire permettant de s'offrir à la reconnaissance d'autrui de façon plus distinctive. Pour le Québec, on a pu voir que l'image moderne de l'Hydroquébécois affichée par Hydro-Québec renversait les termes initiaux d'une identité collective vécue comme insuffisance, incapacité et reconnaissance négative. Ainsi, sur cette question, citons Charles Taylor qui avance la thèse que « notre identité est partiellement formée par la reconnaissance ou par son absence, ou encore par la mauvaise perception qu'en ont les autres[1]. »

Nous avons pu établir qu'il en a été certes ainsi pour le cas des Québécois, et que l'identité de l'Énergie, imposant un mode de reconnaissance spécifique, permettait de suggérer enfin une identité collective agissante sur ses ressources énergétiques, les contrôlant et les présentant au reste du monde comme distinction positive sous le signe de l'exploit. Cette construction identitaire se donnait pour objectif d'effacer l'image coloniale du « porteur d'eau », effectivement intériorisée sous forme d'un lancinant complexe d'infériorité, lui-même vecteur de tout un récit culturel qui paradoxalement assura l'autre dimension distinctive de l'identité québécoise. En ce sens, l'identitaire québécois de l'Énergie a eu une forte composante compensatoire en tant que réaction à l'autodépréciation.

Mais ce lien entre reconnaissance et identité de l'Énergie a-t-il fonctionné de la même façon pour l'Alberta, et ce parallèle peut-il être assumé jusqu'au bout ? Nous croyons qu'il offre des similarités, mais que ce modèle explicatif doit être modulé avec précaution. Reprenons-en les termes.

Il importe de rappeler que la création de l'Alberta et les premières années de son histoire se déroulent sous les doubles signes de l'aliénation et du trauma, assurant ce que certains chercheurs ont qualifié de « narrative of loss », récit de la perte. Sentiment lancinant d'exclusion d'une province ayant de la difficulté dans ses relations avec le pouvoir fédéral qui lui paraît ignorer ses besoins, voire l'ignorer tout court, d'où l'élaboration de la thématique de l'*aliénation western*, servant d'argumentaire central à toute la politique albertaine du vingtième siècle. Cet argumentaire n'est pas exempt de contradictions, et pose globalement le constat d'un déficit de reconnaissance pour l'Alberta de la part du Canada central, constat transposé en ressentiment en particulier au sujet du Québec, qui paraît paradoxalement avoir absorbé un surplus de « reconnaissance » au détriment de l'Alberta. Ce ressentiment albertain, ressentiment aussi présent chez les Québécois pour d'autres raisons historiques et identitaires, ne peut trouver d'exutoire, sinon très fugitif, dans un projet de séparation politique et territoriale radicale, et s'estime constamment mis en demeure de se reformuler en rappels, en récriminations, en cahiers de charges, dans un comportement que l'écrivaine Aritha Van Herk pourra qualifier, avec assez de justesse d'acariâtre, « cantankerous Alberta[2] ». À cette aliénation, dans laquelle la divergence d'intérêts est souvent présentée comme véritable mode identitaire, s'ajoute aussi la latence de cet événement traumatique, et à notre avis mal mesuré comme tel vu du Québec, de la grande Dépression des années trente, où est conjuguée la tragique coïncidence d'une catastrophe économique à celle d'un désastre environnemental. Cette période fait entrevoir la réelle possibilité d'une disparition collective contre laquelle il y a peu de secours possibles, la terre et l'économie albertaines étant devenues radicalement hostiles à la « vie bonne » individuelle ou communautaire. Les Albertains en ont pu conclure qu'il est possible de tout perdre, y compris même les conditions de la survie élémentaire. À cette première crise s'ajoute la récession de 1981–82, récession globale dans le milieu du pétrole, mais dont la coïncidence avec la mise en place du National Energy Program, imposée par le gouvernement fédéral de l'époque, va télescoper la chaîne de causalité réelle des événements, et faire du NEP le troisième trauma collectif albertain par lequel la collectivité va se percevoir comme réduite à la merci d'un impérialisme extérieur qui n'est autre que son propre pays.

Par le NEP, le gouvernement central de Pierre Trudeau en 1980 intervenait directement sur le marché pétrolier canadien pour réguler les prix du pétrole produit au Canada, dans la foulée du choc pétrolier des années 1970, qui avait tant profité aux *blue-eyed sheiks* de l'Alberta. Ce contrôle avait pour but d'amortir les prix élevés du pétrole au bénéfice du Canada central en imposant un prix en deçà du cours mondial, dans une tentative d'isoler le pays de futurs impacts des éventuelles crises pétrolières à venir. Dès lors, le gouvernement fédéral subventionnait les consommateurs canadiens et soustrayait en quelque sorte les prix du pétrole aux influx du libre-marché mondial. On conçoit en quoi un tel programme a pu paraître non seulement comme une hérésie aux yeux des Albertains, mais comme aussi une dépossession de leurs ressources et de leurs profits au bénéfice d'un Canada central déjà présenté dans le discours historique comme une entité relativement indifférente aux besoins et préoccupations la province. Plus encore, la simultanéité de la mise en place du programme et l'effondrement de prix du pétrole en 1980, téléscopa la relation de cause à effet, et érigea le NEP comme le tort historique suprême que l'Autre était capable de créer dans une démarche de dépossession conçue comme machiavélique. L'importance de cet épisode, malgré son élaboration en mythe, nous paraît toujours mal comprise et mal saisie dans sa résonance symbolique par le reste du Canada. Il n'en produisit pas moins une mémoire intragénérationnelle constituant ainsi un « horizon d'attente » de l'événementiel albertain qui ne doit pas être négligé. Le rappel du NEP ne devait jamais faire oublier qu'on pouvait convoiter les richesses albertaines au point de pouvoir les confisquer en toute légalité. Dans l'impensé collectif, la possibilité de toute forme de NEP restait éminemment reproductible, selon des modes qui semblent remarquablement ne pas pouvoir relever de la faculté d'action même du collectif, puisque cela venait de l'extérieur. Cette particularité fut à son tour créatrice d'une anxiété sous-jacente de la spoliation et de la mainmise extérieure, qui sera à considérer pour rendre compte de ce que d'aucuns nomment le matérialisme étouffant de la « Pétro-Alberta. »

À cette première composante d'aliénation politique et de trauma historique vient se greffer le mythe de la Frontière, surgi à point pour imposer un second mode de reconnaissance, paradoxalement celui qui est le plus privilégié par le Québec, lequel demeure, dans toute la Confédération canadienne, la « nation » la plus éminemment sensible à la séduction frontalière albertaine. Peu de mythes identitaires sont aussi aisément en conjonction avec un imaginaire de l'énergie pétrolière et ces points de rencontre entre ces deux constructions vont permettre l'élaboration de tout un récit du pétrole comme « western », lui aussi, explicatif des réactions du collectif albertain vis-à-vis de son industrie pétrolière, laquelle saura récupérer à son tour ce récit et cette dynamique identitaire au profit de ses propres communications avec les Albertains.

Nous avons vu que cette prise en charge du récit pétrolier par l'imaginaire western, particulièrement illustrée dans l'ouvrage de Peter Foster, *Blue-Eyed Sheiks*, instaure les traits identitaires redevables de l'esprit classique de la Frontière américaine. L'esprit du mythe réactive ainsi ces traits d'une persona marquée par le désir de recommencement, de liberté individuelle, d'autosuffisance, d'innovation, d'audace et d'une réinvention de soi-même faisant table rase des contraintes du passé. Ajoutons à cette illustration les manifestations quasi anxieuse d'une masculinité qui ne doit pas être prise en défaut. On peut voir alors comment la présence et l'exploitation de ressources pétrolières albertaines s'inscrivent comme la médiation privilégiée de ces traits, où l'univers doit être manichéen, le geste, efficace et la parole, minime.

Cette représentation même, à notre avis, constitue bel et bien une identité frontalière s'articulant une fois de plus parfaitement à l'univers du pétrole, où semblent exigés les mêmes critères nécessaires à l'action : sens du risque, goût du pari, évacuation du passé, très forte individualité, insoumission aux règles, voire amour de l'anarchie, méfiance envers le discours, tout cela présenté comme une éthique. Ce sont précisément ces traits, forcés jusqu'au tragique, du personnage de Daniel Plainview dans le film de 2007, *There Will be Blood*, racontant justement l'histoire et la démesure d'un homme du pétrole. À cela, il faut ajouter cette insistance sur la sur-virilité, dont on est parfois tenté de se demander sur qui elle exerce le plus sa séduction, fonctionnant comme un identitaire à vrai dire paradoxal, mais qui n'en reste pas moins efficace. Paradoxal, car l'identité western ne saurait guère avoir de réflexivité forte : elle est jubilation plus que retour sur soi-même, affirmation de traits actualisables que dans l'action. Mais elle est aussi efficace parce qu'en tant que valorisation, elle propose par ressac l'insuffisance chez l'Autre, c'est-à-dire le Canada central, qui ne peut qu'être perçu à son tour comme exclu de ce « Nouveau Monde » où tout est possible, ce qui doit constituer l'accessoire obligé de l'identité western.

La présence de ressources énergétiques vient donc à point pour l'Alberta pour consolider cette identité mythique du cowboy : l'univers historique du pétrole albertain des années 70, tel que raconté par Foster, est une remise en circulation de ce récit western se ralliant parfaitement bien avec le récit du pétrole comme audace, risque et initiative personnelle, articulée à la gloire de la libre entreprise et du non interventionnisme d'État. Il se présente aussi comme non problématique et exempt de perversité systémique et d'équivoque, donc facilement manœuvrable en ce qu'on peut le dominer avec une idéologie manichéenne. On peut concevoir alors comment l'identité pétrolière peut bénéficier fortement de l'identité western, dans son dialogue avec la communauté albertaine. Au besoin, elle peut la renforcer en lui réinjectant une éthique de dur travail, de résilience, de détermination, qui n'est pas non plus exempte de fatalisme. Cette identité va jouer à la fois comme récit explicatif du passé—*nous avons cela car nous avons travaillé dur et pris des risques*—et garant de l'avenir—*si nous continuons à travailler dur et à prendre des risques, nous continuerons d'avoir cela.* À cet égard particulier de la saisie du discours frontalier par le discours identitaire du pétrole, nous assistons à la fusion néanmoins assez fonctionnelle de deux pôles improbables, le cowboy sans institution à l'identité performative et le tenant stoïque de la classique éthique protestante entre lequel oscille, pour reprendre les mots de Michel Freitag, « La personnalité "other-directed" et narcissique, toujours anxieuse d'une reconnaissance concrète et éphémère, purement empirique » et « la personnalité éthique du surmoi transcendantal, œdipien, la personnalité protestante "inner-directed[3]" ». Nous verrons ce que le réel réserve à ces assertions identitaires contradictoires, mais éminemment récupérables pour les besoins de la destinée pétrolière de la province.

Il est aisé de voir que cette position identitaire comporte également des failles dans son objectif de reconnaissance, et qu'elle donne lieu à une autre phase de discours de légitimation dont les manifestations constituent des artefacts discursifs intéressants. C'est ainsi que sont relevés les malaises inhérents au constat de la présence de ressources pétrolières comme contingence sur le territoire albertain. La pure chance non légitimée et non justifiable se présente comme un élément qu'il faut absolument absorber dans une argumentation marquée elle aussi par les traits du pétro-cowboy. Le pur hasard géologique doit être remotivé en *géodestinée* redevable de la capacité albertaine à transformer en avantage ce qui s'offre. Cette même dimension d'une donnée purement circonstancielle va être saisie dans l'argumentaire propre au discours de l'envie pétrolière qui sera le fait du Canada central vis-à-vis de l'Alberta, et son mode de reconnaissance. S'exprime alors de la part du Canada une volonté déterminée de dissocier l'identité albertaine pétrolière de son pétrole, présenté comme pure facticité sans motivation et surtout sans mérite. Ces accusations, se renfermant nécessairement sur le constat du scandale ontologique, ne trouvent d'issue que dans un retournement destructeur vers l'impuissance rageuse, qui donne une mesure supplémentaire des sentiments ambigus présidant dans les relations entre les différents groupes rattachés par la Confédération canadienne. L'Alberta peut alors s'empresser de récupérer cette frustration « nationale » comme forme supplémentaire de reconnaissance et ensuite comme mode de dévalorisation de l'opposant en le surexposant dans sa négativité éthique. Dès lors, l'envieux, du seul fait de son envie, n'existe même plus, et devient un instrument supplémentaire du ravissement albertain.

Le discours représentatif du boom pétrolier de 2005–08 est assimilable à cette jubilation où une société tout entière peut se livrer à l'effervescence rendue possible par la jouissance financière des ressources pétrolières. Pendant un certain temps, il sera possible de vivre ce boom pétrolier sur le même mode non problématique. Le boom mis en discours et médiatisé rend compte d'abord d'une performance. Il est la manifestation la plus clairement narcissique de l'identitaire de l'énergie présenté comme revanche et offert au regard de l'Autre. Le boom ne peut s'argumenter : discursivement, il reste un bilan conjectural s'émerveillant sans cesse de décrire les renversements au « sens commun » des choses, dans la mesure où ces choses restent cantonnées aux consommations matérielles. Car le boom n'est ni révolution, ni carnaval : il ne remet nullement en cause l'ordre établi, il n'est que le déploiement euphorique des bénéfices du marché sans que ces possibles ne se présentent comme une évolution du système car le boom semble plutôt consolider l'ordre établi en ce qu'il n'est pas inclusif.

Justement, parce qu'il ne saurait se poser comme une évolution systémique, le boom comme excès ne peut rapidement mener qu'à ses perversités : inflation immobilière incontrôlable, accroissement des inégalités sociales, fragilisation des réseaux communautaires, effritement du système public de santé, surpopulation, pénurie de main-d'œuvre, improvisations fiscales et sentiment général de perte de contrôle sur les événements. Parallèlement à l'exultation est exprimée aussi une angoisse diffuse identifiable même chez les plus enthousiastes bénéficiaires du phénomène, qui renvoie au deuxième versant identitaire du Pétro-Albertain, celle de ce sur-moi éthique et transcendantal dont parle Michel Freitag. C'est que la mémoire traumatique affleure toujours dans la psyché collective, mémoire réactivée par cette dépression économique de 1981–82, qui suivit le premier boom pétrolier albertain des années soixante-dix. Une telle surabondance, dont on mesure par ailleurs le caractère éminemment sélectif, ne saurait durer, et elle ne peut que ramener à son pôle opposé de dysphorie économique. Sans doute est-ce à cet arrière-fond d'anxiété, à cet « horizon d'attente » fataliste perçu comme inévitable, qu'il faut trouver une explication partielle aux manifestations somme toute surprenantes d'hyperconsommation auxquelles le boom a donné lieu. La mémoire du manque et de la déréliction, même chez les générations qui n'ont pu les connaître, semble imbiber la relation collective aux possibilités d'acquisition matérielle. Littéralement, il s'agit de manger le plus possible dans l'immédiat, non pas de crainte que revienne la faim, mais plutôt dans la certitude qu'elle reviendra inévitablement. À cet égard, le phénomène du boom est indicateur, pour la société albertaine, d'un rapport ambigu à l'avenir caractérisé d'une part par la certitude énoncée comme telle que les termes hyper-favorables du marché ne sauraient qu'être reconduits comme l'illustre bien cette valorisation globale de la « croissance ». D'autre part, ne peut être délogé, dans l'impensé du collectif, le doute que tout cela ne s'effondre, et qu'on sera tôt ou tard ramené à une frugalité obligatoire, et somme toute lénifiante car elle relèvera plus normalement de « l'ordre des choses ». Il est remarquable que cette dialectique entre jubilation et anxiété trouve sa résolution dans le même exutoire de l'hyperconsommation, dont l'économiste Benjamin Barber nous a signalé le caractère somme toute infantile[4]. Ainsi, le désir effréné de profiter dans l'immédiat, presque vécu en termes d'une violation des règles sera sanctionné avec certitude par la nécessité rassurante de revenir à plus de sobriété dans un avenir vécu comme toujours proche. La virtualité de la punition, ou du moins du redressement sans tendresse, a quelque chose de rassurant pour la collectivité albertaine vivant toujours dans cette mémoire traumatique. La possession jubilatoire sera nécessairement expiée par une abstinence à venir. Sous cet angle, on peut concevoir la dimension proprement judéo-chrétienne de la société albertaine qui est médiatisée par le boom : il n'y pas d'impunité à la jouissance, qui ne peut ainsi se déployer à fond que parce qu'elle sera, de toute façon, châtiée par la suite des événements. Cette logique oppositionnelle impensée est parfaitement exprimée par une expression qui circula abondamment durant le boom de 2005–08, « Work hard, play hard ».

La présence de ressources pétrolières en Alberta constitue donc un mode privilégié de médiations identitaires, de réactivations historiques et d'anxiétés collectives. Elle est aussi, dans cette même lancée, l'occasion capitale pour la communauté d'articuler son rapport de possession à ces ressources et sa conception des règles du marché qui président à leur mise en circulation comme valeur d'échange. Parallèlement, les énonciations qui articulent ces rapports comme les interprétations régulant la conception albertaine des ressources énergétiques suscitent des réactions éloquentes de la part d'autres parties qui se posent comme les intermédiaires singuliers (et inévitables) entre l'Alberta et son pétrole :

les industries privées, multinationales, qui assurent son exploitation et sa mise en marché.

Si l'identitaire de l'énergie repose sur la jonction exemplaire de la persona frontalière et du potentiel pétrolier redessinée comme aventure et risque enivrants, la mise en discours de la relation entre le propriétaire albertain des ressources et son exploitant privé, dont il est important à ce point de souligner qu'il est relativement décanadianisé[5], offre en revanche le lieu à partir duquel cette harmonie entre un peuple et ses ressources va commencer à montrer des fissures. Surgissent alors des occasions de discours venant totalement réorganiser, voire pervertir, cet identitaire euphorique premier de l'énergie. C'est ainsi que l'exultation des années soixante-dix, reconduite aux premiers élans du boom de 2005–08, allait se heurter à une conjoncture complètement différente.

Dès les premières rumeurs de l'instauration d'une Commission gouvernementale de revue des redevances pétrolières versées à l'État, les vues de l'industrie imposent une reconfiguration nouvelle à cet identitaire idéalisé, qui s'en trouvera ensuite grandement modifié. Dans ses réponses sans ambages ne serait-ce qu'à la velléité de création d'une telle Commission, qui se réalisera en septembre 2007, l'industrie met en place toute une batterie argumentaire réfutative, mais à un premier plan hautement significative en ce qui concerne les représentations des deux parties impliquées dans le débat, représentations qui ne sont pas dépourvues d'ambiguïtés.

C'est ainsi que le simple projet d'une éventuelle (et fort relative) hausse de la rente pétrolière versée au gouvernement est accueillie par un refus systématique de, ne serait-ce que vaguement, considérer cette possibilité. L'industrie sollicite alors toute une série de stratégies qui visent à préciser ou à repréciser clairement les rapports entre les exploitants et le propriétaire putatif. Les représentants de l'État albertain seront ainsi disqualifiés comme atteints d'une perte de raison, accusés d'incompétence ou mieux encore, délégitimés dans leur statut même de mandatés de l'électorat, ce que force nous est de percevoir comme une atteinte pure au principe de démocratie. Plus éloquent encore est le recours à une représentation du gouvernement et de son électorat comme celle d'un ingrat, incapable de reconnaître les bienfaits dont il a été comblé, trait qui ressort du pathos inhérent à une conception paternaliste des relations entre l'industrie pétrolière et les Albertains.

Ces premières réactions de l'industrie face à la possibilité toute théorique de devoir rendre plus de comptes financiers à l'Alberta s'expriment par l'accusation envers l'État et le peuple de commettre à la fois une offense, une bêtise et une erreur. Dans les médias, où s'opposent les camps de la hausse des rentes et ceux du statu quo, surgissent une série d'assertions qui invitent à un réexamen de leurs termes, surtout en ce qui a trait à des principes que l'on croyait reconnus. Nous pourrons les énumérer comme celui de la propriété des ressources, la qualification du gouvernement comme « business friendly », ou encore à son adhésion aux règles du « libre-marché » et de la libre entreprise, adhésion qui ne saurait être entravée ou contrariée par une intervention accrue de l'État. On voit ici comment les idéologies propres à la persona de la Frontière et au récit pétrolier sont sollicitées et récupérées par l'industrie pétrolière pour paradoxalement être opposées au peuple albertain qui s'en réclamait historiquement.

Ce contexte invite l'irruption d'une donnée supplémentaire dans le débat, à savoir la question explosive de la nationalisation réelle des ressources par rapport à sa nationalisation symbolique, dernier phénomène que nous avons jugé digne d'être scruté plus avant en ce qu'il est un dérivé indéniable de l'identitaire de l'énergie récupéré comme tel par toutes les factions impliquées. L'éventualité (qui paraissait improbable dans le contexte politique de l'époque) d'une nationalisation étatique des ressources pétrolières actualise pour sa part un habitus d'une prégnance telle dans l'idéologie albertaine de la libre entreprise qu'elle fait l'économie d'un débat sérieux sur cette question à notre avis fondamentale. En lieu de ce débat, les parties ont recours à certaines formes d'authentique terrorisme discursif jouant sur des analogons historiques soigneusement sélectionnés et sur le vieux répertoire de l'épouvantail communiste étrangement ressuscité. Ces stratégies sont assez efficaces pour permettre de prophétiser compulsivement l'échec d'une démarche de nationalisation, sans que besoin soit d'en démontrer pour autant les raisons, disons rationnelles.

Le tout souligné d'insultes *ad personam* et de dénigrement de l'État en des termes dont la violence, même purement verbale, renseigne sans équivoque sur son potentiel de quitter aisément le terrain du symbolique, si tant est que le besoin s'en faisait un jour sentir. À son tour, l'auteure espère se tromper sur cette dernière intuition.

Mais la nationalisation étatique, aussi irréalisable puisse-t-elle être présentée, n'en exclut pas pour autant son corollaire dans l'imaginaire en ce que nous avons désigné comme la nationalisation symbolique. Car l'identitaire de l'énergie, quelle que soit sa dimension imaginaire ou imaginée, ne s'en offre pas moins comme un instrument efficace aux divers modes de représentations des parties en cause, que ce soit l'Albertain vivant de l'industrie pétrolière (ou en dépendant, c'est selon) ou l'industrie pétrolière ayant intérêt à maintenir l'image (purement promotionnelle) d'une communauté d'intérêts entre elle et la population de la province. Cette nationalisation symbolique s'inscrit par ailleurs comme un procédé fort commun de marketing. Ses manifestations procèdent en réalité d'un détournement identitaire vers les fins du néo-libéralisme et des profits de marché. Elles s'inscrivent comme une fonction essentielle d'une démarche de propagande qui brouille efficacement les réalités de l'histoire, les appartenances incontestables et le sujet des bénéfices réels. Ce qui faisait la séduction et la plénitude de l'identitaire de l'énergie comme médium de reconnaissance sera donc, une fois encore, sa principale faiblesse, c'est-à-dire son grand potentiel de récupération par les besoins du marché et de son instrumentation subséquente. Ainsi, l'identitaire pétrolier comme mythe est « une composition symbolique, élaborée par un groupe pour compenser, à ce niveau du symbolique, ses lacunes et pour y accomplir l'impossible synthèse de ses parties contradictoires. Le mythe témoigne donc de la réalité dans la mesure où il la manque, où il en manque[6]. »

Nous avons cru bon dans cet ouvrage de dévouer un chapitre complet à la polémique entourant la question des recommandations faites par la Commission de revue des redevances pétrolières et les réactions de l'industrie. Ces dernières ont pu constituer un tableau permettant de voir à l'œuvre un ensemble de statégies discursives relevant de l'intimidation explicite, favorisée par la position de domination incontestable de l'industrie pétrolière dans la province. Cette domination ne prenait même plus la peine de ménager sa face : la posture de stupéfaction indignée, la disqualification injurieuse, et de l'État et de la communauté albertaine, les menaces de départ, les expressions de rancœur brutale et la mise en place de toute une prophétie punitive, faisaient pâlir le paternalisme raisonné des directeurs d'usine du temps de Zola. C'est que l'industrie pétrolière, tout en maintenant le mythe d'une communauté d'intérêts entre elle et l'Alberta, rappelait fermement les termes du pacte faustien fait à l'ensemble des Albertains : une rente économique très appréciable pour une province qui par ailleurs n'avait toujours pas réussi à diversifier suffisamment son économie, en échange d'un mode d'exploitation qui ne souffrait ni critique ni ralentissement. Le rappel constant de ce pacte, sous forme de lettres ouvertes de la part de l'industrie utilisant fort habilement la sourde mémoire du trauma économique et la réactivation de cette personnalité *inner-directed* albertaine, par l'imposition identitaire de l'individu weberien « hard-working », fonctionnait comme une exigence de censure devant laquelle même l'État, tant fédéral que provincial, a dû céder. Nous en voulons pour preuve les réactions actuelles de nos dirigeants, toujours constants dans la défense de l'industrie pétrolière, en ce qui concerne particulièrement la problématique environnementale liée à l'exploitation des sables bitumineux de l'Athabasca.

Nous l'avons dit, les discours orbitant autour de cette thématique environnementale n'appartiennent pas en propre aux discours de l'énergie pétrolière de l'Alberta. Une analyse approfondie de ces discours nécessiterait une étude à part. Cependant un épisode fortuit a offert à l'analyste une occasion unique (et paraissant pratiquement lui avoir été destinée par les circonstances !) de scruter plus avant l'appareil discursif mis en place par les dirigeants de l'industrie et du gouvernement pour répondre d'un dommage environnemental indéniable. Cette opportunité fut fournie par l'incident des malheureux canards de Syncrude, dont nous sommes tentée de croire qu'il n'a été porté à l'attention du public que sous l'effet d'une fuite interne délibérée de la part de mécontents, tant les enjeux qu'il soulève sont fondamentaux pour l'industrie, l'État et la société albertaine. Ce désastre, dont il faut mesurer le caractère tout relatif par rapport à ce qui est véritablement et plus complètement à risque dans le contexte de l'exploitation environnementale des sables bitumineux, fit naître toute une suite de réactions théâtrales de la part des gouvernements et des compagnies pétrolières, réactions dont on se devait de percer l'intentionnalité réelle. La posture de l'indignation comme manifestation d'un éthos de responsabilité en même temps qu'elle fonctionne comme affirmation pragmatique de pouvoir politique, les cris d'Ottawa ayant été plus stridents que ceux de l'Alberta, était médiatisée au maximum en ce qu'elle se destinait à l'électorat censé y trouver une certaine réassurance en même temps qu'elle s'adressait surtout aux critiques observateurs extérieurs du Canada en matière environnementale, les potentiels clients américains informés sur ce sujet par des groupes tels Sierra Club ou Greenpeace. Nous inspirant des réflexions de Jean-Pierre Dupuy en matière de catastrophisme, il nous a paru tout particulièrement nécessaire de relever la distorsion représentative faite à l'incident recadré en accident contingent à causalité mystérieuse et échappant à son contexte, mais qui s'avérait bel et bien une *destinée* prévisible étant données les conditions d'exploitation des sables, destinée qui laisse présager d'autres incidents de même nature, au potentiel infiniment plus dévastateur. La thématique de la quête du coupable qui découlait de l'idée de contingence relevait du même procès de reconfiguration tout en ayant le bénéfice de très précisément détourner l'attention des coupables réels ayant autorisé cette *destinée* de la catastrophe. En signalant ces processus, nous avons modestement espéré les rendre de plus en plus inopérants auprès d'un public de moins en moins dupe de ces mises en scène.

Aubaine tout aussi appréciable pour les besoins d'un répertoire du moins partiel de ces stratégies réactionnelles fut la publication dans les médias calgariens d'une rare reconnaissance publique des torts d'une compagnie pétrolière. Cette déclaration fut communiquée sous le couvert d'une confession et d'une assurance de réforme future dont l'examen plus attentif des termes révélait des stratégies discursives dont nous souhaitons une fois encore que leur mise à jour les rende ineffectives. Ainsi, la posture de l'humilité contrite, les protestations de priorité accordée à l'environnement, autre négation de la destinée catastrophique, les assurances de précautions futures, n'en trouvent pas moins leur résolution dans une allusion finale au pacte faustien présenté indirectement mais sûrement comme la justification finale à tous les agirs de l'industrie, l'ultime rappel censé moduler et contextualiser toutes les conséquences inhérentes à l'exploitation des sables bitumineux. Que les médias albertains, voire nationaux, se fassent régulièrement l'écho de ce pacte faustien, échangeant l'environnement contre la prospérité économique, et de la nécessité de s'y conformer, indique bien de quelle nature est la priorité qui doit subsumer tous les autres paradigmes de la société albertaine. Dans cette optique, les canards de Syncrude et le battage médiatique dont ils furent l'objet prennent une double figure sacrificielle. Sacrifiés d'abord par la destinée catastrophique, dont ils sont un des présages pathétiques, ils constituent aussi pour les pouvoirs en cause l'objet d'un sacrifice momentanément consenti aux médias, à la population, aux observateurs internationaux, sacrifice inévitable parce qu'indissimulable. Mais l'habileté des responsables (nous parlons ici de tout un réseau de complicités implicites) a pu le transformer en incident isolé, décontextualisé et distancé des garanties du pire et de l'inacceptable, tels les problèmes de santé vécus par les populations autochtones vivant au nord des exploitations, autre manifestation sacrificielle délibérée nécessitée par le pacte qui en est maintenant à sereinement énoncer sa nature.

Le dernier chapitre a voulu établir, par cette autre occasion remarquable que fut la crise économique de 2008, laquelle semble maintenant s'installer en crise structurale indéfinie dans le temps, le caractère de fragilité éminente d'une économie basée presque essentiellement sur une ressource unique. Les fluctuations du prix du pétrole et leur impact, au sujet desquelles force était aux Albertains et à leur industrie de reconnaître qu'ils n'avaient aucun contrôle, permettaient l'examen d'une série de stratégies discursives de rationalisation de la contingence économique. S'y ajoutaient le recours à la ferveur des croyances prédictives au caractère tout aussi aléatoire que l'indéterminé que l'on souhaitait combattre. Se dressait alors l'ombre d'un tabou qui sous-tend toujours le discours de la prospérité économique albertaine, à savoir qu'elle ne dépend ni des Albertains, ni même de son industrie, mais de facteurs extérieurs, globaux et mondiaux, soumis eux-même à des soubresauts imprévisibles, dotés de potentiels de renversements et de perversions vertigineux. Ainsi au moment de mettre ce manuscrit sous presse, les médias canadiens et albertains doivent commenter trois données concomitantes dont les prophéties pétrolières que nous avons relevées au chapitre précédent ne pouvaient tenir compte dans un passé pourtant récent. L'analyse approfondie de ces facteurs ne saurait être livrée dans les limites de cette étude, mais nous devons les signaler pour mieux donner une idée du potentiel accru de volatilités, voire de renversements, qui peuvent modifier radicalement les destinées de l'industrie pétrolière albertaine.

Les tenants albertains des avancées technologiques facilitant l'extraction des ressources d'énergie viennent peut-être d'être trahis par les progrès même qu'ils vantaient. Ainsi, la mise au point de l'extraction des pétroles de schistes aux États-Unis, traditionnellement le client majeur du pétrole albertain, sont en voie de rendre nos voisins du Sud potentiellement autosuffisants en termes d'énergie fossiles. Nous ne pouvons ici que laisser momentanément la place à l'éloquence angoissée de la presse calgarienne dans un article du *Calgary Herald* du 8 janvier 2013, intitulé « U.S. reliance could spell trouble » :

> Energy independence might be an American dream, but it's a potential nightmare for Canada's single-customer oil and gas industry headquartered in Calgary.
>
> Recent reports looking at growing production from unconventional domestic U.S. sources have concluded the United States may be on the cusp of meeting its own net energy needs.
>
> "The United States, which currently imports around 20 per cent of its total energy needs, has become all but self-sufficient in net terms—a dramatic reversal of the trend seen in most energy importing countries," the Paris based International Energy Agency declared in its World Energy Outlook released in November[7].

Ce spectre d'une perte possible d'une clientèle jadis assurée et aisément accessible laisse facilement entrevoir les conséquences pour le marché albertain du pétrole qui, du coup, se verrait presque exclusivement déplacé outre-mer. Ce second facteur constitue une situation problématique, s'il en est, pour un territoire n'ayant accès à aucun port de mer, ce qui donne un autre caractère d'urgence à la question de la faisabilité politique, économique et environnementale des pipelines qui achemineraient éventuellement les productions des sables bitumineux vers l'Ouest (projet Gateway), vers le Sud (projet Keystone XL), et même vers l'Est, projet que nous nommerons pour l'instant Québec-Nouveau-Brunswick.

Une dernière donnée qui doit être aussi prise en compte et dont les commentateurs albertains ne se sont saisis que récemment (vers l'été 2012) dans le discours public. Il s'agissait du fait que le pétrole produit par la province, connu sur le marché international sous le nom de Western Canada Select (mélange de pétrole lourd d'origine bitumineuse), est de moins en moins en demande par les Américains et doit leur être vendu à rabais, au taux différentiel de 42,50 $ (décembre 2012) par rapport au West Texas Intermediate qui continue d'être le pétrole de référence aux États-Unis. Cette braderie singulière, qui ne fut pas commentée par les prophétes pétroliers de 2008–09, réduit considérablement l'impact des profits économiques pour l'Alberta d'une potentielle hausse des prix du brut au niveau international. Ainsi faudrait-il lire les cours mondiaux du pétrole actuels de 95 $US (février 2013) comme signifiant en réalité 55 $US pour les produits albertains. Le gouvernement albertain, prévoyant un budget déficitaire de 4 milliards de dollars pour 2013, désigne en fait ce prix différentiel du brut canadien comme une des causes principales de son manque à gagner, assertion qui prend des allures d'aveu d'impuissance devant ces forces du marché jadis révérées. Un certain scepticisme s'impose maintenant au sujet de toute spéculation sur l'avenir à court et à moyen terme de l'industrie pétrolière canadienne. Force nous est aussi de conclure qu'en raison de la conjoncture économique mondiale et des crises économiques dues à l'endettement européen et américain qui semblent s'installer dans le structural, il est fort possible qu'une hausse radicale des prix du pétrole, dont l'Alberta et le Canada auraient paradoxalement bien besoin, pourrait tout aussi paradoxalement annoncer la mort du pétrole, l'économie mondiale se trouvant incapable de supporter les effets d'une telle hausse.

Au terme de cet examen cursif des discours relayés par les questions relevant des ressources pétrolières albertaines, comme autant de coups de sondes lancés dans le discours social au gré des multiples remous qui caractérisèrent les événements relatifs au second boom pétrolier de 2005–08, que peut-on conclure du paysage discursif ainsi tiré de cet événementiel ? Et, dans un contexte plus élargi, comment caractériser cette situation singulière de l'Alberta qui doit nécessairement s'offrir ainsi à l'attention de tout le Canada ?

À la suite de cette anatomie partielle et circonstanciée de l'Alberta comme « société de l'énergie », on peut conclure à l'existence de deux phénomènes distincts mais complémentaires qui doivent s'offrir à la réflexion canadienne et québécoise sur les aboutissants éventuels d'une construction identitaire et sociale établie autour des ressources pétrolières.

En premier lieu s'impose le constat d'une perte de souveraineté factuelle, sinon *de jure*, de l'État sur ses ressources, ses modes de transformations et d'exportations, et la mise en périphérie de l'Alberta comme authentique puissance énergétique. La décanadianisation importante de l'industrie pétrolière albertaine où règnent les multinationales, plus ou moins habilement masquée par le processus de nationalisation symbolique, fait que les entreprises n'ont de compte à rendre qu'à leurs actionnaires et fort indirectement et très partiellement à la juridiction où se déroulent leurs activités et qui leur offre l'accès à la matière première permettant ces mêmes activités et les revenus qui en découlent. Cet état de fait ressort clairement des polémiques orbitant autour de la question de la revue des redevances pétrolières, où étaient brandies les réalités concomitantes des réactions des actionnaires, des nécessités de la compétition et de la mobilité et de la fluidité des capitaux, le tout reformulé dans l'expression consacrée « business friendly ». D'autres formes de « biens » de l'Alberta et de la société albertaine, comme la question de la propriété réelle des ressources, ayant été notablement absents de ce qui ne peut être sommarisé que par une série de discours punitifs, ont laissé le champ libre à l'industrie pétrolière pour assurer son hégémonie de fait et l'imposer aux gouvernants. Jean Peyrelevade a bien synthétisé cette conséquence ultime d'une volonté de croissance économique à tout prix :

> La première caractéristique notable des modes de développement actuel est l'effondrement des pouvoirs de régulation des États nationaux. [...] Nous vivons désormais dans un régime nouveau de liberté totale des mouvements de capitaux. Le capital, au sens le plus large du terme, est infiniment mobile (au contraire de la main-d'œuvre). Non seulement les marchandises ou les biens continuent de s'échanger, mais en outre les capitaux vont s'investir là où les détenteurs espèrent trouver la rentabilité la plus forte. Ce faisant, ces derniers imposent en même temps leurs règles, leurs codes, leurs normes aux pays concernés. Le mode s'homogénéise suivant un modèle unique, l'espace capitaliste devient uniforme.
>
> Ce changement d'échelle fait que les États ont perdu une large part de leur capacité de régulation [...] les pays de taille simplement normale ne peuvent lutter contre les allées et retours des vagues financières gigantesques qui les emportent : leurs réserves en devises ne sont pas suffisantes pour leur permettre une quelconque indépendance dans leur politique de change. Les sorties des capitaux les mettent à genoux : pour ne pas être sanctionné, il faut être soumis[8].

Cette mise au second plan de l'État est par ailleurs constatée par maints économistes canadiens. L'État albertain et canadien, sous leur régime actuel, ne peuvent s'affirmer positivement que dans la mesure où ils légifèrent en accordance avec les vues du marché néolibéral, ce qui paraît clair dans son refus de faire ralentir les opérations dans les sables bitumineux (« to put on the brakes » était l'expression consacrée)[9], ou par son appui fort actif aux projets de pipelines de Keystone XL vers le sud aux États-Unis ou de Gateway vers la côte ouest de la Colombie Britannique. En ce sens, il est aisé de constater que les gouvernements assurent maintenant, à la place de l'industrie pétrolière, l'essentiel du travail discursif de persuasion au sujet de la nécessité économique de ces développements.

Cet assujettisement de l'État à assurer les conditions maximales aux activités pour les compagnies pétrolières a aussi pour corollaire ce que Michel Freitag qualifie de « désocialisation de l'économie[10] », où les activités d'exploitation du pétrole sont en fin de compte privées de finalité sociale. Nous en prendrons comme ultime exemple deux faits de nature indépendante mais permettant des conclusions similaires quant à cette désocialisation.

D'abord un reportage du *Calgary Herald* du 6 juin 2008 où, en première page, on faisait état d'un party notoire tenu spontanément au centre-ville de Calgary par les « oilmen » qui célébraient avec force champagne le fait que, dans la journée, le prix du baril de pétrole avait atteint le chiffre record de 139 $. Le jour suivant, ce même journal publiait quelques conseils à ses lecteurs sur la façon de conduire en économisant le plus d'essence possible. Simultanément, le *Globe and Mail* présentait un volumineux dossier sur les conséquences inflationnaires du prix à la pompe auprès de la classe moyenne canadienne : coût prohibitif des transports et effet sur le prix des aliments, risque de récession économique, pénibilité accrue de la vie quotidienne[11]. Remarquablement, les deux incidences n'ont pas été articulées l'une à l'autre, comme si cette dichotomie restait sans signification. Ce qui était justification de réjouissance ostensible pour les *happy few* s'avérait menace accablante de difficultés matérielles supplémentaires pour la majorité des citoyens albertains et canadiens. On conçoit, à la lumière de cet incident, la nécessité intermittente, et pour l'État et pour l'industrie, de recourir à l'identitaire mythique de l'énergie pour légitimer, en la gommant, cette divergence de finalité entre l'accumulation exponentielle de profits au bénéfice d'un groupe restreint et son impact économique quotidien sur une classe sociale de plus en plus fragilisée par la raison précise permettant cette accumulation. Sans parler de ses conséquences sur des couches sociales encore plus défavorisées qui, de toute façon, n'ont jamais été convoquées au banquet, ni même à ses miettes.

Le dernier incident plus récent consistait en l'achat en décembre 2012 de la compagnie Nexen, en difficulté de capitalisation, par la compagnie nationalisée chinoise CNOOC dont le propriétaire immédiat est bel et bien le gouvernement de la Chine. Après avoir étudié de près les manifestations de discréditation discursives acharnées de ce tabou absolu de la possibilité de l'étatisation des ressources pétrolières au Canada et en Alberta, l'auteure de cette étude assista médusée aux tergiversations du gouvernement Harper sur le bien fondé de permettre une telle transaction, tergiversations plutôt stratégiques car l'autorisation fédérale d'acquisition de Nexen fut accordée à CNOOC et présentée comme étant au bénéfice de tous les Canadiens. Mais le chœur des lamentations nationalistes sur cette acquisition s'étouffa assez rapidement lorsque les commentateurs économiques durent préciser que l'effet le plus bénéfique de la vente de Nexen fut d'assurer à ses actionnaires une hausse soudaine de 65 % de la valeur de leur part. Ainsi le prétendu avantage canadien masquait-il à peine la satisfaction éminemment plus individuelle de l'investisseur au détriment de la perte de souveraineté grandissante de l'Alberta et du Canada sur ses ressources au profit d'une société publique étrangère. La nationalisation chinoise de Nexen se traduisait par une dénationalisation canadienne supplémentaire illustrant une nouvelle forme de désocialisation, toujours au profit des *happy fews* attablés à un festin de plus en plus exclusif.

Cette dernière métaphore alimentaire nous conduit en fin de compte à la considération finale de l'Alberta comme objet spécifique du grand laboratoire national de traitement symbolique des ressources naturelles et énergétiques. Dans ce cadre, tous les Canadiens peuvent être conviés à observer cet autre phénomène singulier et vertigineux que serait l'évolution d'une communauté donnée vers les caractéristiques intégrales d'une *société autophage*, telle que l'a décrite le sociologue Denis Duclos, et qu'il synthétise en ces termes :

> « Se manger soi-même » tel est le sens du mot autophagie, et telle est la caractéristique majeure du système capitaliste en cette fin de siècle. Un système qui ne rencontre plus d'obstacle, et qui pousse de plus en plus les sociétés à s'entre-dévorer.

> Les entreprises s'absorbent les unes les autres, les marchés se croquent entre eux, et les syndicats en sont réduits à réclamer le partage de l'emploi. De leur côté, les citoyens subissent, sous forme de pollutions généralisées et de tragiques pandémies, les conséquences de ce recyclage devenu fou, ultime phase de la vieille loi du profit[12].

Nous pensons que le principe d'autophagie factuelle et indéniable en ce qui a trait aux marchés financiers, aux conséquences environnementales des activités d'exploitations des ressources, et à l'impact social sur les citoyens, s'applique également aux constellations discursives émanant de la présence des richesses pétrolières en Alberta. Non seulement la province doit-elle constamment dévorer son propre territoire pour assurer, non plus la prospérité, mais la stabilité de son systéme socio-économique—stabilité toujours utopique et fugace au demeurant, comme le démontrent bien les périodes de *bust*, de crise—mais aussi ce sont ses propres discours identitaires, son propre récit pétrolier, ses propres discours de propriété des ressources et du territoire qui sont doivent être ainsi ravalés pour les besoins des représentations de l'industrie pétrolière et de ses actionnaires. L'industrie pétrolière, dominant complètement le social et le politique, est en mesure de distribuer les statuts alternés de fétiches et de tabous, réactivant au besoin les mémoires traumatiques, endossant l'identité albertaine, rappelant à loisir le pacte faustien, ingére et digère tous ces paradigmes pour les resservir aux Albertains en un prêt-à-porter discursif où est resserré de façon inextricable le mythe d'une communauté d'intérêt absolue entre la population albertaine et les compagnies exploitant son pétrole. De cette façon, sont imposés par la bande les apparences d'un consensus, trait par ailleurs constant des discours sur l'énergie, devant lequel il est bien difficile, sinon risqué, de se soustraire.

Nous en soulignerons une ultime illustration fournie par les déclarations en mai 2012 du chef canadien de l'Opposition, Thomas Mulcair, au sujet des conséquences inflationnaires d'un dollar canadien gonflé par le pétrole, déclarations qui toutefois n'allaient nullement dans le sens d'une cessation des opérations dans les sables bitumineux. Cependant, la réponse de la part des autres hommes politiques comme dans la presse calgarienne fut enflammée. Citons à cet effet quelques lignes du *Calgary Herald* du 17 mai 2012, tirées d'un article dont le titre fort éloquent était « Premiers, Harper say NDP attacking the West » :

> Premier Alison Redford said the NDP leader should show more "courtesy" by informing himself properly before making disparaging comments about Alberta [...]
>
> B.C.'s Falcon [ministre des finances de la Colombie Britannique] said Mulcair is making "incredibly ignorant" comments about the role of natural resources in Canada's economy [...]
>
> Acting Liberal Leader Bob Rea said Mulcair is dividing the country and disrespecting the premiers[13] [...]

Pour ne pas être en reste, quelques jours plus tard, la première ministre britanno-colombienne Christy Clark, dans un entretien télévisé, avait qualifié les commentaires de Thomas Mulcair de *goofy* (bouffonnerie). On peut voir ici les manifestations immédiates d'une identification entre l'Alberta (et l'Ouest en général) et l'industrie pétrolière, identification ayant aboli toute distance et rendant compte d'une éloquente absence. Celle précisément de l'industrie pétrolière qui n'a même plus à assurer la réponse à de telles observations, comme elle n'a même plus à recourir à son arsenal d'intimidation discursive dont elle a pu démontrer l'efficacité auparavant.

Ce sont maintenant les hommes et les femmes politiques eux-mêmes qui se chargent de ce travail discursif de disqualification des doutes et des dissidences. Les possibilités de critiques sont ainsi réingurgitées et digérées en ce que nos amis anglophones désignent maintenant commes des *conversations*, qui prennent la forme de tables rondes, de rencontres d'expert, de commissions diverses, d'où les prises de positions claires, se démarquant du consensus général du devoir d'exploitation des ressources pétrolières sont soigneusement évacuées. On y discute certes des questions environnementales, des questions de redevances, de la recherche, mais sans remise en question radicale, mollement, dans un discours tautologique et bénin, cherchant toujours l'aquiescement, cette fameuse convivialité doxique—et anodine—craignant les foudres des dominants réels, ne se divisant que sur de petits détails, se mordant effectivement la queue, le tout marqué par l'innocuité rassurante des expressions telles « développement responsable, durable et renouvelable » ou encore « bénéfice environnemental », dont on serait bien en peine de trouver un atome de manifestation tangible dans le réel. Nous regrettons de signaler—mais nous devons le faire—que l'University of Calgary, notre employeur, dont les principaux donateurs et gouverneurs sont issus du milieu des affaires du pétrole, s'inscrit comme un des lieux privilégiés où se déroulent bon nombre de ces colloques et rencontres faisant semblant de traiter des problématiques de l'exploitation pétrolière considérées comme épineuses, et s'arrêtant juste à temps en face des interrogations fondamentales et déstabilisantes. Interrogations d'ailleurs qu'il est soigneusement interdit de soulever, comme nous l'a bien fait remarquer le Premier Ministre Harper et son Ministre des Ressources naturelles Joe Oliver, nous mettant en garde, dans une déclaration publique faite en février 2012, contre les *environnementalistes radicaux* (les opposants au pipeline Gateway) considérés comme éco-extrémistes.

On pourrait prolonger à l'infini l'exposé d'exemples similaires, dont l'examen discursif laisse parfois pantois, mais il nous faut bien finir ici un travail qui en fait ne saurait avoir de fin. On ne peut qu'y observer l'applatissement actuel des discours sur les ressources pétrolières dans l'Ouest, sous le fait de l'hégémonie maintenant indubitable de l'industrie et du discours économique, qui a bel et bien dévoré toute la possibilité de contestation réelle de l'Alberta, dorénavant condamnée à se repaître d'elle-même, au propre comme au figuré, parce qu'elle a été *convaincue* de le faire. Telle est la force des discours qui, comme nous le savons, parce que l'on veut que nous ignorions que ce sont des discours, nous épargnent bien des guerres et des révoltes et nous assujetissent avec notre consentement. Peut-être pas pour tout le monde, pas pour tout l'avenir, mais pour l'instant, ici, maintenant.

University of Calgary
Février 2013

ÉPILOGUE : LE BARIL ET LE BAS DE LAINE

Regarde de tous tes yeux,
Regarde!

—Jules Verne, *Michel Strogoff*

Cachez ce sein que je ne saurais voir !

—Molière, *Tartuffe*

À une vingtaine de kilomètres du centre-ville de Calgary, dans la direction est, au-delà même de la banlieue d'une ville déjà connue pour son fort étalement urbain, se dresse en plein milieu de la prairie, un énorme centre commercial. De cet endroit absolument sans relief, qui annonce déjà les paysages de la Saskatchewan, la cité n'est plus visible. On est en plein pays des ranches et des *acreages*, marqués par des fermes isolées et des puits de pétroles solitaires au balancier immuable que l'on appelle ici les *iron donkeys*, littéralement les « ânes de fer » qui sans broncher, depuis toujours pompent silencieusement le pétrole léger de la plaine. Ils peuvent être immobilisés si les cours du pétrole baissent trop, mais en général, ils ne s'arrêtent que quand le puits est épuisé, à une période indéterminée qui peut s'étendre sur plusieurs décennies. De l'autre coté de l'autoroute neuve que l'on a construite spécialement pour faciliter l'accès au centre commercial, lui-même entouré de champs de blé et de colza, quelques vaches et chevaux considèrent pensivement cet étalage massif, coloré et rutilant d'immeubles neufs en enfilade, encerclé comme il se doit par un énorme terrain de stationnement faisant une concurrence sérieuse aux vastes pâturages environnants.

CrossIron Mills, c'est le nom de ce centre commercial, fut inauguré en grande fanfare en septembre 2009. Fruit d'un investissement de 500 millions de dollars, il est d'une superficie de 1,4 millions de pieds carrés et constitue le premier centre d'achat en circulation intérieure ouvert en Alberta depuis les vingt dernières années. Son éloignement du centre-ville, voire de la ville même, nécessite le recours à des autobus spéciaux pour ses employés, aucun circuit de transport communautaire ne se rendant jusqu'à ce point de la campagne. En fait, plutôt que d'être une version postmoderne du *Bonheur des Dames* de Zola, CrossIron Mills pourrait s'apparenter davantage à un Fort McMurray du shopping : il n'est accessible qu'au prix d'une forte dépense d'hydrocarbures et d'eau, acheminée en cet endroit particulièrement sec à grand renfort de pipelines venant de la rivière Bow. Et cela, au gré d'ailleurs de certains louvoiements avec les lois municipales d'usage des réserves aquifères du district régional de Rocky View, petites manipulations qui firent les bonnes pages de la presse locale d'il y a quelques années.

Ce monument à la consommation et à ce qu'on nommera pudiquement « la croissance » n'est pas exactement une ontologie surgie sans raison de la terre noire albertaine. CrossIron Mills a un propriétaire et un investisseur : Ivanhoé Cambridge. Pour les initiés, Ivanhoé Cambridge est l'une des compagnies subsidiaires de La Caisse de Dépôt et de Placement du Québec. Vous avez bien lu. Qui plus est, Ivanhoé Cambridge est également propriétaire de trois autres centres commerciaux à Calgary et de trois à Edmonton (pour l'instant), tous établissements qui ressortent également du mastodonte.

The *Caisse*, comme on la nomme par ici, ne s'est pas contentée de s'étendre en banlieue calgarienne. Ivanhoé Cambridge possède les immeubles suivants, situé dans le quartier des affaires de la ville : Dome

Tower, Home Dome Tower, TD Square, Lancaster Building et Eaton Center. La subsidiaire fait en ce moment construire un double gratte-ciel au coin de la cinquième et huitième rue de ce même quartier : chaque tour stylisée aura respectivement 49 et 39 étages. Élégantes, brillantes comme des miroirs d'acier poli et repoli, se reflétant l'une l'autre, érigées sur l'emplacement immobilier commercial le plus sélect de la cité, ces tours ne rappellent pas exactement la maison de Maria Chapdelaine. Qui connaît bien ce carré spécifique où s'entassent les banques, les bureaux corporatifs des compagnies pétrolières, les grandes firmes d'avocats et les boutiques de luxe doit conclure que La Caisse de Dépôt est de facto propriétaire d'une somptueuse partie du centre-ville de Calgary. Ajoutons à cela que toute société d'investissement dans l'immobilier commercial a des déposants. Parmi les plus notables déposants de la Caisse, il faut mentionner Le Régime des rentes du Québec (RRQ), Le Régime de retraite des employés du gouvernement et des organismes publics (RREGOP), Canada Master Trust, L'Association de bienfaisance et de retraite des policiers et policières de la Ville de Montréal, le Fonds commun de placement de retraite de l'Université Laval (tiens, notre Alma Mater), la Fiducie globale des régimes de retraites de la Société de transport de Montréal, et bien d'autres fonds de retraite que nous ne saurions tous énumérer ici. Force est ainsi de conclure que tous ces groupes financiers et caisses de retraites diverses, ont indéniablement leur « bas de laine », comme on surnomme la Caisse au Québec, qui trempe, à des degrés variables, indirectement, ou peut-être directement, dans le pétrole albertain.

Car point n'est besoin de détenir une maîtrise en administration des affaires pour comprendre ces stratégies d'investissements immobiliers importants de la Caisse en Alberta : Ivanhoé Cambridge en ouvrant boutique à Calgary, a misé sur le potentiel pouvoir d'achat des Albertains, conséquence directe du boom pétrolier de 2005–08 de même que sur le potentiel de location d'immobilier corporatif lié à l'afflux des gens d'affaires diverses qu'attire toujours le bonheur pétrolier lorsqu'il est à son zénith. Il est vrai qu'au moment où sont écrites ces lignes ce même cours est plutôt bas, mais malgré les circonstances que nous avons décrites au dernier chapitre, rien n'empêche d'envisager des jours meilleurs. La

Caisse, sur laquelle il a beaucoup plu et qui connut dans son histoire quelques tribulations, sait bien que l'industrie pétrolière est soumise à de forts mouvements de pendules. Tous les facteurs que nous avons énoncés plus haut concernant la baisse des prix n'excluent pas nécessairement un autre retournement qui ramènerait les cours à la hausse, car, répétons-le, l'économie du pétrole est l'économie de l'aléatoire.

Du reste, la Caisse n'est pas la seule présence financière québécoise à s'activer en Alberta. SNC-Lavalin, dont l'ancêtre fut le maître d'œuvre de Manicouagan 5, et dont le centre corporatif est toujours à Montréal, y a construit les lignes de rallongement du métro de Calgary et est responsable de maints projets dans les sables bitumineux. La petite Caisse Pop de notre enfance, rebaptisée Desjardins Securities a sept pignons sur rue à Calgary, et deux à Edmonton. Nous pensons pouvoir suggérer que Desjardins, comme la Caisse, ne sont pas à Calgary uniquement pour admirer la superbe vue sur les Rocheuses, mais ont plutôt estimé qu'il fallait miser sur l'Alberta et son pétrole autrement tant décrié par le discours social québécois et également international lorsqu'il est associé aux questions environnementales et à celles du respect des droits et de la santé des Premières Nations.

Mais souvent, face à certaines réalités économiques, énergétiques et environnementales, et aussi politiques, géographiques, sociales et historiques, qu'il faut prendre la peine d'articuler les unes aux autres, on préfère laisser tous ces détails déplaisants dans ce que Marc Angenot a désigné comme l'impensé du discours. Cet impensé, il conviendrait pourtant de le remonter un peu à la surface en rappelant les mécanismes singuliers mettant en contact étroit des entités que l'on préfère imaginer sans proximité aucune, c'est-à-dire le Québec et le pétrole albertain.

Notre étude doit ainsi se terminer sur quelques considérations plus sobres, et sans doute plus critiques sur les emboîtements spécifiques qu'il faut mettre à jour lorsqu'on doit se pencher sur cette contigüité entre la société québécoise et une source d'énergie absolument honnie dans le discours social officiel. Ainsi, on a vu qu'un des arguments-fétiches auquel a recours l'industrie pétrolière et le gouvernement albertain, lorsqu'on soulève la question des dommages environnementaux irréversibles subis dans la région de l'Athabasca, reste que les exploitations pétrolières de l'Alberta permettent des apports fiscaux notables au gouvernement fédéral. Ce dernier les redistribue aux autres provinces sous la forme des paiements de péréquations dont les Albertains jugent avec ressentiment que les Québécois en particulier reçoivent plus que leur juste part. Considérée d'une perspective québécoise, cette affirmation est perçue comme discutable, et nous laisserons aux fiscalistes et aux politiciens de tous camps le soin d'en batailler *ad nauseam*. Nous dirons seulement que si cet argument a peu d'acceptabilité au Québec, il ne peut être cependant totalement rejeté du revers de la main, du moins en ce qui concerne les bénéfices fiscaux qu'Ottawa retire indéniablement du pétrole de l'Ouest.

Cependant, il y aurait un autre élément à soulever dans ce débat acrimonieux, mais qui est d'une nature telle qu'il entraînerait la polémique sur un terrain éminemment dangereux pour toutes les parties incriminées, ce qui en fait l'objet d'un tabou discursif à peu près inviolable : à savoir la question de l'identité des actionnaires et des investisseurs dans une entrerprise donnée, même et surtout si ses activités sont de nature contestable. Le lecteur doit bien conclure ici que ce tabou reste la question délicate des investissements québécois qui dépendent directement ou indirectement de l'industrie pétrolière albertaine, et conséquemment de l'exploitation et de la destruction subséquente du territoire albertain. Or, ce tabou, personne n'a intérêt à y faire allusion, ni les Québécois, préfèrant vaguement croire au principe de l'Immaculée Conception en ce qui a trait aux revenus des fonds de pension, ni les hommes d'affaires et le gouvernement albertain qui ne sont pas assez fous pour aller exposer et dénoncer leurs investisseurs et leurs actionnaires.

N'en déplaise aux environnementalistes, leurs discours sont justement des discours au sujet desquels Pierre Bourdieu nous signalerait la nature du positionnement social spécifique assurant leur rôle sur le marché discursif. Et, en tant que discours, on doit pouvoir intellectuellement, froidement et indifféremment les disséquer par l'analyse, ce qui n'empêche nullement qu'on puisse y adhérer par la suite. Là n'est d'ailleurs pas la question. Mais le concert de condamnation de l'Alberta et de son industrie poussés par les environnementalistes canadiens et québécois, européens et américains, laissent de côté justement dans l'impensé une donnée, une vérité presque—qu'Al Gore à son tour jugerait bien « inconvéniente »—c'est-à-dire les lois actuelles des marchés financiers auxquelles nous nous permettons de croire que le Québec n'a pas encore consenti à se soustraire. Citons encore Jean Peyrelevade :

> La froide analyse des mécanismes du pouvoir est plus utile que l'émotion. Où commence l'injustice, à quel moment devient-elle intolérable ? La question est sans réponse autre que morale. Plus efficace est de décrire l'articulation des forces qui gouvernent l'économie mondiale : le pouvoir des actionnaires est, en tant que tel, invulnérable. On ne s'en débarrassera pas comme de quelques plants de maïs génétiquement modifiés[1].

La question qui doit être soulevée par le poids décisionnel des actionnaires, selon Peyrelevade, est celle précisément de l'identité de ces actionnaires. Et si l'on considère que la Caisse de Dépôt et d'investissement du Québec demeure toujours le second plus grand gestionnaire de fonds d'investissements au Canada, il faut bien reconnaître, que quelque part, à certaines occasions, les actionnaires de certaines trusts d'investissements privés, c'est, à l'instar d'Hydro-Québec, *nous autres*. Ajoutons à cette donnée, le fait bien connu que le Québec vieillit plus rapidement et plus massivement que le Canada, en raison de multiples facteurs que les études démographiques ont amplement commentés. Citons également le site Web de la Caisse : « La Caisse a pour mission de recevoir des sommes en dépôt conformément à la loi et de les gérer en recherchant le rendement *optimal* de ses déposants dans le respect de leur politique de placement tout en contribuant au développement économique du Québec. » (nous soulignons). La Caisse n'est pas exactement non plus une institution caritative ou un organisme à but non lucratif. D'autant plus que, depuis disons l'an 2000, répétons qu'une cohorte chaque année plus importante de citoyens et de citoyennes du Québec et du Canada accède à une retraite souvent longuement convoitée et préparée, phénomène qui est en passe de devenir par ailleurs une thématique centrale du discours social contemporain, et qui devrait être étudié comme telle. Mais en attendant, lorsque ce nombre de retraités québécois et canadiens enfin prêts à mordre à leur vie rêvée (et fort probablement utopique) aura atteint les 25 %, il ne fera pas beau d'apprendre que tous les gestionnaires de fonds mutuels des provinces et des territoires, CPP, RRQ, Ontario Teacher's Pension Plan, Aimco et La Caisse (pour n'en nommer que quelques uns) n'auront pas réalisé leur mandat. Mais d'ici là, on ne peut pas dire qu'ils n'essaient pas de le remplir, et que même, aux dires de certains, ils pourraient faire mieux.

On pourrait suggérer alors que les sables bitumineux de l'Athabasca, ou du moins, un petit bout, c'est aussi *à nous autres*. Mais, probablement, du point de vue de la représentation environnementale, il est préférable de laisser ces détails aux entrefilets des chroniques économiques où ils sont en sécurité. Ainsi peut se deployer une forme singulière, pour paraphraser Bourdieu, de *libido virtutis* exprimée dans le discours environnementaliste, québécois et d'autre provenances, qui s'emploie au décri collectif de l'Alberta et de son industrie pétrolière. La *libido virtutis*, c'est le désir ostensible de la vertu, de se montrer vertueux, immaculé, désintéressé des basses extractions et des besognes ignobles, en clamant sa dissociation de l'objet salissant, du monstre souillé, et plus précisément encore d'éliminer tout soupçon de profit direct en rapport avec la source abhorrée. Mais comme nous le rappelle également Bourdieu dans *Raisons pratiques*, « La morale politique ne peut pas tomber du ciel : elle n'est pas inscrite dans la nature humaine[2]. » C'est-à-dire ici qu'il faut peut-être subodorer que la morale environnementale doit se voir comme une posture de désintéressement servie aux citoyens et électeurs afin d'éliminer même le soupçon gênant que l'on pourrait retirer quelque chose du pétrole albertain, laquelle donnée n'est pas vraiment ignorée, mais plutôt impensée. Ce qui sera reçu comme un rejet moralement justifié exprime davantage la mise en œuvre de la fonction réhabilitante de l'environnementalisme comme déplacement des enjeux et aussi comme auto-illusion générale.

En économie, cette distance bien-pensante pourrait se nommer l'externalisation où les détails structuraux et les dommages systémiques qui permettent les profits d'investissements sont délibérément laissés au lieu de fabrication de ces profits. Cette posture, qui confère d'autre part à ce lieu une autonomie certaine dans ses pratiques de production, favorise de surcroît sa perception comme étrangéité absolue de la part de ceux qui la critiquent. Les métaphores qu'autorise l'exercice de la *libido virtutis* québécoise conduisent à aisément voir jusqu'où les investissements discrets faits au nom des compagnies subsidiaires de la Caisse servent de voile pudique aux sources concrètes d'une certaine partie de nos revenus de retraite, ce voile ne jouant pas exclusivement, on l'imagine, pour ce qui a trait à l'Alberta et son industrie pétrolière, qui n'est en somme qu'un point d'investissement parmi d'autres.

En fait, une petite recherche sur les lieux planétaires où s'effectuent les investissements des fonds de retraite nous conduirait à des trouvailles fâcheuses qui devraient nous inviter à méditer avec un peu plus de nuances sur la nature paradoxale de nos rapports avec la croissance si décriée, effectivement créatrice de gaz à effet de serre et génératrice de pollution et de graves dommages environnementaux, quand ce ne sont pas des atteintes aux droits humains. À partir d'un certain point, on peut se demander si le discours environnementaliste, tel qu'il est véhiculé dans l'hémisphère Nord de la planète, n'a pas une fonction plus thérapeutique qu'autre chose, en ce qu'il permet, en endossant à peu de frais une identité verte, de nous déculpabiliser aisément, de déplacer, très littéralement de changer de place, les véritables enjeux environnementaux liés non seulement aux enjeux énergétiques, mais surtout aux enjeux économiques. On peut alors passer vite sur ces derniers, parce qu'on préfère ne pas trop s'approfondir sur les conditions structurales (en particulier socio-économiques) structurant justement cet autre lieu privilégié d'où l'on peut condamner de haut les destructions qui nous nourrissent.

Il ne fait point bon cependant se faire accuser d'hypocrisie, ce qui en soi, n'est pas un crime si grave, la casuistique étant une saine pratique, particulièrement lorsqu'il est question d'environnement et d'économie. De fait il serait intéressant de comparer les revenus que tire le gouvernement d'Hydro-Québec à ceux que La Caisse tire vraisemblablement de l'activité économique albertaine, c'est-à-dire de son pétrole. Nous avancerons l'hypothèse, qui reste à vérifier par des actuaires et des économistes, qu'à partir d'un certain volume d'investissements, dont les administrateurs de la Caisse doivent avoir une plus nette idée que l'auteure de ces lignes, que compte tenu des déprédations environnementales (qui effectivement dévaluent le territoire albertain de façon irréversible et dramatique), compte tenu de l'inflation et du coup de la vie élevé en Alberta accaparant un plus fort pourcentage des revenus des ménages, compte tenu des frais de scolarité plus élevés au post-secondaire, compte tenu des filets de sécurité sociales de toutes formes qui y sont plus minces, il serait possible que le Québécois moyen, contribuant au Régime des rentes du Québec et en bénéficiant, en sus de son propre fonds de pension, reçoive plus d'avantages net de l'exploitation des sables bitumineux que le citoyen albertain moyen. À la considération de l'autophagie qui caractérise maintenant le mode d'exploitation des ressources naturelles de l'Alberta devrait s'ajouter celle de la cannibalisation externe, pas seulement de la part du Québec, bien entendu, mais de tout le reste du Canada. Les Albertains en ont le sentiment de plus en plus défini et impuissant, impression sourde qui s'exprime par un ressentiment confus, mais inavouable, envers le reste de la Confédération, toutes provinces confondues. Personne n'aime reconnaître que sous des apparences enviables, il se fait en réalité duper d'une façon qui nous paraît de plus en plus poignante.

Pour l'instant, dans le discours social québécois, les sables bitumineux albertains fonctionnent à la fois comme une dématérialisation et une externalité d'une petite partie (du moins) de l'avenir économique du Québec et de sa sécurité sociale. Et cela, que le Québec reste ou non dans la Confédération, car, une fois encore, insistons sur ce que souveraineté et économie sont indifférentes l'une à l'autre. Sachant cela, serions-nous capables de ne plus nous dissimuler derrière cet écran impeccable qu'est Hydro-Québec qui nous permet de nous présenter au monde comme étant « propre, propre, propre » et de moduler nos accusations envers l'Autre, cette altérité irréductible, cet Albertain, à qui, sans vouloir le savoir, nous avons assez souvent servi de modèle.

University of Calgary
Avril 2013

BIBLIOGRAPHIE

Amorim, Marilla. *Raconter ... démontrer ... survivre : Formes de savoirs et de discours dans la culture contemporaine*. Toulouse, France : Érès, 2007.

Amossy, Ruth. *L'Argumentation dans le discours*. Paris : Armand Colin, 2006.

Angenot, Marc. *1889 : Un État du discours social*. Longueuil, QC : Le Préambule (coll. L'Univers des discours), 1989.

———. *Dialogue de sourds : Traité de rhétorique antilogique*. Paris : Mille et une nuits, 2008.

———. *Les Idéologies du ressentiment*. Montréal : XYZ, 1996.

———. *D'Où venons-nous ? Où allons-nous ? La décomposition de l'idée de progrès*. Montréal : Trait d'Union, Spirale, 2001.

———. *La Parole pamphlétaire : Typologie des discours modernes*. Paris : Payot, 1982.

———. *La Propagande socialiste : six essais d'analyse du discours*. Montréal : Éditions Balzac (coll. L'Univers des discours), 1997.

———. *Rhétorique de l'anti-socialisme : Essai d'histoire discursive, 1830–1917*. Québec : Les Presses de l'Université Laval, 2004.

Armatte, Michel. « Les Économistes face au long terme : l'ascension de la notion de scénario », dans *Les modèles du futur : Changements climatiques et scénarios économiques : enjeux scientifiques et politiques*, Amy Dahan Dalmedico, Éd. Paris : La Découverte, 2007.

Barrie, Doreen. *The Other Alberta : Decoding a Political Enigma*. Regina, SK : Canadian Plains Research Center, 2006.

Barthes, Roland. *Mythologies*. Paris : Seuil, 1957.

Bayoumi, Mustapha, et Andrew Rubin, Éds. *The Saïd Reader.* New York : Vintage, 2000.

Berton, Pierre. *The Klondike Quest : A Photographic Essay 1897–1899.* Erin, ON : Boston Mills Press, 2005.

Boler, Megan. « Masculinity on Trial : Undressing Homophobia in the Bible Belt », *Men and Masculinities*, 7, no. 3 (janvier 2005): 261–67.

Bourdieu, Pierre. *La Domination masculine.* Paris : Seuil (coll. Liber), 1994.

———. « Intérêt et désintéressement », Cours du Collège de France à la faculté de sociologie et d'anthropologie de l'Université Lumière Lyon II, *Cahiers du GRS*, no. 7. 1998.

———. *Raisons pratiques.* Paris : Seuil, 1994.

———. *Les Règles de l'art.* Paris : Seuil, 1992.

Breton, Philippe. *La Parole manipulée.* Montréal : Boréal, 1997.

Brisson, Luc. « La Notion de *phthonos* chez Platon », dans *La jalousie*, Frédéric Monneyon, Éd. Paris : L'Harmattan, 1996.

Brousolle, Damien. « Quelle légitimité peut-on accorder à la loi de la demande ? », *Sciences de la Société*, no. 55 (fév. 2002) : 55–69.

Butler, Judith. *Gender Trouble : Feminism and the Subversion of Identity.* New York : Routledge, 1999.

Charaudeau, Patrick. *Le Discours politique : les masques du pouvoir.* Paris : Vuibert, 2005.

Chastko, Paul. *Developing Alberta's Oil Sands : From Karl Clark to Kyoto.* Calgary, AB : University of Calgary Press, 2004.

Clark, William R. *Petro-Dollar Warfare : Oil, Iraq and the Future of the Dollar.* Gabriola Island, B.C. : New Society, 2005.

Colpitts, George. « Wildlife Promotion, Western Boosterism and the Conservation Movement in 1890–1914 », *American Review of Canadian Studies* (printemps-été 1998) : 103–30.

Croisset, Evelyne. « La Topique du discours du Plan-des-dames dans *Germinal* », *Les Cahiers Naturalistes*, no. 60 (1986) : 132–38.

Davidson, Debra, et Kierstin Hatt, Éds. *Consuming Sustainability : Critical Social Analysis of Ecological Change.* Black Point, NS : Fernwood, 2005.

Dostaler, Gilles, et Bernard Maris. *Capitalisme et pulsion de mort.* Paris : Albin Michel, 2009.

Dryzek, John S. *The Politics of the Earth : Environmental Discourses.* Oxford : Oxford University Press, 2005.

Duchet, Claude. « Le Trou des bouches noires : Parole, société, révolution dans *Germinal* », *Littérature* no. 24 (1976) : 11–20.

Duclos, Denis. « L'Autophagie, grande menace de la fin du siècle », *Le Monde diplomatique*, août 1996.

Dupuy, Jean-Pierre. *Pour un catastophisme éclairé : Quand l'impossible est certain.* Paris : Seuil, 2002.

Felske, Lorry W., et Beverley Rasporich, Éds. *Challenging Frontiers : The Canadian West.* Calgary, AB : University of Calgary Press, 2004.

Flipo, Fabrice. *Justice, nature et liberté : Les Enjeux de la crise écologique.* Lyon : Parangon, 2007.

Forthomme, Bernard. *La Jalousie.* Bruxelle : Éditions Lassus, 2005.

Foster, Peter. *The Blue-Eyed Sheiks : The Canadian Oil Establishment.* Toronto: Totem Books, 1979.

———. *Self-Serve : How Petro-Canada Pumped Canadians Dry.* Toronto: MacFarlane, Walter and Ross, 1992.

Freitag, Michel. « La Globalisation contre les sociétés : par delà l'échec circonstanciel de l'AMI : la portée historique de l'autonomisation du capital financier », dans *Le Monde enchaîné*, Michel Freitag et Éric Pinault, Éds. Québec : Nota Bene, 1999.

———. *L'Impasse de la globalisation : une histoire sociologique et philosophique du capitalisme.* Montréal : Écosociété, 2008.

———. *L'Oubli de la société : Pour une théorie critique de la post-modernité.* Québec : Les Presses de l'Université Laval, 2002.

Freitag, Michel, et Éric Pinault, Éds. *Le Monde enchaîné.* Québec : Nota Bene, 1999.

Garand, Dominique. « Propositions méthodologiques pour l'étude du polémique », dans *États du polémique*, Dominique Garand et Annette Hayward, Éds. Québec : Nota Bene, 1998, Cahiers du centre de recherche en littérature québécoise, no. 22, pp. 211–68.

Garand, Dominique, et Annette Hayward, Éds. *États du polémique.* Québec : Nota Bene, 1998.

Gendron, Corinne. *Vous avez dit développement durable ?* Montréal : Presses Internationales Polytechniques, 2007.

Gibbins, Roger, et Sonia Arrison. *Western Alienation : Perspectives on the West in Canada.* Peterborough, ON : Broadview Press, 1995.

Gibbins, Roger, et Loleen Berdahl. *Western Visions, Western Futures : Perspectives on the West in Canada* (2ième éd.). Toronto : University of Toronto Press, 2003.

Gorz, André. *Ecologica.* Paris : Galilée, 2008.

Hirschman, Albert O. *The Rhetoric of Reaction.* Cambridge, MA : Harvard University Press, 1991.

Homer-Dixon, Thomas. *Carbon Shift : How the Twin Crises of Depletion and Climate Change Will Define the Future.* Toronto : Random House, 2009.

Houtart, François, et Geneviève Lemercinier. *L'Énergie et la Culture.* Paris : L'Harmattan, 1990.

Hustak, Allan. *Peter Lougheed.* Toronto : McClelland & Stewart, 1979.

Huston, Nancy. *Cantiques des plaines.* Paris-Montréal : Actes Sud-Leméac, 1993.

Jaccard, Mark. « Peak Oil and Market Feedback : Chicken Little versus Dr. Pangloss », dans *Carbon Shift : How the Twin Crises of Oil Depletion and Climate Change Will Define the Future.* Toronto : Random House, 2009.

Jochler, Cristina. « Les Discours du prophète, prophétie et discours de l'Autre », dans *Le Prophétisme : Le Clair et l'Obscur,* dans *L'Art du Comprendre,* no. 13 (juin 2004) : 21–38.

Karl, Terry Lynn. *The Paradox of Plenty : Oil Boom and Petro-States.* Berkeley: University of California Press, 1997.

Kunstler, James H. *The Long Emergency : Surviving the End of Oil, Climate Change and Other Converging Catastrophes of the Twenty-First Century.* New York : Grove Press, 2006.

Larose, Jean. « Nationalisme et culture : les campagnes référendaires », dans *La Petite noirceur,* Montréal : Boréal, 1987.

Laurent, Éric. *La Face cachée du pétrole.* Paris : Plon Pocket, 2006.

Lebeau, André. *L'Enfermement planétaire.* Paris : Gallimard, le Débat, 2008.

———. *L'Engrenage de la technique : Essai sur la menace planétaire.* Paris : Gallimard, Bibliothèque des sciences humaines, 2005.

Lejeune, Denis. *Qu'est-ce que le hasard ? Psychologie, science, arts, philosophie, société : comment le hasard guide les hommes.* Paris : Max Milo, Essais-Document, 2007.

Lemire, Maurice. *Le Mythe de l'Amérique dans l'imaginaire « canadien ».* Québec : Nota Bene, 2003.

Létourneau, Jocelyn. *Le Québec, les Québécois : Un parcours historique.* Montréal : Musée de la Civilisation, Fides, 2004.

Levant, Ezra. *Fight Kyoto : The Plan to Protect Our Economic Future.* Calgary, AB : JMCK Publishing, 2002.

Lucas, Alastair R. « Energy Law : The Court and the Prosperity Bonus », dans *The Alberta Supreme Court at 100: History and Authority,* J. Swainger, Éd. Edmonton, AB : University of Alberta Press and Osgoode Society for Canadian Legal History, 2007.

MacLure, Jocelyn. *Récits identitaires : Le Québec à l'épreuve du pluralisme.* Montréal : Québec-Amérique, 2000.

Mancebo, François. *Le Développement durable.* Paris : Armand Colin, 2006.

Maris, Bernard. « Légitimation, autolégitimation, discours expert et discours savant », *La Légitimation du discours économique, Sciences de la Société*, no. 55 (février 2002) : 109–21.

Marsden, William. *Stupid to the Last Drop : How Alberta is Bringing Environmental Armageddon to Canada (And Doesn't Seem to Care)*. Toronto : Alfred A. Knopf Canada, 2007.

McDonough, John Thomas. *Charbonneau et le Chef*, traduction et adaptation de Paul Hébert et Pierre Morency. Montréal : Leméac, 1974.

McGillis, Roderick. *He Was Some Kind of a Man : Masculinities in the B Western*. Waterloo, ON : Wilfrid Laurier University Press, 2009.

McGregor, Gail. « The Frontier Antithesis ». Dans *A Passion for Identities: An Introduction to Canadian Studies*, David Taras, Beverley Rasporich et Eli Mandel, Éds. Scarborough : Nelson Canada, 1993.

Mélançon, Robert. « Terre de Caïn, âge d'or, prodiges du Saguenay : le Nouveau-Monde dans les Voyages de Cartier », *Voix et Images* 5, no. 1 (1979) : 51–63.

Milton, John. *Le Paradis perdu*, traduction de François de Chateaubriand. Paris : Garnier Frères, 1876.

Nikiforuk, Andrew. *Tar Sands : Dirty Oil and the Future of a Continent*. Vancouver, BC : Greystone, 2008.

Parra, Francisco. *Oil Politics : A Modern History of Petroleum*. London : I. B. Tauris, 2004.

Pavis, Patrice. *Dictionnaire du Théâtre*. Paris : Messidor, Éditions Sociales, 1987.

Perron, Dominique. « La Nationalisation symbolique d'Hydro-Québec », *Globe : Revue internationales d'études québécoises*, 6, no. 2 (2003) : 73–97.

———. *Le Nouveau roman de l'énergie nationale : Analyse des discours promotionnels d'Hydro-Québec de 1964 à 1997*. Calgary, AB : University of Calgary Press, 2006.

Peyrelevade, Jean. *Le Capitalisme total*. Paris : Seuil (coll. La république des idées), 2005.

Potvin, Claudine. « To Bet or not to Bet : Gambling Identities », dans *Relocating Identities in Latin American Cultures*, Elizabeth Montes Garcés, Éd. Calgary, AB : University of Calgary Press, 2007, pp. 233–44.

Quam-Wickham, Nancy. « Rereading Man's Conquest of Nature : Skills, Myths and the Construction of Masculinity in Western Extractive Industries », *Men and Masculinities* 2, no. 2 (1999) : 135–51.

Reboul, Olivier. *La Rhétorique*. Paris : Gallimard (coll. Que-sais-je ?), 1984.

Ricoeur, Paul. *Le Parcours de la reconnaissance*. Paris : Stock, 2004.

Rubin, Jeff. *Why Your World is Going to Get a Whole Lot Smaller : Oil and the End of Globalization*. Toronto : Random House Canada, 2009.

Seiler, Robert M., et Tamara P. Seiler. « Ceremonial Rhetoric and Civic Identity : The Case of the White Hat », *Journal of Canadian Studies, Revue d'Études Canadiennes,* 36, no. 2 (2001) : 29–49.

———. « The Social Construction of the Canadian Cowboy : Calgary Exhibition and Stampede Posters, 1952–1972 », *Journal of Canadian Studies, Journal d'Études Canadiennes,* 33, no. 2 (1998) : 51–82.

Sfez, Lucien. *La Symbolique politique.* Paris : PUF (coll. Que sais-je), 1996.

———. *Technique et idéologie.* Paris : Seuil, 2002.

Sharpe, Sydney. *Alberta, A State of Mind.* Toronto : Key Porter, 2005.

———. *A Patch of Green. Canada's Oilpatch Makes Peace with the Environment.* Toronto : Key Porter, 2002.

Smil, Vaclav. *Global Catastrophes and Trends.* Cambridge, MA : MIT Press, 2008.

Spanzi-Zuber, Marta. « Le récit comme forme d'explication : science et histoire », *Littérature,* no. 109 (mai 1998) : 46–59.

Tanguay, François, et Jocelyn Desjardins. *Manifestement vert.* Montréal : Trécarré, 2009.

Taylor, Charles. *Multiculturalisme : Différence et démocratie.* Paris : Flammarion, 2000.

Tertzakian, Peter. *A Thousand Barrels a Second : The Coming Oil Breakpoint and the Challenges Facing an Energy Dependent World.* Toronto : McGraw-Hill, 2006.

Touraine, Alain. *La Prophétie anti-nucléaire.* Paris : Seuil, 1980.

Tremblay, Michel. *Les Belles-sœurs,* Montréal : Leméac, 1972.

Ulanov, Anne et Barry Ulanov. *Cinderella and Her Sisters : The Envied and the Envying.* Philadelphia, PA : Westminster Press, 1983.

Vanderdope, Christian. « Allégorie et interprétation », *Poétique,* no. 117 (1979) : 75–94.

Van Herk, Aritha. *Mavericks : An Incorrigible History of Alberta.* Toronto : Penguin, 2001.

———. « Women Writers in the Prairies : Spies in the Indifferent Landscape », dans *A Passion for Identity : An Introduction to Canadian Studies,* David Taras, Beverley Rasporich, and Eli Mandel, Éds. Scarborough, ON : Nelson Canada, 1993.

Van Nuffelen, Dominique. « La construction du risque », dans *Scientific Bulletin, Federal Agency for Nuclear Control,* Bruxelles, 2004, pp. 1–5.

Weber, Max. *Éthique protestante et l'esprit du capitalisme,* Paris : Pocket (coll. Agora), 1985.

Worster, Donald. « Two Faces West. The Development Myth in Canada and the United States », dans *One West, Two Myths : A Comparative Reader,* Carol Higham et Robert Thacker, Éds. Calgary, AB : University of Calgary Press, 2004, pp. 23–45.

Zola, Émile. *L'Argent.* Paris : Gallimard, La Pléiade, 1964.

———. *Germinal.* Paris : Gallimard, La Pléiade, 1964.

NOTES

Introduction

1 Marc Angenot, *1889 : Un État du discours social* (Longueuil, QC : Le Préambule, coll. L'Univers des discours, 1989), p. 13.

2 Dominique Perron, « La Nationalisation symbolique d'Hydro-Québec », *GLOBE, Revue Internationale d'études québécoises*, 6, no. 2 (2003), pp. 73–97.

3 Allocution du premier ministre Jean Charest à l'occasion du bilan du gouvernement, le 20 juin 2006. Plus exactement, le premier ministre indique : « C'est la première fois dans l'histoire du Québec qu'un gouvernement affirme sa volonté d'exporter de l'énergie dans le but de créer de la richesse pour tous les Québécois. Si l'Alberta est capable d'exporter son pétrole pour s'enrichir, nous au Québec, nous sommes également capables d'accroître nos exportations. »

4 Ainsi, on peut considérer l'ouvrage de Jocelyn MacLure comme typique de ces taxinomies identitaires : *Récits identitaires : Le Québec à l'épreuve du pluralisme* (Montréal : Québec-Amérique, 2000).

5 Éric Laurent, *La Face cachée du pétrole* (Paris : Plon Pocket, 2006), p. 17.

1 | Identités et récits du pétrole

1 Cet article du *Maclean's* précisait : « According to the Alberta Energy and Utilities Board, about 178 billion barrels of bitumen are economically recoverable using existing technologies, enough to produce more than 150 billion barrels of crude. If those estimates are accurate, Canada's oil reserves rank second behind only Saudi Arabia's 260 billion barrels. » Un commentaire financier publié dans le *Calgary Herald* du 13 juillet 2005 réitérait et même renforçait le classement absolu de ce potentiel : « With the sharp rise in oil prices over the past several years, recoverable oil reserves in Alberta have shot up to 175 billion barrels, second only to Saudi Arabia [...] Should the price of oil eventually rise to a range around $80 and $100, Alberta's recoverable reserves would rise to an estimated 300 billion barrels, even more than Saudi Arabia's. »

2 Peter Foster, *The Blue-Eyed Sheiks : The Canadian Oil Establishment* (Toronto : Totem Books, 1979). Traduit en français par Jacques de Roussan, sous le titre *Les géants du pétrole : L'establishment canadien du pétrole* (Montréal : Éditions Dynastie, 1982). En raison

d'une interdiction de reproduction de la version française, nous nous en tiendrons à la version originale anglaise.

3 Allan Hustak, *Peter Lougheed* (Toronto : McClelland & Stewart, 1979).

4 Ibid., p. 162.

5 Foster, *The Blue-Eyed Sheiks*, p. 34.

6 *Our Alberta*, un magazine du *Calgary Herald* dans une série publiée pour célébrer le centenaire de l'Alberta, no. 4, 1 octobre 2005, p. 17.

7 On peut lire un point de vue canadien sur les stratégies de négociation albertaines sous la plume de John Ibbitson : « Meantime, Alberta has become a thorn in the side, not only of Ottawa, but of other provinces [...] Quebec had traditionally become an obstacle to such negotiations. But Quebec is at least clear in its demands and perfectly willing to let the rest of Canada carry on with any program it chooses not to be part of. In recent eras, however, both federal and provincial officials have complained that Alberta, not Quebec, is the chief obstacle to progress. Not only do Alberta officials object to any intrusion by the federal government in their jurisdiction (a perfectly sound objective in most instances) but they have an infuriating tendency to take affront, to change position, to obstruct for the sake of obstructing. », *Globe and Mail*, 14 juillet 2005.

8 On lira à ce sujet l'étude de Robert Melançon, « Terre de Caïn, âge d'or, prodiges du Saguenay : le Nouveau-Monde dans les Voyages de Jacques Cartier », dans *Voix et Images 5*, no. 1 (1979), pp. 51–63.

9 Voir Dominique Perron, *Le Nouveau roman de l'énergie nationale : Analyse des discours promotionnels d'Hydro-Québec de 1964 à 1997* (Calgary, AB : University of Calgary Press, 2006). Les traits caractéristiques de ce syndrome sont établis au chapitre 5.

10 Nancy Huston, *Cantiques des plaines* (Paris : Actes Sud, Leméac, 1993), p. 103.

11 Foster, *The Blue-Eyed Sheiks*, p. 246.

12 Retenons ces quelques remarques de Saïd : « Further back in the public subliminal culture consciousness, there was the longstanding attitude to Islam, the Arabs and the Orient in general that I have been calling Orientalism. » Voir *Covering Islam* (New York : Vintage, 1997), p. 36.

13 Il est à noter aussi bien qu'un bon nombre de dirigeants contemporains des grandes pétrolières continuent de spécifier régulièrement leurs origines albertaines, l'albertanité fonctionnant clairement comme argument de légitimation dont on verra plus loin les usages multiples. On peut fréquemment lire des précisions du genre : « When Gwyn Morgan (CEO of Encana) was a kid back on his family's central Alberta farm in the 1960s [...] ». Sidney Sharpe, *A Patch of Green : Canada's Oilpatch Makes Peace with the Environment* (Toronto : Key Porter, 2002), p. 24.

14 L'auteure de ces lignes, québécoise francophone, aux traits incontestablement latins, fut elle-même qualifiée un jour de « blue-eyed Arab » dans le cadre d'une négociation immobilière avec un Britanno-Colombien.

15 Foster, *The Blue-Eyed Sheiks*, p. 296.

16 « The cowboy, as we know him exists on three interrelated levels: the historical, the fictional and the mythological. In many instances, these levels are so interrelated that determining where the historical figure ends and the fictional character begins is difficult, if not impossible. » Robert M. Seiler et Tamara P. Seiler, « The Social Construction of the Canadian Cowboy : Calgary Exhibition and Stampede Posters, 1952–1972 », *Journal of Canadian Studies, 33*, no. 2 (1998), pp. 51–82.

17 Ibid., p. 51.

18 Lorry W. Felske et Beverley Rasporich, Éds., *Challenging Frontiers : The Canadian West* (Calgary. AB : University of Calgary Press, 2004), p. 5.

19 On consultera à ce sujet l'ouvrage de Doreen Barrie, *The Other Alberta : Decoding a Political Enigma* (Regina, SK : Canadian Plains Research Center, 2006).

20 Donald Worster, « Two Faces West : The Development Myth in Canada and the United States » dans *One West, Two Myths : A Comparative Reader*, Carol Higham et Robert Thacker, Éds. (Calgary, AB : University of Calgary Press, 2004), pp. 23–45.

21 Aritha van Herk, *Mavericks : An Incorrigible History of Alberta* (Toronto : Penguin, 2001), dans *Alberta Venture*, avril 2002, p. 26.

22 William Thorsell, « Alberta Can Save Us All », *Globe and Mail*, 2 septembre 2005.

23 Madelaine Drohan, « Alberta Surplus : We All Share the Pain », *Globe and Mail*, 30 août 2005.

24 Todd Hirsch, « The Great Alberta Challenge », *Globe and Mail*, 29 août 2005.

25 Roger Gibbins et Sonia Arrison, *Western Alienation : Perspectives on the West in Canada* (Peterborough, ON : Broadview Press, 1995). « As an approach to politics, populism is designed to loosen the control of political elites and to vest legislative power in the hands of "the people." It strives for the equality of individuals within the political process and proposes a series of devices to give effect to that equality. », p. 66.

26 Jason Fekete et Tony Seskus, « Hands off our cash : Klein. We will defend what is rightfully ours. », *Calgary Herald*, 26 août 2005.

27 « Hands off our oil cash : Klein », *Calgary Herald*, 5 septembre 2005.

28 Tony Seskus et Lee Greenberg, « We should not let our guard down : Former Premier warns of oil envy », *Calgary Herald*, 27 août 2005.

29 Barry Cooper, « Remain on guard for Ottawa assault », *Calgary Herald*, 31 août 2005.

30 Charles Frank, « Dion, a threat to the West », *Calgary Herald*, 4 juillet 2008.

31 Robert M. Seiler et Tamara P. Seiler, « Ceremonial Rhetoric and Civic Identity : The Case of the White Hat », *Journal of Canadian Studies / Revue d'Études Canadiennes 36*, no. 1 (2001), pp. 29–49.

32 Le politologue Barry Cooper a pu ainsi jouer sur les deux versions du cowboy, celle de l'altérité relevant d'un éthos différent et échappant aux règles établies par la métropole et celle condescendante du « vacher sauteur de clôture » devant qui il ne vaut pas la peine d'argumenter les raisons du pouvoir : « Worse, the Liberal government of the day added insult to injury by indicating clearly that cowboys and stubble-jumpers could not be trusted to act responsibly. Consequently the provincial lands, the settlements on them and the natural resources found on or under them were to be administered "for the purpose of the Dominion" also known as Ontario and Quebec », *Calgary Herald*, 31 août 2005.

33 Seiler et Seiler précisent dans l'article déjà cité (note 31), « Ceremonial Rhetoric », « The West as a site of cultural and technological innovation, the land of promise and possibility, the land of the future, and the West as a paradise fit for the "natural man," forever lost to barbed wire and machinery, the land of an idealized past. It also embodies a related opposition that is authentic/artificial. »

34 Ainsi l'un des biographes de Peter Lougheed précise comme l'un des points marquants de la récente histoire albertaine le fait qu'en 1973 le premier ministre ontarien William Davis rendit visite à Peter Lougheed à Edmonton. Et le biographe de rapporter : « So, on January 17, 1973, Premier William

Davis flew to Edmonton to consult with Lougheed on Alberta gas policy. Lougheed took direct pleasure in the Davis visit: symbolically, it was an historic occasion. The traditional pattern of Alberta Premiers going east to seek an audience in Ottawa, Toronto and Montreal, had been reversed. And, as Lougheed commented: "The East is used to us Westerners coming to them on bended knees. Now, we hold the high cards in terms of energy and we plan to use them." », Allan Hustak, *Peter Lougheed*, p. 153.

35 Maurice Lemire a par ailleurs bien illustré la persistance de la séduction exercée par les mythes américains de la Frontière sur les Canadiens et les Québécois. Voir son ouvrage *Le Mythe de l'Amérique dans l'imaginaire « canadien »* (Québec : Nota Bene, 2003).

36 *Alberta Venture*, avril 2002, p. 23.

37 Gail McGregor, « The Frontier Antithesis », dans *A Passion for Identity : An Introduction to Canadian Studies*, David Taras, Beverley Rasporich, et Eli Mandel, Éds. (Scarborough, ON : Nelson Canada, 1993), pp. 273–88.

38 Roger Gibbins et Loleen Berdahl, *Western Visions, Western Futures : Perspectives on the West in Canada* (2ième éd.) Toronto : University of Toronto Press, 2003, p. 37.

39 *Alberta Venture*, avril 2002.

40 Un numéro spécial de la revue de gauche *Alberta Views* était consacré au printemps 2004 à l'exode important de jeunes artistes albertains vers le Québec.

41 C'est là l'argument de Nancy Huston dans ses réflexions sur l'exil et l'appartenance calgarienne. Voir son essai *Nord Perdu* (Paris : Actes Sud-Leméac, 1999).

42 Foster, *The Blue-Eyed Sheiks*, p. 187.

43 À l'hiver 2008, la presse canadienne faisait grandement état de l'Ontario comme étant devenu une province ayant perdu son hégémonie économique (*have-not province*).

44 Voir à ce sujet Paul A. Chastko, *Developing Alberta's Oil Sands : From Karl Clark to Kyoto* (Calgary, AB : University of Calgary Press, 2004).

45 Seiler et Seiler, « Ceremonial Rhetoric », p. 34.

46 Aritha van Herk, « Women Writers in the Prairies : Spies in the Indifferent Landscape », dans *A Passion for Identity*, David Taras, Beverley Rasporich, et Eli Mandel, Éds. (note 37), pp. 471–79.

47 Gibbins, *Western Visions*, p. 36.

48 Voir Felske et Rasporich, *Challenging Frontiers*, p. 7.

49 Voir l'article d'Andrea Mrozek, « Learning to take it like a man » du *Western Standard*, 27 juin 2005.

50 Patrice Pavis, *Dictionnaire du théâtre* (Paris : Messidor, Editions Sociales, 1987), p. 396.

51 Roderick McGillis, *He Was Some Kind of a Man : Masculinities in the B Western* (Waterloo, ON : Wilfrid Laurier University Press, 2009), p. 94.

52 Megan Boler, « Masculinity on Trial : Undressing the Homophobia in the Bible Belt », *Men and Masculinities 7*, no. 3 (2005), pp. 261–67.

53 Foster, *The Blue-Eyed Sheiks*, p. 270.

54 Voir Nancy Quam-Wickham, « Rereading Man's Conquest of Nature : Skills, Myths and the Historical Construction of Masculinity in Western Extractive Industries », *Men and Masculinities 2*, no. 2 (1999), pp. 135–51.

55 Pierre Bourdieu, *La Domination masculine* (Paris : Seuil, coll. Liber, 1994), p. 25.

56 Ibid., p. 25.

57 Judith Butler, *Gender Trouble : Feminism and the Subversion of Identity* (New York : Routledge, 1999), p. 89.

58 *Big Oil* renvoie grosso modo aux compagnies multinationales, même d'origine canadienne, qui exploitent couramment les sables bitumineux de l'Athabasca : Syncrude, Suncor, Total, Shell, Petro-Canada, Imperial Oil, Exxon Mobil, Nexen, Devon.

2 | Trois thématiques pétrolières : hasard, envie et boom

1 Marc Angenot, *La Parole pamphlétaire* (Paris : Payot, 1982), p. 67.

2 Comme le souligne Denis Lejeune dans son ouvrage *Qu'est ce que le hasard ? Psychologie, science, arts, philosophie, société : Comment le hasard guide les hommes* (Paris : Max Milo, Essais-Document, 2007). Sur le thème du hasard, on consultera également, avec intérêt, l'ouvrage de Duncan Pritchard, *Epistemic Luck* (Oxford : Clarendon, 2005).

3 Ibid., p. 180.

4 Perron, *Le Nouveau roman de l'énergie nationale*, p. 43.

5 *Calgary Herald*, 22 novembre 2005.

6 Jeanne Lougheed, *Hopes for the Future*, dans Sydney Sharpe, *Alberta : A State of Mind* (Toronto : Key Porter, 2005), p. 261.

7 George Derksen, *Opportunity Alberta : 100 Years on the Move*, p. 10.

8 Ibid., p. 2.

9 Max Weber, *Éthique protestante et l'esprit du capitalisme* (Paris : Pocket, Collection Agora, 1985), p. 218.

10 *Alberta : A State of Mind*, p. 260.

11 Ibid., p. 15.

12 Roger Gibbins, « Resting on Laurels is Risky Business », *Calgary Herald*, 26 août 2005.

13 Frank Dabbs, « Black Gold, A Century of Exploitation », p. 10, dans le numéro special publié par le *Calgary Herald*, été 2005.

14 *Opportunity Alberta*, p. 120.

15 Michel Tremblay, *Les Belles-sœurs* (Montréal : Leméac, 1972), p. 87.

16 James K. Gray, « Learning, Earning and Returning » présenté à la Chambre de Commerce de Calgary le 9 décembre 2005, publié dans le *Calgary Herald*, 14 décembre 2005.

17 Phil Reinders, « Let's consider giving surplus », *Calgary Herald*, 20 septembre 2005.

18 Ainsi Weber : « L'homme n'est que le régisseur des biens à lui confiés par la Grâce de Dieu [...] ». Nous suggèrons ici qu'il s'agit d'un emprunt partiel à l'éthique protestante, puisqu'il faut garder en mémoire le reste de la réflexion de Weber : « L'idée que l'homme a des devoirs à l'égard des richesses qui lui ont été confiés et auxquelles il se subordonne comme un régisseur obéissant, voire comme une "machine à acquérir," pèse de tout son poids sur une vie qu'elle glace ». Ibid., p. 208. Cette pensée plus complète rendra compte d'autres discours connexes sur le pétrole albertain.

19 Deborah Yedlin, « Usual suspects not the only ones giving », *Calgary Herald*, 18 mai 2006.

20 *Alberta, A State of Mind*, pp. 120–21.

21 Claudine Potvin, « To Bet or not to Bet : Gambling Identities », dans *Relocating Identities in Latin American Cultures*, Elizabeth Montes Garcés, Éd. (Calgary, AB : University of Calgary Press, 2007), pp. 233–43.

22 Comme exemple d'une telle mise en récit, entre *tyché* et *kairos*, citons en dernier lieu un discours de Ralph Klein prononcé à Ottawa, le 21 novembre 2005 : « Alberta is truly blessed. We have an abundance of natural resources. Too often the result is that we're seen as lucky. Lucky to have the good fortune of geography and geology. Lucky to have tons of oil and gas. And lucky to be able to sit back and wait for the riches

to come rolling in. But that's not what Alberta success is about. It is about creating our own luck. », *Calgary Herald*, 22 novembre 2005.

23 Tremblay, *Les Belles-sœurs*, p. 22.

24 Bernard Forthomme, *La Jalousie* (Bruxelles : Éditions Lessus, 2005), p. 12.

25 Tremblay, *Les Belles-sœurs*, p. 107.

26 Il faut préciser que ce volume se propose plus comme un récit de l'Alberta, rédigé selon plusieurs angles différents, par différents auteurs, et ne saurait être considéré comme un ouvrage historique proprement dit. Par comparaison, le livre intitulé *Opportunity Alberta : 100 Years on the Move*, est davantage une luxueuse brochure promotionnelle véhiculant les publicités d'innombrables compagnies pétrolières et gazières. Nous considérons les deux publications comme étant au premier degré des sources non-négligeables de manifestations de discours social au sens large.

27 Ibid., p. 11.

28 Ibid., p. 15.

29 « Why is it the Alberta Advantage ? », Éditorial du *Calgary Herald*, 15 septembre 2005.

30 Tremblay, *Les Belles-sœurs*, p. 20.

31 Seskus et Greenberg, « Former Premier warns of envy », *Calgary Herald*, 27 août 2005.

32 Cooper, « Remain on guard », *Calgary Herald*, 30 août 2005.

33 Ann et Barry Ulanov, *Cinderella and Her Sisters : The Envied and the Envying* (Philadelphia : Westminster Press, 1983).

34 Fekete et Seskus, « Hands off our cash », *Calgary Herald*, 26 août 2005.

35 Michelle Lang et Graeme Morton, « Defiant Klein won't share wealth : Nation wants a piece of energy riches. », *Calgary Herald*, 17 septembre 2005.

36 Dirigé par Matt Palmer, d'après un scénario de l'écrivain albertain Fred Stenson.

37 Forthomme, *La Jalousie*, p. 219.

38 William Thorsell, « The Great Alberta Challenge », *Globe and Mail*, 29 août 2005.

39 Eric Reguly, « Getting a piece of Ralph's booty », *Globe and Mail*, 2 mars 2006.

40 Madelaine Drohan, « We all share the pain, », *Calgary Herald*, 30 août 2005.

41 Margaret Wente, « Help ! I got a bad case of Alberta envy », *Globe and Mail*, 10 mai 2005.

42 *Le Trésor de la Langue française* du Robert précise : « *skandalê* désigne le trébucher d'un piège où se trouve placé l'appât » p. 1889.

43 L'emploi du terme « squawking » (glousser, brailler, râler, gueuler) n'est choisi on s'en doute que pour renforcer l'image négative que l'on veut donner de l'envié.

44 Il convient d'énumérer quelques solutions proposées par Reguly dans son texte, et dont le caractère extrême et loufoque exprime bien leur dimension surréelle : « Wallop the industry with taxes, imitate Iraq, make Alberta feel guilty about its Kyoto freebie, make the Heritage Fund go global », *Globe and Mail*, 2 mars 2005.

45 Drohan, « We all share the pain », *Globe and Mail*, 30 août 2005.

46 Thorsell, « The Great Alberta Challenge », *Globe and Mail*, 29 août 2005.

47 Wente, « Alberta envy », *Globe and Mail*, 10 mai 2005.

48 Karen van Kampen, *National Post*, 20 mai 2006.

49 Éditorial non signé, *Calgary Herald*, 9 juillet 2004.

50 Forthomme, *La Jalousie*, p. 478.

51 Emile Zola, *L'Argent* (Paris : Gallimard, La Pléiade V, 1964), p. 171.

52 *Report on Business*, *Globe and Mail*, 23 juin 2006, p. 23.

53 Anne Kingston, « Bonanza Glam », *Maclean's*, 27 mars 2006.

54 Roger Gibbins, « Playing Santa is poor stewardship », *Calgary Herald*, 13 septembre 2005.

55 Kerry Williamson, « Growth in overdrive : Worker leaves city because he can't find a place to live », *Calgary Herald*, 11 mai 2006.

56 *Maclean's*, 27 mars 2006.

57 Zola, *L'Argent*, p. 233.

58 Kingston, « Bonanza Glam », *Maclean's*, 27 mars 2006.

59 Zola, *L'Argent*, p. 233.

60 Patrick Brethour, « Calgary gets paved with Black Gold », *Globe and Mail*, 25 octobre 2005.

61 Kingston, « Bonanza Glam », *Maclean's*, 27 mars 2006.

62 Ibid.

63 Ibid.

64 Il est à noter que le *Calgary Herald* a un tirage comparable à celui du *Soleil* de Québec.

65 On appréciera la théâtralité de gros titres tels « House prices to rise by record 25% this year, New homes to average $345,000 », *Calgary Herald*, 11 mai 2006; « New home price hitting the roof », *Calgary Herald*, 9 décembre 2005.

66 Roland Barthes, *Mythologies* (Paris : Éditions du Seuil, 1957), p. 239.

67 Voir à cet effet un article du *Calgary Herald* par Tom Olsen, « Social housing needs second look », 22 août 2006, ou encore Adrienne Beattie, « No place to call home », *Calgary Herald*, 30 juillet 2006.

68 Angenot, *1889 : Un État du discours social*, p. 1096.

69 Roy McGregor, « Oil, gas, work, arts, sports : Whatever you might want, booming Alberta got it », *Globe and Mail*, 20 mars 2006.

70 Kingston, « Bonanza Glam », *Maclean's*, 27 mars 2006.

71 L'auteure de ces lignes a reçu également ce chèque de 400 $.

72 Tony Seskus et Jason Fekete, *Calgary Herald*, 21 septembre 2005.

73 Citons à cet effet Deborah Yedlin : « The dough will essentially go down the drain, leaving behind a hint of inflation. For some, it will temporarily offset high energy costs and help maintain consumption levels, others will use the windfall to buy stuff that will one day land in the trash bin and the wealthy types won't notice the cash at all. What a waste, what a missed opportunity. And what a bad thing to do for the province and the rest of the country. » dans « Alberta cash back plan is not a legacy », *Globe and Mail*, 15 septembre 2005.

74 Gibbins, « Playing Santa is poor stewardship », *Calgary Herald*, 16 septembre 2005.

75 Barthes, *Mythologies*, p. 242.

76 L'article frénétique du *Maclean's* intitulé « Bonanza Glam » (voir note 53) n'en contient pas moins ce bémol : « That could explain why some Calgarians wish the hype would go away. Steven Izcovitch, president of Hyatt Automotive group, which runs six dealerships in the city, says that the impact of the new oil wealth has been overstated. "I go to Toronto and people think the streets here are paved with gold," he says. "There is a lot of wealth but it is with a few players—some oil executives, land guys and home builders. The average person has no more money than a few years ago." »

77 On pourrait citer en écho à cette présentation d'une démocratie factice, mais rentable, des bénéfices des ressources énergétiques, le procédé québécois inhérent à l'hydroélectricité : « Hydro-Québec, c'est à nous-autres ».

78 « Bloquer l'indicible : certains diraient que c'est ici l'essentiel de l'oppression économique : refouler

autant que possible le *noch nicht* dans l'impensable ». Angenot, *1889 : Un État du discours social*, p. 1097.

79 Au sujet de cette subvention littérale de l'industrie pétrolière par le payeur de taxe inconscient, revenons encore à Eric Reguly, qui s'avère somme toute un des critiques les plus lucides du boom pétrolier, « Boom gone Berserk », *Report on Business, Globe and Mail*, juin 2006, dont nous nous devons de citer le paragraphe final, pour mieux éclairer l'éradication essentielle des arrière-fonds fiscaux reliés a la manne pétrolière : « Then, in 1999, oil prices began the long climb toward their recent $70 (US) level. Combine high prices with the 1% royalties and faster write-off, and you can see why the Fort McMurray area has taken on the flavor of an oily Silicon Valley, circa 1999 [...] But it is not too late. Alberta and the Feds can indeed restore sanity to the royalties and tax regimes to take some of the pressure off costs and the environment. Government treasuries would benefit as well. Development might slow down, but it would never disappear in a world of $70 (US) oil. Global supplies are simply too tight. Why should taxpayers have to subsidize the world's most profitable product ? »

80 On consultera à ce sujet l'entrée « théâtralité » dans le *Dictionnaire du Théâtre de Patrice Pavis* (Paris : Messidor, Éditions Sociales, 1987), p. 395.

81 George Scotton, « We are paying for our boom : Inflation rate in Alberta leads the nation », *Calgary Herald*, 23 août 2006.

82 Annette Beattie, « No place to call home in Calgary », *Calgary Herald*, 30 juillet 2006 : « In a city of what seems endless opportunity, attracting upwards of 30,000 migrants this year alone, one has to wonder where are we all going to live ? »

83 Mario Toneguzzi, « Boom here to stay, economy to grow 6.6% », *Calgary Herald*, 1 août 2006.

84 Jason Markusof et Sean Myers, « Cities beg for help with homeless », *Calgary Herald*, 22 août 2006.

85 Kelly Cryderman, « Calgary reaches the big leagues », *Calgary Herald*, 29 juillet 2006.

86 Barthes, *Mythologies*, p. 238.

87 « Marking a major milestone », Éditorial du *Calgary Herald*, 26 juillet 2006.

88 Colin Campbell, « Canada's risky energy windfall : Could rising costs actually imperil Alberta's oilsands bonanza ? » *Maclean's*, 31 juillet 2006.

89 Zola, *L'Argent*, p. 315.

90 Valerie Fortney, « Fears exist boom may go kaboom », *Calgary Herald*, 31 mars 2006.

91 Deborah Yedlin, « How to solve the infrastructure gap : Get private sector to pony up », *Globe and Mail*, 5 septembre 2006.

92 « "The regrettable confessional" : Klein's "no plan" musing confirms Albertans' worst fears », Éditorial du *Calgary Herald*, 2 septembre 2006.

93 Toneguzzi, « The boom is here to stay », *Calgary Herald*, 1 août 2006.

94 Peter Tertzakian, *A Thousand Barrels a Second : The Coming Oil Break and the Challenges Facing an Energy Dependent World* (Toronto : McGraw-Hill, 2006), p. 5.

95 Yedlin, « How to solve the infrastructure gap », *Globe and Mail*, 5 septembre 2006.

96 Tom Flanagan, « Alberta's model economy », *Globe and Mail*, 28 septembre 2006.

97 Kingston, « Bonanza Glam », *Maclean's*, 27 mars 2006.

98 Toneguzzi, « The boom is here to stay », *Calgary Herald*, 1 août 2006.

99 Chanakya Seti, « Calgary wages rising at record pace », *Globe and Mail*, 5 septembre 2006.

100 Yedlin, « How to solve the infrastructure gap », *Globe and Mail*, 5 septembre 2006.

101 « Boom and Bust : Ex-Premier Lougheed reflects on Alberta, past and present », *Calgary Herald*, 3 septembre 2006.

102 Don Braid, « Who's afraid of the big bad boom ? » *Calgary Herald*, 3 septembre 2006.

3 | Fétiches, tabous et stratégies : lois du marché, propriété et récit du pétrole

1 John Thomas McDonough, *Charbonneau et le Chef* (Montréal : Leméac, 1974). Traduction et adaptation de Paul Hébert et Pierre Morency.

2 Jean Peyrelevade, *Le Capitalisme total* (Paris : La république des idées, Seuil, 2005), p. 81.

3 Il importe aussi de mentionner que le texte intégral de cette oraison a été publié, dans un but éminemment ironique par la revue *Alberta Views*, périodique albertain se posant comme un organe de gauche des plus critiques de l'industrie pétrolière et du gouvernement conservateur albertain. Voir « Portrait of Power », *Alberta Views*, octobre 2006.

4 Mike Byfield, « Scobey Hartley : Portrait of a Power Broker » repéré du site Web du *Daily Oil Bulletin* à <www.dobmagazine.nickels.com> le 21 août 2006.

5 Flanagan, « Alberta's model economy », *Globe and Mail*, 28 septembre 2006.

6 Peyrelevade, *Le Capitalisme total*, p. 58.

7 On lira plus particulièrement à ce sujet Jacques Mascotto, « De la souveraineté de l'État à l'*a priori* des organisations : généalogie de l'AMI ou nécrologie du capital politique » dans *Le Monde enchaîné*, Michel Freitag et Eric Pineault, Éds. (Québec : Nota Bene, coll. Essais critiques, 1999), pp. 178–230.

8 Mark Norris, ancien ministre albertain du développement économique, cité par Kelly Cryderman dans « Encana deal alarms Tories », *Calgary Herald*, 6 octobre 2006.

9 « Le lieu des semblables : ce lieu va se retrouver dans la catégorie "pratique" sous la forme de la règle de justice qui affirme qu'il faut traiter de la même façon des phénomènes semblables ». Angenot, *La Parole pamphlétaire*, p. 384.

10 John Harding et Claudia Cattaneo, « Why oilmen pine for Klein : The race to replace Alberta's outgoing premier is proving to be anything but business as usual », *National Post*, 7 octobre 2006.

11 Mark Milke, « The Yin Yang of Alberta, B.C. », *Calgary Herald*, 12 octobre 2006.

12 Bob Foulkes, « Oil lets us play with the Big Dog », *Calgary Herald*, 21 octobre 2005.

13 Geoffrey Scotton, « US trusts Canada's oil supply : Greenspan », *Calgary Herald*, 7 octobre 2006.

14 *Fuelling Fortress America : A Report on the Athabasca Tar Sands and US Demands for Canada's Energy*, produit par le Canadian Center for Alternative Policy, le Parkland Institute et le Polaris Institute, 13 mars 2006.

15 Dans un autre contexte, celui des ententes multinationales (AMI, ALENA, GATT), Michel Freitag pouvait décrire un paysage qui évoquait bien des échos en ce qui a trait à l'affaiblissement, voire l'élimination virtuelle du législateur souhaitée par l'industrie pétrolière albertaine : « Partout, la souveraineté politique des États est supprimée, et leur capacité législative et réglementaire se trouve verouillée au profit d'un nouveau système de régulation qui fonctionne d'une manière procédurale et technocratique qui ne répond plus d'aucune instance politique représentative, démocratique, à quelque niveau que ce soit. » dans « La Globalisation contre les sociétés : par

delà l'échec circonstanciel de l'AMI : la portée historique de l'autonomisation du capital financier » dans *Le monde enchaîné*, p. 296.

16 Angenot, *1889 : Un État du discours social*, p. 1096.

17 Sur la question du déficit démocratique symptomatique généralement associé à ce que d'aucuns nommeraient les « pétro-états » on lira le dernier chapitre de l'ouvrage d'Andrew Nikiforuk, *Tar Sands, Dirty Oil and the Future of a Continent* (Vancouver : Greystone, 2008), le chapitre intitulé « Twelve Steps to Energy Sanity ».

18 Peter Lougheed, « Boom and Bust », *Calgary Herald*, 3 septembre 2006.

19 J'en veux, pour exemple d'endossement non-critique d'un tel chantage, l'extrait suivant tiré d'un éditorial du *Calgary Herald*, 13 octobre 2006 : « Changes must be made cautiously, without dealing such a blow to the energy industry that investment comes to a halt. », Annette Hester, « You can't wait for an election ».

20 Ralph Klein, « What a story Alberta has to tell ! », dans *Alberta, A State of Mind*, p. 13.

21 Harding et Cattaneo, « Why oilmen pine for Klein ».

22 Ibid.

23 Ibid.

24 Marc Angenot, *Rhétorique de l'anti-socialisme, 1830–1917* (Québec : Les Presses de l'Université Laval, 2004).

25 Dominique Perron, « *On est Hydro-Québécois* : Consommateur, producteur ou citoyen ? Analyse de la nationalisation symbolique d'Hydro-Québec », *GLOBE : Revue Internationale d'études québécoises* 6, no. 2 (2003) : pp. 71–97.

26 « Les pays de taille simplement normale ne peuvent plus lutter contre les allers et retours des vagues gigantesques qui les emportent : leurs réserves en devises ne sont pas suffisantes pour leur permettre une quelconque indépendance dans leur politique de change. Les sorties des capitaux les mettent à genoux [...] Seuls les États-Unis peuvent encore se comporter comme un État classique, c'est-à-dire souverain chez soi. » Peyrelevade, *Le Capitalisme total*, p. 59.

27 Angenot, *Rhétorique de l'anti-socialisme*, p. 72.

28 Ce dont il est rendu compte par Angenot sous la rubrique « Des Fous », *Rhétorique de l'anti-socialisme*, p. 80.

29 Harding et Cattaneo, « Why oilmen pine for Klein ».

30 Angenot, *Rhétorique de l'anti-socialisme*, p. 69.

31 « In 1949, George McGhee of the US State Department reviewed the financial reports of the Anglo-Iranian Oil Company and noted that it sold its oil between 10 and 30 times the production cost, concluding that the company was "exceptionally profitable." McGhee sought to prevent a looming disaster by warning the British that this company had become "genuinely hated in Iran" and suggested it was time to begin sharing the oil wealth in a more equitable profit sharing arrangement. In a striking example of arrogance, the British told McGhee they would train more Iranians for supervisory positions, but they refused to offer any financial disclosures to the Iranian government, nor would they offer to split the oil profits. The British remarkably claimed: "One more penny and the company goes broke." » William R. Clark, *Petro-Dollar Warfare : Oil, Iraq and the Future of the Dollar* (Gabriola Island, B.C. : New Society, 2005), p. 124.

32 Angenot, *Rhétorique de l'anti-socialisme*, p. 196.

33 André Lebeau, *L'Engrenage de la technique : Essai sur la menace planétaire* (Paris : Bibliothèque des sciences humaines, NRF, Gallimard, 2005), p. 260.

34 Harding et Cattaneo, « Why oilmen pine for Klein ».

35 Philippe Breton, *La Parole manipulée* (Montréal : Boréal, 1997), p. 195.

36 Harding et Cattaneo, « Why oilmen pine for Klein ».

37 Breton, *La Parole manipulée*, p. 114. Nous reviendrons plus longuement sur ce concept.

38 Plus largement, nous avons précisé ailleurs cette fonction comme suit : « La force de la fonction identitaire [dans la propagande] étant telle dans le discours promotionnel qu'il devient périlleux du point de vue d'une adhésion cohérente à certains préceptes idéologiques, tels le nationalisme ou un certain sens du "bien public" de contester le "Nous" de l'entreprise en ce qu'il est présenté comme le "Soi" du consommateur. Cette difficulté psychologique posée d'emblée à toute velléité de contestation des politiques de l'entreprise [...] permet à cette même entreprise d'occulter ses erreurs, de passer outre à certaines pratiques douteuses, d'ignorer des accusations de méfaits administratifs. » *Le Nouveau roman de l'énergie nationale*, p. 262.

39 Harding et Cattaneo, « Why oilmen pine for Klein ».

40 C'est la traduction proposée par Angenot.

41 Albert O. Hirschman, *The Rhetoric of Reaction* (Cambridge, MA : Harvard University Press, 1991), p. 78.

4 | Nationalisation et privatisation : duperies, démonisations et rhétoriques

1 Nancy Ginzer, « We deserve more of the pie », *Calgary Herald*, 12 juin 2007.

2 Il faut lire à cet effet l'ouvrage de Peter Foster, *Self-Serve : How Petro-Canada Pumped Canadians Dry* (Toronto : MacFarlane, Walter and Ross, 1992).

3 Perron, *Le Nouveau roman de l'énergie nationale*.

4 Ainsi, la feuille d'érable du logo de Pétro-Canada, pourtant maintenant privatisée, relève de ce processus symbolique.

5 Perron, *Le Nouveau roman de l'énergie nationale*, chapitre 6.

6 Il faut souligner la coïncidence qui fait que les expressions « blue-eyed sheiks » et « Hydroquébécois » naissent à peu près a la même période, soit 1970 et 1973.

7 François Houtart et Geneviève Lemercinier, *L'Énergie et la Culture* (Paris : L'Harmattan, 1990), p. 224.

8 Peter Lougheed, « It is time to save again », *Calgary Herald*, 15 février 2006.

9 Les Brost, « Is our loyalty being abused ? », *Calgary Herald*, 30 avril 2007.

10 Marc Angenot, *La Propagande socialiste* (Montréal : L'Univers des Discours, 1996), p. 75.

11 Perron, *Le Nouveau roman de l'énergie nationale*, chapitre 6.

12 Depuis 2002, l'Alberta aurait accueilli 470,116 arrivants venus d'autres provinces canadiennes et parmi eux 90,000 immigrants d'autres pays (*Alberta Views 10*, no. 2, mars 2007).

13 Nous empruntons cette distinction au journaliste albertain Andrew Nikiforuk.

14 Jocelyn Létourneau, dans un petit ouvrage sur l'histoire québécoise, a du se livrer à la même distinction pour rendre compte de l'état contemporain de la société québécoise en parlant de sa dualisation entre un « premier monde » de scolarisés privilégiés pouvant circuler dans l'économie globale et une deuxième monde où « se retrouvent tous ces gens qui ne disposent d'aucune compétence particulière ou qui n'ont qu'une force de travail à offrir », *Le Québec, les Québécois : Un parcours historique* (Montréal : Musée de la Civilisation, Fides, 2004), p. 105.

15 Barrie, *The Other Alberta*, p. 130.

16 Il est symptomatique de lire à cet égard l'éditorial de Linda Goyette, « Please don't go : Letter to departing Albertans », dans le magazine *Alberta Views* de mars 2007, dans lequel était abordée la question de ces récents arrivés qui n'ont pu réaliser leurs rêves d'abondance matérielle dans une Alberta sévèrement touchée par les revers sociaux et économiques associés au boom. Ce départ des « boomers » déçus, ou tout simplement qui estiment avoir amassé un magot suffisant, avait pour effet de priver la province de travailleurs en situation de pénurie de main d'œuvre. p. 17.

17 Peter Tertzakian, cité par Deborah Yedlin, dans « If you weren't convinced before », *Calgary Herald*, 24 mai 2007.

18 Peter Tertzakian, cité par Shaun Polczer, dans « Hiking royalties offers "zero" return », *Calgary Herald*, 24 mai 2007.

19 Houtart, *L'Énergie et la Culture*, p. 60.

20 Peter Lougheed, « Boom and Bust », *Calgary Herald*, 3 septembre 2006.

21 Houtart, *L'Énergie et la Culture*, p. 6.

22 Perron, *Le Nouveau roman de l'énergie nationale*, p. 273.

23 George Colpitts, « Wildlife promotion, Western Canadian Boosterism and the Conservation Movement, 1890–1914 », *American Review of Canadian Studies* (spring and summer, 1998), pp. 103–30.

24 Insistons encore en passant sur le fait que ce discours patrimonial est justement l'apanage du groupe le plus senior de la démographie albertaine, celui qui précisément se réclame de la société historique et de ses mythes explicatifs.

25 Perron, *Le Nouveau roman de l'énergie nationale*, chapitre 6.

26 Par exemple, la question de la datation du processus de nationalisation symbolique d'Hydro-Québec, en débit du caractère évident de ce processus, a paru être difficile à arrêter avec précision, tant des époques différentes dans l'évolution de l'entreprise se prêtaient à une date commémorant la nationalisation symbolique.

27 Shaun Polczer, « Image woes dog oil sector », *Calgary Herald*, 30 mai 2007.

28 Pierre Alvarez, « Oil, gas industry is taking steps to address issues », *Calgary Herald*, 6 juin 2007.

29 Angenot, *La Propagande socialiste*, p. 42.

30 Le rapport s'intitule « Le taxage continuel de la dictature pétrolière mondiale : analyse socio-économique des cinq plus grandes pétrolières mondiales », Chaire d'études socio-économique de l'UQAM, avril 2007. Nous remercions le professeur Lauzon de nous avoir permis de citer, au besoin, le document.

31 Citons ici *La Parole pamphlétaire* sur les particularités de la littérature d'idées : « Dans le discours enthymématique (comportant des jugements), l'essentiel est ce qui n'est pas dit : les propositions régulatrices sous-jacentes aux énoncés [...] Ces propositions effleurent rarement dans le discours : elles relèvent d'une évidence idéologique qui n'est pas perturbée par les débats qu'elle engendre et qui ne semble pas vulnérables aux réfutations qui sont opposées aux propositions dérivées. », p. 174. À cet effet, le titre même du rapport qualifiant les pétrolières de « dictature » pose d'emblée le problème des présupposés de la démonstration de Lauzon, en ce qu'elle se désigne comme orientée dès l'abord par une maxime idéologique sous-jacente, aussi séduisante ou scandaleuse soit-elle, cette assertion qui n'en reste pas néanmoins que dans l'ordre du probable et de l'opinable.

32 Charles Frank, « View of oilpatch may be changing », *Calgary Herald*, 14 avril 2007.

33 Shaun Polczer, « Call to nationalize oilpatch garners heavy criticism : Quebec prof admirer of Castro, Chavez », *Calgary Herald*, 12 avril 2007.

34 Angenot, *Rhétorique de l'anti-socialisme*, p. 68.

35 Les titres des éditoriaux du *Calgary Herald* fourmillent d'allusions à Chavez par l'ironie ou tout simplement pour disqualifier toute prise de position présentée comme penchant vers la gauche.

36 Barthes, *Mythologies*, p. 230.

37 Quelques mots ici de Marc Angenot sur le « pouvoir du bon sens » : « Un autre mythe culturel est activé, enfin, par la pratique pamphlétaire : celui de l'humanisme cognitif, de l'inutilité du savoir spécialisé, sinon de son caractère nuisible. » *La Parole pamphlétaire*, p. 344.

38 Angenot, *Rhétorique de l'anti-socialisme*, p. 61.

39 Angenot, *La Parole pamphlétaire*, p. 216.

40 Polczer, « Call to nationalize oilpatch », *Calgary Herald*, 12 avril 2007.

41 On lira plus avant sur ce type particulier de sophisme au chapitre 2 de l'ouvrage de Marc Angenot, *Dialogue de sourds : Traité de rhétorique antilogique* (Paris : Mille et Une Nuits, 2008), plus particulièrement les pages 200–202.

42 Pierre Bourdieu, *Les Règles de l'art* (Paris : Seuil, 1992). On lira au sujet de la définition de l'intellectuel le post-scriptum de l'ouvrage intitulé « Pour un corporatisme de l'universel ».

43 Houtart, *L'Énergie et la Culture*, p. 199.

44 Ruth Amossy, *L'Argumentation dans le discours* (Paris : Armand Colin, 2006), p. 99.

45 Angenot, *Rhétorique de l'anti-socialisme*, p. 91.

46 Polczer, « Call to nationalize oilpatch », *Calgary Herald*, 12 avril 2007.

47 Curieusement, à la même époque (octobre 2007), on voyait à l'œuvre dans les médias canadiens l'argument contraire de la valeur totale d'Hydro-Québec, 130 milliards de dollars, comme étant en faveur de sa privatisation. Comme quoi, il y a des nationalisations qui fonctionnent, et qui potentiellement rapportent gros, mais on comprendra que dans le débat, cette argumentation par la réussite ne saurait être évoquée, alors qu'elle reste présente dans les esprits comme un impensé encombrant.

48 Angenot, *La Parole pamphlétaire*, p. 219.

49 Ricardo Acuna, « Read between Encana lines », *Calgary Herald*, 8 octobre 2007.

50 Angenot, *Rhétorique de l'anti-socialisme*, p. 72.

5 | « Avant une semaine ... » ou la Commission de revue des redevances

1 Emile Zola, *Germinal* (Paris : Collection La Pléiade, Gallimard, 1964), p. 1325.

2 Jean Racine, *Britannicus* (Paris : Collection La Pléiade, Gallimard, 1950), p. 393.

3 Nous tenons à préciser que la mise en place d'un tel débat n'avait pas été prévue lors de la conception initiale de cet ouvrage en 2004.

4 Isidore Casemotte, extrait de lettre à l'éditeur sans titre publié dans le *National Post* du 8 octobre 2007.

5 Angenot, *Rhétorique de l'anti-socialisme*, pp. 130–40.

6 Lorne R. Burh, lettre non titrée, *National Post*, 6 octobre 2007.

7 Angenot, *Rhétorique de l'anti-socialisme*, p. 8.

8 Peter Foster, « Stelmach Royalties Steamroller », dans *National Post*, 12 octobre 2007.

9 Dennis McInnis, « Royalty hike will kill pipeline », *National Post*, 12 octobre 2007.

10 William Lacey, « Alberta Fair Share could do more harm than good », *Globe and Mail*, 23 octobre 2007.

11 Geoffrey Scotton, « It's the economy, Mr. Premier », *Calgary Herald*, 14 octobre 2007.

12 Il faut cependant attribuer ce gros titre non pas au *Globe and Mail* lui-même mais en fait à une citation d'un des représentants de l'industrie.

13 Pierre Alvarez, cité dans « Shock and Awe », Paul Stastny, *Oilweek*, décembre 2007, pp. 29–35.

14 Deborah Yedlin, « It is hard to conclude Stelmach got it right », *Calgary Herald*, 26 octobre 2007.

15 L'auteur de cette remarque est un analyste économique de Wall Street, Fadel Gheit, cité dans « Wall Street to Alberta : Don't be stupid », *Globe and Mail*, 5 octobre 2007.

16 Angenot, *La Propagande socialiste*, p. 42.

17 Rick Bell, « Royalty declaration plays out : Steady Eddie in fine form delivering "fair share" as the David to oil giants' Goliath », *Calgary Sun*, 23 octobre 2007.

18 Angenot, *La Parole pamphlétaire*, p. 231.

19 Une des images les plus cocasses que l'auteure garde d'une de ses visites à Grande Prairie est celle de ces vieilles dames se rendant à l'église en camion pick-up Toyota Toundra.

20 Un récent article dans un organe de la « gauche » culturelle albertaine, au demeurant fort critique d'Encana, établissait ce profil de la compagnie et de son CEO précédent, Gwyn Morgan : « Encana is a symbol of the West. Independent and proud, the company has defied government control and exploded the idea that only an American or European energy company can rate on an international scale. » Et au sujet de Morgan : « The youngest of four children, his tough upbringing left him with the belief that you could achieve anything you wanted if you worked for it. Those who didn't succeed weren't trying hard enough. », Adrian Morrow, « Citizen Encana : The double life of Calgary's greatest corporation », dans *Fast Forward*, 10–16 juillet 2008. On reconnaîtra une des manifestations de l'éthique frontalière liant travail assidu, individualisme et effort « toujours » récompensé.

21 Nous citerons ici, à l'appui de notre analyse, cet extrait d'une autre lettre éditoriale cette fois tirée du magazine albertain *Oilweek* où un directeur de petite compagnie de fournisseur de matériel d'exploitation faisait ce commentaire : « The point of this lofty rant is that Alberta is the product of free market capitalism, of the entrepreneurs big and small alike, of the men and women who took a chance and pursued their successes. The thing that is important to remember is that a great deal of Alberta's success stories would not have been possible anywhere else. [...] Sadly, the proposed royalties revisions threaten to take away these uniquely Albertan success stories, what I like to think of as the last glimmer of the "Wild West" and something that I feel has directly contributed to the greatness of Alberta throughout the years. » Derrick Jacobson, « An Open Letter : "One man's call to arms over the recommendations of Alberta's Royalties Review Panel" », *Oilweek*, décembre 2007, p. 9.

22 Je remercie Sandra Christensen de m'avoir communiqué sous forme de boutade cette pertinente réflexion.

23 Lucien Sfez, *La Symbolique politique* (Paris : Collection Que sais-je, PUF, 1996).

24 Dennis McInnis, Président, Canadian Energy Pipeline Association, « Royalty hike will kill pipeline », *National Post*, 12 octobre 2007.

25 Yedlin, « It is hard to conclude Stelmach got it right », *Calgary Herald*, 26 octobre 2007.

26 Marlo Raynolds, « How it might be 23 years later », *Calgary Herald*, 23 octobre 2007.

27 Jacobson, « An Open Letter », *Oilweek*, décembre 2007, p. 9.

28 Deborah Yedlin, « Review Stuns Oilpatch », *Calgary Herald*, 19 octobre 2007.

29 David Ebner et Norval Scott, « The timing could not be worse », *Report on Business*, *Globe and Mail*, 26 octobre 2007.

30 Ibid.

31 Ibid.

32 Ibid.

33 Breton, *La Parole manipulée*, p. 107.

34 Ibid., p. 114.

35 Charles Frank, « Alarm bells ring in oilsands country », *Calgary Herald*, 17 novembre 2007.

36 Deborah Yedlin, « Big Oil budget cold is baby oil's pneumonia », *Calgary Herald*, 13 décembre 2007.

37 Shaun Polczer, « Encana axes spending amid Alberta's erosion », *Calgary Herald*, 13 décembre 2007.

38 Dina O'Meara, « Alberta falls behind British Columbia in oil, gas land sales », *Calgary Herald*, 14 décembre 2007.

39 Lisa Schmidt, « Nexen blames royalties as it slashes spending », *Calgary Herald*, 6 décembre 2007.

40 Breton, *La Parole manipulée*, p. 108.

41 Ibid., p. 126.

42 Tony Seskus, « Premier willing to tweak royalty scheme », *Calgary Herald*, 28 novembre 2007.

43 Deborah Yedlin, « Bakken steals Alberta's thunder », *Calgary Herald*, 16 janvier 2008. Bakken était un champ pétrolier conventionnel nouvellement découvert en Saskatchewan, estimé être la plus grande découverte pétrolière de l'Ouest du Canada depuis un demi-siècle.

44 Charles Frank, « Head East, young driller : Saskatchewan shines as a land of opportunity », *Calgary Herald*, 15 décembre 2008.

45 Gordon Pitts, « Alberta's tough-love philanthropist : Animosity toward oil and gas sector has Nexen CEO wondering whether his company's community building efforts are appreciated », *Globe and Mail*, 17 décembre 2008.

46 Nous tenons ici à remercier l'économiste Ken Mackenzie, membre de la Commission, pour ses commentaires éclairants qui nous ont grandement aidés à formuler cette dernière partie.

47 Frank, « Head East, young driller », *Calgary Herald*, 15 décembre 2007.

48 Les privatisations de Pétro-Canada, en 1989, et de Alberta Energy Company, en 1993, ont mis fin à toute velléité de s'orienter en ce sens.

49 Cité par David Finch dans « How oil thinks » dans *Swerve Magazine*, *Calgary Herald*, 11 janvier 2008.

50 « Alberta losing billions on energy royalties », 2 octobre 2007. Repéré de <http.www.cbc.news.yourviews.edmonton>.

51 Entrevue avec l'économiste Ken Mackenzie, University of Calgary, 31 janvier 2008.

52 Au moment où furent écrites ces lignes (juillet 2008), les pétrolières actives en Alberta déclaraient des revenus record. D'autres annonçaient des investissements importants dans les sables bitumineux dans un contexte qui vit monter le prix du baril à 148 $, avant l'effondrement des cours à l'automne de la même année. Le secteur de l'industrie qui souffrit réellement de l'application du nouveau régime reste le secteur gazier, mais cela avait été prévu par la Commission, qui estimait qu'il était de toute façon non-économique, en une période de bas prix du gaz, de continuer son exploitation en puits profonds,

exploitation trop coûteuse, et qui du point de vue de la Commission devait être découragée.

53 Cité par Finch dans « How oil thinks », *Swerve*, 11 janvier 2008.

54 Cité par Gordon Pitts dans « Alberta's tough-love philanthropist », *Globe and Mail*, 17 décembre 2007.

55 Marc Angenot, *D'Où venons-nous ? Où allons-nous ? La décomposition de l'idée de progrès* (Montréal : Trait d'Union, Spirale, 2001), p. 217.

56 Un interessant article paru dans le *Maclean's* du 28 juillet 2008, présentait une synthèse des dernières agitations subies par l'industrie pétrolière albertaine, tout en faisant état d'une anxiété générale sous-jacente. De même y était exprimée une fois de plus la blessure affective consécutive à la rupture identitaire entre la population et l'industrie : « Wilson [un calgarien millionnaire du pétrole] remains upset at two government decisions. Stephen Harper's federal Conservatives abandoned a campaign promise to "preserve income trusts by not imposing any new taxes on them." When Harper reversed course on trusts in 2006, $25 billion in market value was destroyed and Wilson lost "tens of millions of dollars." A year later Alberta Premier Ed Stlemach jacked up the royalty fees for developing oil and gas. "A populist move and a bad mistake," Wilson said. Mind you, then commodity prices went up for a balloon ride that shows no sign of ending. Wilson and other Calgary millionnaires made back the money they lost and then some. *But they are still hurt that ordinary Albertans didn't come to the defense of the province's golden geese when government fiat threatened them.* » (nous soulignons). Paul Wells, « Why Calgary is nervous. It is so rich and so fun, surely someone is going to spoil the party. »

6 | Confessions environnementales : discours et aveux

1 John Milton, *Le Paradis perdu*, suivi de *Essai sur la Littérature Anglaise* par Chateaubriand (Paris : Garnier Frères, 1876), p. 6.

2 Ezra Levant, *Fight Kyoto : The Plan to Protect Our Economic Future* (Calgary, AB : JMCK Publishing, 2002), p. 209.

3 Andrew Nikiforuk, *Tar Sands : Dirty Oil and the Future of a Continent* (Vancouver, BC : Greystone, 2008) et William Marsden, *Stupid to the Last Drop : How Alberta is Bringing Environmental Armageddon to Canada (And Doesn't Seem to Care)* (Toronto : Alfred A. Knopf, 2007).

4 Eric Reguly, « Superpower ? Oil could make Harper a superhero » dans « Shifting Sands : How Alberta's boom has changed Canada forever », *Globe and Mail*, 2 février 2008.

5 Erin Andersen, Shawn MacCarthy et Eric Reguly, « An empire from a tub of goo » dans « Shifting Sands : How Alberta's boom has changed Canada forever », *Globe and Mail*, 26 janvier 2008.

6 La suite des évènements montra qu'ils étaient en fait au nombre de 1600, la majorité des corps des oiseaux ayant immédiatement sombré au fond des étangs pour ne réapparaître que graduellement au gré de leur décomposition dans les mois qui suivirent.

7 « Premier wants oilsands answers », *Calgary Herald*, 5 mai 2008.

8 Jason Fekete, « Duck deaths will hurt Alberta : Harper "It's a terrible tragedy" », *Calgary Herald*, 2 mai 2008.

9 Kelly Cryderman, Karen Kleiss, and Ben Gelinas, « Apology doesn't let Syncrude off the hook, Stelmach says », *Calgary Herald*, 5 mai 2008.

10 Ibid.

11 Cité par John Harding dans « Ducks : Timing couldn't be worse », *Calgary Herald*, 2 mai 2008.

12 Cité par Dawn Walton dans « Ducks die a crude death », *Globe and Mail*, 1 mai 2008.

13 Don Braid, « Syncrude ducks critics at its peril », *Calgary Herald*, 2 mai 2008.

14 « Les menaces qui s'amoncellent comme des nuages noirs à l'horizon de plus en plus rapprochés d'un avenir inquiétant ne sont ni des fatalités ni des risques. À les traiter comme des risques, les distinctions classiques se brouillent. Risques endogènes ou exogènes ? Endogènes, sans aucun doute, puisque ce sont bien les actions des hommes qui en sont la source, mais simultanément exogènes, car la menace se présente comme venant d'ailleurs. Le paragon du risque exogène était naguère le risque météorologique. Nous savons désormais que ce dernier est endogène. » Jean-Pierre Dupuy, *Pour un catastrophisme éclairé : Quand l'impossible est certain* (Paris : Seuil, 2002), p. 62.

15 *Canadian Geographic*, juin 2008, « Scar Sands », by Curtis Gillespie, pp. 65–78.

16 Voir « No brakes on oilsands », Renata d'Aliesio, *Calgary Herald*, 26 février 2008.

17 Dupuy, *Pour un catastrophisme éclairé*, p. 63.

18 Ibid., p. 216.

19 Ibid., p. 62.

20 On lira à ce sujet l'éditorial de Graham Thompson, « Duck disaster sinks government credibility », *Calgary Herald*, 3 mai 2008.

21 Archie Mclean, « Ducks' deaths tragic, Harper says », *Calgary Herald*, 2 mai 2008.

22 Don Martin, « Uproar over duck tragedy is getting silly », *Calgary Herald*, 6 mai 2008.

23 Breton, *La Parole manipulée*, p. 107.

24 John Harding, « Imperial calls oilsands critical », *Calgary Herald*, 2 mai 2008.

25 Nous signalons ici une lecture qui aiderait grandement à dissiper cette mystique de la prospérité des peuples par le pétrole. L'auteure est l'économiste américaine Terry Lynn Karl, *The Paradox of Plenty, Oil Boom and Petro-States* (Berkeley, CA : University of California Press, 1997).

26 On lira plus avant sur les résultats problématiques reliés à la décontextualisation dans l'ouvrage pertinent de Fabrice Flipo, *Justice, nature et liberté : Les enjeux de la crise écologique* (Lyon, France : Parangon-Vs, 2007), plus particulièrement la partie intitulée « Le poids du contexte », pp. 262–68.

27 Dans le but de « recontextualiser » les assertions de Bruce March, on pourra toujours lui suggérer de lire avec intérêt ces quelques ouvrages déjà cités essayant d'examiner quelques aléas propres à la conjoncture pétrolière. Si certains relèvent du journalisme d'investigation, ils n'en sont pas pour autant dénués d'intérêt : Ian Cummings et John Beasant, *Shell Shock : The Secret and Spin of an Oil Giant* (Edinburgh : Mainstream, 2005); Myrna I. Santiago, *The Ecology of Oil, Environment, Labor and the Mexican Revolution, 1900-1938* (New York : Cambridge University Press, 2006); Linda McQuaig, *La Ruée vers l'or noir*, traduction par Jean-Louis Morgan (Montréal : Stanké, 2005); Naomi Klein, *The Shock Doctrine* (Toronto : Alfred A. Knopf, 2007).

28 Breton, *La Parole manipulée*, p. 108.

29 Sur ce point nous conseillons la lecture d'ouvrages tels que *Community Rights and Corporate Responsibility : Canadian Mining and Oil Companies in Latin America*, North, Clark et Patroni (Toronto : Between the Lines, 2006). On peut aussi trouver des renseignements intéressants dans le rapport du Réseau Canadien sur la

reddition des comptes des entreprises, intitulé « Affaires Douteuses, Pratiques Douteuses : Le soutien du gouvernement fédéral aux entreprises minières, pétrolières et gazières canadiennes à l'étranger » (mai 2007) repéré du site Web <www.halifaxinitiatives.org. pratiquesdouteuses.pdf>. Pour une perspective d'ensemble, on peut aussi consulter l'ouvrage classique de François Verschave, *Noir Silence : Qui arrêtera la Françafrique* (Paris : Les arènes, 2000).

30 Le 3 mai 2008, le *Calgary Herald* publiait un éditorial de Graham Thomson intitulé « Ducks disaster sinks Alberta government credibility ». Nous citons un extrait commentant les cafouillages du ministre de l'Environnement, Rob Renner, « Since then, the government has been backpedalling, doing damage control over damage control. Renner, for example, has suddenly decided it doesn't matter whether Syncrude reported the incident. "The issue of reporting quite frankly is irrelevant," Renner told incredulous reporters, who pointed out the government had initially made a big deal of the fact that first notice of the death of the birds had come from an anonymous tip. "My concern at this point is not so much who said what, when, but why did the deterrents that should have been operational fail to employ." »

31 Sur ce sujet des risques de déversement des étangs toxiques, on lira avec intérêt le chapitre 9 « Alien Invasion » de l'ouvrage d'investigation journalistique de William Marsden, *Stupid to the Last Drop : How Alberta is Bringing Environmental Armageddon to Canada (And Doesn't Seem to Care).* Plus de details sont donnés dans un reportage de fond publié dans la revue environnementale *Canadian Geographic* : « In addition to their concerns about the volume of water extracted from the river, many critics of the oilsands industry are worried about the toxic seepage into the Athabasca River and its impact on downstream communities. The tailing ponds, some of which are within mere meters of the river, are not plastic-lined and industry does not dispute that seepage occurs. But Gray [représentant environnemental de l'industrie, dont le poste est en partie financé par Imperial Oil] says there isn't really anything present in the tailing ponds that isn't biodegradable. "Toxins are there for sure. But the water would detoxify over time, if left alone. *Now I'm not saying that a significant leakage from the tailing ponds wouldn't be catastrophic.* I'm just saying that if you are talking about leakage through the groundwater at a certain rate, it's not a problem. *If Suncor dykes burst and pour sludge into the river, it would have a major impact. It might not kill Lake Athabasca 250 kilometres downstream, but it would kill the river ecosystem.* But, it is not toxins that worry me—it's the clay. » (nous soulignons), « *Scar Sands* », Curtis Gillespie, *Canadian Geographic*, juin 2008.

32 « The duck's legacy », Éditorial non signé, *Globe and Mail*, 6 mai 2008.

33 Mike de Souza, « Wastewater blamed for cancer spread, for many, water had become a source of fear », *Calgary Herald*, 23 mai 2008.

34 « Health Canada muzzles oil sands whistleblower. AB physician sounded cancer alarm, slapped with College complaints », *National Review of Medicine 4*, no. 6, 30 mars 2007.

35 Une photo éloquente à cet effet parut dans le *Calgary Herald* du 7 mai 2008. On y voyait, comme preuve des mesures prises, un fort solitaire épouvantail orange se dressant au milieu d'un de ces étangs, dont la vaste superficie rendait la silhouette humaine minuscule par rapport au paysage photographié. Tout dans cette photo dénonçait en fait l'insuffisance de la précaution.

36 Darcy Henton, « Stelmach denies government ignoring oilsands health woes », *Calgary Herald*, 16 février 2008.

37 John S. Dryzek, *The Politics of the Earth : Environmental Discourses* (Oxford : Oxford University Press, 2005), p. 88.

38 Deborah Yedlin, « Ducks create flaps for Syncrude royalty rounds », *Calgary Herald*, 7 mai 2008.

7 | Discours de crise : mantras, prédictions et prophéties

1 Charles Frank, « We are in free fall now », *Calgary Herald*, 21 novembre 2008.

2 On consultera à cet effet, Gilles Dostaler et Bernard Maris, *Capitalisme et pulsion de mort* (Paris : Albin Michel, 2009), et André Gorz, *Ecologica* (Paris : Galilée, 2008).

3 Patrick Charaudeau, *Le Discours politique : Les Masques du pouvoir* (Paris : Vuibert, 2005), p. 154.

4 Dostaler et Maris, *Capitalisme et pulsion de mort*, p. 88.

5 « Irrational Pessimism », Éditorial non signé du *Calgary Herald*, 14 septembre 2008.

6 Todd Hirsch, « Snap out of it, Alberta », *Globe and Mail*, 5 novembre 2008.

7 Charles Frank, « Future value of oilsands secure », *Calgary Herald*, 15 novembre 2008.

8 Deborah Yedlin, « Crude's fall at odds with future crunch », *Calgary Herald*, 13 novembre 2008.

9 Pour une illustration un peu conséquente des effets multiples et systématiques d'un tel déséquilibre des prix, on lira l'exposé dystopique de James H. Kunstler, *The Long Emergency : Surviving the End of Oil, Climate Change and Other Converging Catastrophes of the Twenty-First Century* (New York : Grove Press, 2006).

10 Deborah Yedlin, « We've been through worse : Energy sector no stranger to adversity », *Calgary Herald*, 30 septembre 2008.

11 Wilf Gobert, cité précedemment dans le même article, analyste chez une firme calgarienne.

12 Yedlin, « We've been through worse », *Calgary Herald*, 30 septembre 2008.

13 Charles Frank, « Is this as good as it gets ? », *Calgary Herald*, 19 novembre 2008.

14 Nous reprenons ici les termes du rapport prospectiviste français de 1971, publié par la Datar. Voir à ce sujet l'article de Michel Armatte, « Les Économistes face au long terme : l'ascension de la notion de scenario," dans *Les Modèles du futur : Changements climatiques et scénarios économiques* : enjeux *scientifiques et politiques*, sous la direction de Amy Dahan Dalmedico (Paris : La Découverte, 2007), pp. 63–90.

15 Frank, « Free fall », *Calgary Herald*, 21 novembre 2008.

16 On lira particulièrement à ce sujet, dans le *Dialogue de Sourds* de Marc Angenot, la partie portant sur le « raisonnement probabiliste, prévisionnel et conjectural », pp. 223–27.

17 Angenot, *1889 : Un État du discours social*, p. 25.

18 On consultera également à ce sujet l'ouvrage marquant de Vaclav Smil, *Global Catastrophes and Trends* (Cambridge, MA : MIT Press, 2008).

19 Angenot, *1889 : Un État du discours social*, p. 30.

20 Bernard Maris, « Légitimation, autolégitimation, discours expert et discours savant », dans *La Légitimation du discours économique, Sciences de la Société*, no. 55 (février 2002), pp. 109–21.

21 Ibid., p. 18.

22 Cette remarque entre parenthèses est de nous.

23 Maris, « Légitimation, autolégitimation, discours expert et discours savant », p. 119.

24 Lesquelles ont été par ailleurs de plus en plus facilitées et encouragées par la création pullulante en Amérique du Nord d'Instituts de « Sustainability and Energy », accessoire devenu quasi-obligatoire pour toute institution universitaire qui veut prétendre à quelque chose, ne serait-ce qu'à l'obtention de fonds de recherche de la part des gouvernements qui y trouvent là un impeccable alibi à l'écoblanchiment de leurs politiques (ou l'absence de) environnementales et énergétiques.

25 Nous en donnerons un exemple dans la publication récente de l'ouvrage de vulgarisation scientifique *Carbon Shift, How the Twin Crises of Depletion and Climate Change Will Define the Future*, édité par Thomas Homer-Dixon, auteur de *The Ingenuity Gap* (Toronto : Random House, 2009). Est réuni ici un recueil de textes dont les auteurs couvrent le spectre allant de l'expertise au savant : les chercheurs Mark Jaccard et David Keith côtoient les journalistes William Marsden, pamphlétaire de l'énergie, à ses heures, et Jeffrey Simpson, faisant feu de tout bois au sujet des taxes sur le carbone comme cheval de bataille. Se joint à cette équipe l'inévitable Jeff Rubin, chef économiste de CIBC, et donc correspondant très spécifiquement à la définition de l'expert-économiste proposée par Maris. Dans le secteur canadien de l'économie de l'énergie, Rubin joue à lui seul le role d'une institution de la prédiction. Pour parfaire cet ensemble, le nom de Homer-Dixon est bien indiqué sur la page-couverture, auteur des précédents ouvrages *The Ingenuity Gap* et *The Upside of Down*, best-sellers consacrés à la vulgarisation de la prospective, et coureur notoire des circuits des conférences grand public rattachées aux « Sustainability and Energy » de toutes allégeances, qui couronne le remarquable processus de légitimation de cet ouvrage, pour lequel il n'est en fait que le rédacteur de 34 pages sur 222. Mieux encore, le revers de la couverture affiche ce commentaire élogieux de Michael Ignatieff, le Prince politique dans son véritable sens : « Thomas Homer-Dixon is a rare kind of public intellectual, who combines real expertise with a commitment to communicate to the widest possible readership. » Nous mentionnons un peu longuement cet ouvrage car sa forme singulière d'institutionnalisation dans la vulgarisation scientifique et de légitimation réciproque entre savants, experts et hommes politiques soucieux de se positionner dans les questions de l'heure en fait un cas d'espèce pour qui voudrait étudier un peu sérieusement les mécanismes singuliers qui produisent la reconnaissance grand public de ces discours qui oscillent entre plusieurs niveaux d'« expertise ».

Un exemple du même procédé de légitimation par contamination, toujours au même niveau de vulgarisation d'un discours envrionnementaliste, est relevable dans un ouvrage québécois d'un genre similiare et paru à la même période du printemps 2009, *Manifestement Vert* (Montréal : Trécarré, 2009) des auteurs François Tanguay et Jocelyn Desjardins, où la page couverture désigne en gros caractère David Suzuki comme un des participants principaux à l'ouvrage, alors qu'il en a rédigé 3 pages sur 239. Cependant, on imagine sans peine la caution apportée à ce livre par un tel nom qui est aussi en lui-même une autre institution.

26 <UToday.ucalgary.ca>.

27 Ibid.

28 Le cours du brut, prédit par Shultz, se stabilisa effectivement autour de ce prix de 70 $.

29 Shaun Polczer, « Where oil is headed, according to Philip Verleger », *Calgary Herald*, 7 septembre 2008. Le nom de Verleger était effectivement mis en très gros caractères.

30 « $20 a barrel ? Oil prices to continue slide for 6 months, analyst projects », repéré de <www.cbc.ca>.

31 On mettra dans cette catégorie *One Thousand Barrels a Second* de Peter Tertzakian, ouvrage violant à peu pres toutes les règles de l'examen critique de la donnée énergétique. Nous remercions Sandra Christensen de nous avoir communiqué les résultats de son analyse discursive de ce texte.

32 Jeff Rubin, *Why Your World Is About to Get a Whole Lot Smaller : Oil and the End of Globalization* (Toronto : Random House Canada, 2009).

33 Todd Hirsch, « Goodbye Globalization : The global economy, which has been propelled over the 20th century by cheap oil, is about to get a nasty slap in the face », *Globe and Mail*, 30 mai 2009.

34 Remarquablement, Rubin cite en note infrapaginale l'ouvrage de James Kunstler, *The Geography of Nowhere* (1993). Il aurait eu mieux fait de citer un ouvrage postérieur du même auteur, *The Long Emergency : Surviving the End of Oil : Climate Change and Other Converging Catastrophes of the Twenty-first Century* (New York : Grove Press, 2005). L'ouvrage de Kunstler prédit un efffondrement économique sociétal, environnemental et global en tenant compte précisément de la convergence de facteurs multiples. Ce qui rapproche davantage son travail d'un exercice de prospective que de la prédiction dystopique. Kunstler prédit en sorte les mêmes conséquences que Rubin, mais de façon plus convaincante en raison du spectre des possibles qu'il est capable d'envisager. Nous ne pouvons décider si cette référente absente mais essentielle est un « oubli » ou une omission délibérée de la part de Rubin, mais en tous les cas, elle pose un probléme d'envergure quant à ce que nous appellerons pudiquement l'originalité (et l'exclusivité) du sujet dans une perspective scientifique ou même générale.

35 Deborah Yedlin, « Rubin reveals a world bound to crude », *Calgary Herald*, 2 juin 2009.

36 Deborah Yedlin, « Oil surge a matter of when, not if », *Calgary Herald*, 7 avril 2009.

37 Deborah Yedlin, « Crude's fall at odds with future crunch », *Calgary Herald*, 13 novembre 2008.

38 Ibid.

39 Comme en fait preuve cette petite mise en scène de l'auteur par lui-même : « That's what I should have asked the crowded dining room of oil executives in Calgary's Petroleum Club. As the Chief Economist at CIBC World Markets, a North American investment bank, I had come to talk about a subject very close to my audience's hearts: the future price of oil. I had something to say that should have improved their mood. But all they heard was the bad news » (p. 7). Et ceci encore : « Five years after my first speech to the Petroleum Club, I returned to the same venue to give a forecast update on the outlook for oil prices. I was at this point feeling pretty confident of a more receptive audience, now that my earlier forecast was being borne out: the price of West Texas Intermediate, the benchmark North American oil (named after the sweet light crude by which all oil refined in North America is judged) has already straddled my $50 per-barrel target. Maybe these folk weren't buying into the Hubbert curve, but a packed room told me a lot of people wanted to know what I was going to say next about world prices. » (p. 13), Rubin, *Why Your World Is About to Get a Whole Lot Smaller.*

40 Armatte, « Les Économistes face au long terme » , p. 67.

41 Damien Broussolle, « Quelle légitimité peut-on accorder à la loi de la demande ? » dans *La Légitimation du discours économique, Sciences de la Société*, no. 55 (2002), pp. 55–69.

42 Lucien Sfez, *Technique et idéologie* (Paris : Seuil, 2002), p. 199.

43 Frank, « Free fall », *Calgary Herald*, 21 novembre 2008.

44 Eric Reguly, « Total's 95 theory », *Globe and Mail*, 16 mai 2009.

45 Rubin, *Why Your World Is About to Get a Whole Lot Smaller*, p. 265.

46 André Lebeau, *L'Enfermement planétaire* (Paris : Gallimard, Le Débat, 2008), p. 62.

47 Deborah Yedlin, « A day for the history books », *Calgary Herald*, 16 septembre 2008.

48 Deborah Yedlin, « Earnings to reveal the extent of the carnage », *Calgary Herald*, 26 janvier 2009.

49 Norval Scott, « Armageddon in the oil patch », *Globe and Mail*, 9 octobre 2009.

50 Shaun Polczer, « Stock market's sea of red leaves oilpatch battered », *Calgary Herald*, 3 mars 2009.

Conclusion : L'Alberta autophage

1 Charles Taylor, *Multiculturalisme : Différence et démocratie* (Paris : Flammarion, 2000), p. 41.

2 Van Herk, *Mavericks*.

3 Michel Freitag, *L'Oubli de la société : Pour une théorie critique de la post-modernité* (Québec : Les Presses de l'Université Laval, 2002), p. 223.

4 Benjamin Barber, *Consumed : How Markets Corrupt Children, Infantilize Adults and Swallow Citizens Whole* (New York : W. W. Norton, 2007).

5 Contrairement à ce qui se passait à l'époque des *blue-eyed sheiks*, dans les années 70.

6 Jean Larose, « Nationalisme et culture : les campagnes référendaires », dans *La Petite Noirceur* (Montréal : Boréal, 1987), p. 46.

7 Dan Healing, « U.S. self-reliance could spell trouble », *Calgary Herald*, 8 janvier 2013.

8 Peyrelevade, *Le Capitalisme total*, p. 59. Ajoutons à cette remarque que, très spécifiquement, l'Alberta n'a pas su se doter d'un fonds de réserve suffisant, malgré la création de son Heritage Fund, lors du premier boom pétrolier de soixante-dix, contrairement à la Norvège et a l'Alaska, qui lui servent souvent de contre-exemple dans le discours public sur les ressources pétrolières.

9 Le 7 juin, ce même jour ou le baril atteignait un prix record, les journaux annonçaient la levée d'un moratoire obtenu par des groupes environnementalistes (Sierra Club of Canada, Pembina Institute, Prairie Acid Rain Coalition and Toxic Watch Society) sur les développements par Imperial Oil d'une région des sables bitumineux appellée Kearl. Ce moratoire imposé par une juge de la cour fédérale fut contourné en ce que le Gouvernement du Canada approuva l'évaluation environnementale d'Imperial Oil : « The permit does not include extra conditions for Imperial and partner Exxon Mobil Corp. to mitigate greenhouse gas emissions which will amount to roughly 3.7 million tons of carbon dioxide a year for the 50-year life span of the project. That's the equivalent of putting 800,000 additional cars on Canada's roads. » Jon Harding, « Imperial wins key Kearl permit : Fight about oil sands work all but over », *Calgary Herald*, 7 juin 2008.

10 Voir son essai « La Globalisation des sociétés : par delà l'échec circonstanciel de l'AMI : la portée historique de l'autonomisation du capital financier » dans *Le Monde enchaîné*, pp. 231–319.

11 Jon Harding, « Energy fires up Calgary Party : Oil could hit $150 in a month on Asian demand », *Calgary Herald*, 6 juin 2008. Je cite le dernier paragraphe, dans lequel s'exprime un des analystes de Tristone : « We think free cash

flows (the money companies generate beyond their expenses) are going to be significant to the degree they could spur a lot of merger and acquisition activity. Companies are not going to be able to find enough suitable places for all that extra money. »

12 Denis Duclos, « L'autophagie, grande menace de la fin du siècle », dans *Le Monde diplomatique*, août 1996.

13 Peter O'Neil, « Premiers, Harper say NDP attacking the West », *Calgary Herald*, 17 mai 2012.

Épilogue : le baril et le bas de laine

1 Jean Peyrelevade, *Le Capitalisme total*, p. 44.

2 Pierre Bourdieu, *Raisons pratiques* (Paris : Seuil, 1994), p. 243.

INDEX

A

B

C

O

P

Q

R

Y

Z

CPSIA information can be obtained
at www.ICGtesting.com
Printed in the USA
LVOW04s2029010616
490373LV00011B/18/P

9 781552 385760